U0199920

2019年北京农学院学位与研究生教育改革与发展项目资助

都市型农林高校
研究生教育内涵式发展与实践
（2019）

段留生 何忠伟 董利民 主编

中国财经出版传媒集团
中国财政经济出版社

图书在版编目（CIP）数据

都市型农林高校研究生教育内涵式发展与实践 . 2019 /
段留生，何忠伟，董利民主编. -- 北京：中国财政经济
出版社，2020.8

2019 年北京农学院学位与研究生教育改革与发展项目
资助

ISBN 978 - 7 - 5095 - 9887 - 0

Ⅰ.①都… Ⅱ.①段… ②何… ③董… Ⅲ.①农学 -
研究生教育 - 研究 - 中国 ②林学 - 研究生教育 - 研究 - 中
国 Ⅳ.①S3②S7

中国版本图书馆 CIP 数据核字（2020）第 117984 号

责任编辑：张怡然　　　　　　　责任校对：李　丽
封面设计：陈宇琰　　　　　　　责任印制：张　健

都市型农林高校研究生教育内涵式发展与实践（2019）
DUSHIXING NONGLIN GAOXIAO YANJIUSHENG JIAOYU NEIHANSHI FAZHAN YU SHIJIAN

中国财政经济出版社 出版

URL：http：// www.cfeph.cn

E - mail：cfeph @ cfeph.cn

社址：北京市海淀区阜成路甲 28 号　邮政编码：100142

营销中心电话：010 - 88191537

北京财经印刷厂印刷　各地新华书店经销

787 × 1092 毫米　16 开　22.75 印张　409 000 字

2020 年 8 月第 1 版　2020 年 8 月北京第 1 次印刷

定价：82.00 元

ISBN 978 - 7 - 5095 - 9887 - 0

（图书出现印装问题，本社负责调换）

本社质量投诉电话：010 - 88190744

打击盗版举报热线：010 - 88191661　QQ：2242791300

前　言

当前高等教育综合改革正处在关键时期，全国涉农高校迎来了"双一流""新农科"等一系列发展契机。面对新形势、新要求，我们要不断主动寻求机遇、谋求发展，提高办学层次和研究生教育整体水平，为把北京农学院建设成为应用型现代农林大学做出应有的贡献。

《学位与研究生教育发展"十三五"规划》指出："学位与研究生教育改革发展要继续坚持以服务需求、提高质量为主线，优化结构布局，改进培养模式，健全质量监督，扩大国际合作，推动培养单位体制机制创新，全面提升研究生教育水平和学位授予质量，加快从研究生教育大国向研究生教育强国迈进。"北京农学院学科建设与研究生教育改革发展坚持"稳中求进，内涵发展"的原则，以提升研究生培养质量为导向，不断凝练学科方向，规范研究生各项工作，促进研究生教育综合改革和创新发展。

本书内容反映了北京农学院 2019 年研究生教育内涵式发展与实践的教育教学成果，同时收录了学科建设与研究生教育的部分工作总结与工作报告。

春华秋实，岁物丰成。在过去的一年中，北京农学院研究生教育成果不断涌现，展望未来，我们仍需凝心聚力，抓住历史机遇再接再厉，以申请博士学位授权点为契机，以北京市"高精尖"学科建设为抓手，进一步夯实基础，全面推进北京农学院学科建设与研究生教育工作内涵式发展，把立德树人贯穿研究生教育综合改革中，把人才培养嵌入在研究生教育实践中，积极推进研究生教育教学改革，提升北京农学院高端人才培养质量！

编委会

2020 年 4 月

目　录

研究论文

我国农林经济管理学科发展的新思考 ……………………………… 何忠伟（3）

"双一流"背景下园艺学科建设审思 …… 张杰　田佶　吴春霞　姚允聪（12）

农林高校学科建设与研究生教育内涵式发展的实践
　　——以北京农学院为例 ………………………………… 高源（17）

研究生教育中的科教产学融合
　　——以北京农学院2019年研究生暑期社会实践为例
　　　　………………… 董利民　杨毅　高源　王琳琳　何忠伟（23）

合格评估视角下农林类高校学位点建设效率评价 ……… 蒋文国　孔素然（29）

动物医学专业研究生培养模式改革与实践
　　………………… 张永红　吴琼　孙英健　沈红　胡格　吴春阳（37）

以就业为导向的人才培养质量保障体系构建
　　——以北京农学院农业工程与信息技术领域全日制专业硕士为例
　　　　………………………………………………………… 徐践（43）

基于专业认证与审核评估的新农科专业人才培养综合改革思路
　　………………… 孙英健　李秋明　沈红　杨佐君（50）

农林高校硕士研究生课堂教学质量提升的思考
　　——以北京农学院为例 ……… 高源　王琳琳　张芝理　董利民（57）

研究生课程"现代兽医药理学"教学改革初探 …… 沈红　孙英健　陆彦（62）

"动物遗传原理与育种方法"课程建设与实践 …… 盛熙晖　邢凯　郭勇（68）

"基因工程原理"课程教学方法的探析 ……………… 杨凯　史利玉（72）

中级宏观经济学融入经济形势与政策的教学研究
　　………………………………… 何忠伟　吕晓英　蒲应燕（76）

"生物反应工程原理"研究生课程建设与实践
·· 陈青　薛飞燕　刘灿　常明明（84）
关于非全日制研究生课程设置的思考 ···································· 戴智勇（89）
动物科学专业研究生培养基地建设探索与实践
················· 郭凯军　盛熙晖　李艳玲　齐晓龙　邢凯　郭勇（93）
畜牧专业硕士校外研究生联合培养实践基地建设初探 ·········· 齐晓龙（98）
食品农产品质量与安全专业研究生实践基地建设对策研究
··· 孙运金　马挺军（104）
高等农业院校专业学位研究生校外实践教学基地建设探析
··· 吴春霞　张杰（111）
中英研究生人才联合培养模式探析
　　——以北京农学院为例 ··· 徐雅雯（116）
对研究生综合素养提高的再思考 ·· 杨为民（120）
2017—2019 年《北京农学院学报》研究生论文刊发分析············ 陈艳芬（125）
对研究生就业创业职业素养培养的思考
···························· 史雅然　武丽　杨刚　张明婧　李国政（132）
提高研究生综合素养的教育理念初探 ··································· 于淼（139）
全日制专业学位硕士研究生双导师制建设与实践
　　——以北京农学院农业工程与信息技术专业领域为例 ······ 王彬（145）
"三全育人"视角下对在职研究生管理的探讨 ···················· 王雪坤（150）
关于教师、研究生、本科生党建工作一体化推进的思考
　　——以北京农学院经济管理学院为例 ··········· 邬津　王成（156）
北京农学院研究生导师管理存在问题及现状研究 ·········· 张芝理　高源（162）
农林院校开展研究生环境伦理教育的一点思考 ··············· 张丹明（167）
基于一级学科视角下的硕士学位论文引证现状分析
　　——以北京农学院为例 ····································· 高源（174）
浅谈研究生招生环节信息化管理的优化提高
　　——以北京农学院为例 ································· 田鹤　王艳（178）
研究生招生质量提升困难及对策
　　——以北京农学院食品科学与工程学院为例 ······ 段慧霞　马挺军（182）
加强硕士研究生招生考试监督工作的思考 ·························· 宋文东（186）
研究生对于新冠肺炎的认知及思想状态调研报告
··························· 邬津　吴瞳　杨毅　夏梦　何忠伟（190）

研究生党建及思想政治教育工作现状与思考
　　……………… 武丽　史雅然　杨刚　张明婧　李国政（203）
突发性公共卫生事件的应对
　　——对新冠肺炎疫情期间研究生管理的总结与思考 …………… 夏梦（209）
对高校研究生党建工作的几点思考
　　……………… 杨刚　武丽　史雅然　张明婧　李国政（214）
新时期研究生党建工作的创新和实践研究 ……………… 刘续航　高亭豪（220）
农科专业研究生价值观状况调查及对策分析 ……………………… 尹伊（224）
教育舆情中的心理学原理探析
　　——以翟天临学术不端事件为例 ……………… 董利民　何忠伟（232）
研究生心理健康状况调查与教育对策探究
　　——以北京农学院为例 ……………………………… 聂少杰（237）
职称评审代表作鉴定工作的创新实践与思考
　　——以北京农学院为例 ………………………………… 徐月（246）
首都农业高校硕士毕业生就业现状分析与思考
　　——以北京农学院为例 ………………………………… 杨毅（251）
新时期高校研究生兼职辅导员助管工作的实践与思考
　　……………… 李国政　史雅然　杨刚　张明婧　武丽（257）
研究生在常规科研工作中对流行病材料实验室的管理 ………… 吴春阳（263）

工作报告

北京农学院研工部（处）2019年工作总结与2020年工作要点 ………（273）
北京农学院2019年学科建设质量分析报告 ……………………………（285）
北京农学院2019年研究生教育质量分析报告 …………………………（310）
北京农学院2019年研究生招生质量分析报告 …………………………（328）
北京农学院2019年研究生思想政治教育工作总结 ……………………（338）
北京农学院2019年研究生就业工作质量报告 …………………………（344）

研究论文

我国农林经济管理学科发展的新思考[*]

北京农学院研究生处　　何忠伟

摘要：农林经济管理学科发展是支撑新时期我国农业经济发展的重要学科之一。本文分析了现代农业发展新趋势，提出了当前我国农业经济发展存在农业基础弱、生产技术落后、生产方式单一、农业资源分布不均、管理投入缺陷等问题，剖析了农林经济管理学科发展现状，提出学科发展要符合国家发展战略与区域经济发展需求、与农林学科融合发展、具备鲜明特色、打造良好的学科团队、创新人才培养模式、加强课程建设与实践教学等建议。

关键词：农林经济管理；学科建设；思考；中国

改革开放深刻地改变了中国的农业和农村地区。中国人口占世界约 20%，淡水资源只占世界的 6%，耕地只占 8%，但却满足了自身 95% 的粮食需求，堪称人类发展史上的奇迹。新加坡亚洲新闻台刊文评论称："农业将成为中国经济发展的新引擎。"中国大力发展现代农业，用新技术打造绿色农产品供应链，有助于打通供应端和消费端流通渠道，建立从田间到家庭餐桌的农产品监控体系，平衡供给端和消费端需求，优化供应链条，让人民的餐桌更健康、更安全。

一、现代农业发展新趋势

（一）粮食安全是现代农业发展的永恒课题

"保障粮食安全是一个永恒的课题，任何时候都不能放松。"农业是国民经

---

* 基金项目：2019 年北京农学院学位与研究生教育改革与发展项目资助。作者：何忠伟，教授，博士，主要研究方向为都市型现代农业、高等农业教育。

济的基础，粮食安全事关国家安全。我国粮食生产连年丰收，2019 年粮食总产量 13277 亿斤，比 2018 年增加 119 亿斤，增长 0.9%，创历史最高水平。在这样的大背景下，我们也不能产生麻痹思想。农业生产投入大、见效慢、财政贡献少、显示度弱，有些地方抓农业生产可能有所松劲。我国历史上灾荒频发，如何吃饱饭，始终是摆在中华民族面前的一个重大问题。经济社会越发展，确保国家粮食安全和主要农产品有效供给的任务就越艰巨。我国人多地少水缺，粮食消费基数大、刚性强，再加上人口自然增长及食物结构中肉蛋奶消费量增多，粮食消费总量呈上升趋势。2020 年中央一号文件明确提出：确保粮食安全始终是治国理政的头等大事。粮食生产要稳字当头，稳政策、稳面积、稳产量。因此，我们必须居安思危，把"饭碗"牢牢端在自己手中。

（二）农业供给侧结构性改革带来现代农业发展的机遇

农业供给侧结构性改革是当前统领我国农业农村经济工作的重大发展战略。其四大改革目标：满足居民对食物结构改善、质量提升和农业多功能性的需求；降低农业成本，提高农业效益；培育新的收入增长点，促进农民持续增收；转变发展方式，保障农业可持续发展。三大重点改革领域：通过优化农产品结构、升级农业产业链、发展乡村休闲旅游产业，构建新型产业体系；通过大力推进绿色生产方式、充分发挥农业科技作用、加快发展农业机械化，构建新型生产体系；通过引导规范农业规模经营主体发展、完善农业社会化服务体系，构建新型经营体系。改革的关键环节是处理好劳动力、资金、土地三大基本要素的配置问题，激活农村要素市场，充分释放农村经济活力。

（三）绿色发展是现代农业发展的基本要求

习近平总书记强调，我们既要绿水青山，也要金山银山。宁要绿水青山，不要金山银山，而且绿水青山就是金山银山。这些平实而又生动的语言，深刻诠释了人类与自然、生产与生态、发展与保护等重大关系的丰富内涵。党的十九大报告指出："坚持人与自然和谐共生。建设生态文明是中华民族永续发展的千年大计。"这一要求也为转变农业发展方式、促进产业转型升级、全面推进农业供给侧结构性改革指明了行动方向，确立了基本遵循。当前与未来都要深刻理解农业绿色发展的深刻要义和时代特征，完善农业绿色发展的重大政策和战略举措，加快培育和形成农业绿色生产方式与农村绿色生活方式。

（四）新型农业经营主体是现代农业发展的主力军

作为现代农业发展的主力军、实施乡村振兴战略的重要力量，近年来，我国新型农业经营主体在各级政府的大力扶持推动下蓬勃发展，集聚了现代农业建设的人才、物资和技术，呈现出数量快速增长、规模日益扩大、领域不断拓宽、实力不断增强的良好态势。伴随各类从事农业生产和服务的新型农业经营主体的蓬勃发展，其在引领农业供给侧结构性改革、优化农业要素组合、提升农业规模化经营水平、培育现代农业建设人才、推进农业农村现代化等方面的积极作用也日益凸显。

（五）农业高科技是现代农业发展的新引擎

党的十八大以来，"创新驱动发展"成为国家战略，科技创新被摆在国家发展全局的核心位置。习近平总书记高度重视农业科技创新，2013年在山东农科院考察时，对农业科技创新作出了重要指示，强调农业的出路在现代化，农业现代化关键在科技进步和创新；我们必须比以往任何时候都更加重视和依靠农业科技进步，走内涵式发展道路。围绕农业科技重大问题，农业农村部先后印发了《加快农业科技创新与推广的实施意见》《关于深化农业科技体制机制改革加快实施创新驱动发展战略的意见》《关于促进企业开展农业科技创新的意见》等文件，深刻把握中国特色农业现代化道路和农业科技创新规律，为加快农业科技创新提供了方向。未来农业高科技发展新趋势将体现在如下五个方面：

1. 植物种质资源与现代育种科技

例如，大规模植物种质资源发掘、光合作用研究的突破将加快现代育种大变革速度。系统生物学将为大规模基因资源发掘和利用提供系统的理论与技术基础。分子设计育种将产生突破性品种并催生智能品种诞生。第二代生物质原料生产将成为大农业的重要组成部分。

2. 动物种质资源与现代育种科技

例如，大规模动物种质资源发掘、传统育种和基因工程相结合培育新品系是动物遗传育种发展方向。动物克隆技术和转基因动物将进一步取得突破。良种化和健康养殖科技发展迅速。

3. 资源节约型农业科技

例如，耕地资源集约利用与耕地质量定向培育科技、农田生态系统节水技术体系和建设流域水资源保障体系、高效新肥料研制和集成农田生态系统养分技术、低碳农业技术将成为未来的重要技术。

4. 农业生产与食品安全科技

支撑食品安全的生产技术发展迅速，更加关注营养保健功能食品的科技和食品安全监控技术，危险性快速评估技术体系技术得到广泛应用。

5. 农业智能化和精准农业科技

农业智能化科技和种养业管理信息化科技将加速发展，精准农业科技进入新的发展阶段，农业装备制造技术向大型和复式作业等方向发展。例如，农业气象站是针对农作物的生长环境监测及灾害监控预警而设计的一款农作物气象检测系统，可用于测量风速、风向、环境温度、环境湿度、大气压力、降雨量等多个要素。有了农业气象站，用户可通过浏览器直接访问数据，并且对参数实施超限报警，方便农业种植用户科学化管理经济作物。例如，利用GPS技术，配合遥感技术（RS）和地理信息系统（GIS），能够做到监测农作物产量分布、土壤成分和性质分布，做到合理施肥、播种和喷洒农药，达到节约费用、降低成本、增加产量、提高效益的目的。例如，虚拟现实（VR）技术是指创建一个能让参与者具有完善的交互作用能力的虚拟现实系统，为人类观察自然、欣赏景观、了解实体提供了身临其境的感觉。人们可以利用虚拟现实技术演示农作物受病虫害侵袭的情况、农作物生长的虚拟现实、农业自然灾害的虚拟现实、土地中残留农药迁移的模拟等。

二、当前农业经济发展存在的问题

（一）农业基础薄弱

农业经济的发展对于国民经济的发展具有重要影响作用。我国是传统的农业大国，农业生产经验丰富，但是在新时期下要保证农业经济的可持续性发展，还要加强基础设施的建设。我国大力发展农业的过程中，最大的问题就是实现农业的市场化和产业化转型。国家有关部门对于农业建设的投资不足，各项管理机制不够完善，资金、技术和人力资源等没有到位，给农业基础设施建设带来阻碍，农业基础的薄弱直接导致农业发展过程中抵御经济风险的能力低下，一旦遇到经济风险，则损失严重。农业经济总体的发展基础较为薄弱且存在先天的发展不足问题，均会给农业经济发展带来不利影响。

（二）生产技术落后

在农业生产的过程中，生产方式和经济发展之间的联系较为密切，生产方式落后，则经济发展水平不高，生产方式得到有力的改进和创新，则经济发展水平显著提高。我国农业发展的过程中，较多的种植户和生产者是农民，文化程度相对不高，对于农业新政策、新技术等认识不足，思想意识方面也较为落后，不愿接受生产模式等方面的变革，这就导致在农业生产中使用的技术方法仍旧较为传统和落后。

（三）农业生产方式单一

就农业生产方式而言，大多数农村地区的生产方式相对单一，在实际生产中相关技术措施水平比较低，无法使生产需求得到满足。目前，很多地区在农业生产方面仍选择传统发展模式，大部分都实行人工劳动，然而单纯依靠人工劳动力很难使农业生产条件得到满足，在农业生产整个过程中相关技术措施水平不符合标准，机械化、规模化生产仍未能真正实现。另外，农业生产一体化链接比较缺乏，农业生产经济发展及市场需求等方面仍不够稳定，造成市场体制较差，影响农业经济发展。

（四）农业资源分布不理想

在农业经济发展过程中，另一个影响因素就是农业资源分布不理想。就我国地形结构而言，山地与平原的分布并不均匀，因而在农业产业发展方面存在一定差异性，这主要体现在资源分配及发展方面，这种分布不均的情况，对农业经济持续健康发展会造成影响，进而影响农业经济水平的提升。

（五）管理投入缺陷

在农业生产的过程中，政府有关部门需要切实意识到农业生产发展要成为一种新的经济形势，要促进农业经济的发展，就要增加对农业生产方面的管理投入。但是在实际工作中，农业生产多是以传统的人力生产为主，机械化设备的使用率不高，在农业管理中由于资金方面的短缺，导致管理模式落后，常用的管理技术和管理方法也没有得到及时的更新和完善，使我国现代农业生产和发达国家的农业生产之间仍旧存在较大的发展差距。科学技术以及现代管理经验应用水平低下，直接导致当前我国农业生产管理方面存在较大缺陷，这些问题不解决，难以促进农业规模化生产和市场化发展。

三、农林经济管理学科发展现状

综上所述，我国现代农业发展过程中存在两个不同步：一是农业经济管理与现代农业发展的新趋势不同步，二是农林经济管理学科发展与农业经济管理对人才的结构性需求不同步。上述问题归结起来除了农业技术创新滞后、农业资源分布不均等因素外，主要是懂经营、会管理的农林经济管理人才缺乏，因此以人才培养为主的农林经济管理学科建设尤为重要。

（一）学科整体水平

从第四次全国学科评估来看，共有41所农业高校及研究院所参加了农林经济管理学科评估，其中，博士授权学科23个，硕士授权学科18个；高校39所，科研院所2所。由"师资队伍与资源""人才培养质量""科学研究水平"和

"社会服务与学科声誉" 4 项一级指标得分按指标权重计算得出各高校学科整体水平（见表 1）。从学科整体水平层面看，在参评的 39 所高校中，C－档以上共 27 所，还有 12 所没有分级，A 档空白，主要集中在 C 档（包括 C＋、C－、C 档，共 12 所）。可见，农林经济管理学科整体水平有待提高。

表 1　　　　　　　　各高校学科整体水平分段统计表

档次	学校名称
A＋	南京农业大学、浙江大学
A－	华中农业大学
B＋	中国人民大学、中国农业大学、华南农业大学、西北农林科技大学
B	北京林业大学、东北农业大学、东北林业大学、西南大学
B－	沈阳农业大学、吉林农业大学、福建农林大学、四川农业大学
C＋	中国海洋大学、河南农业大学、中南财经政法大学、湖南农业大学
C	北京农学院、河北农业大学、内蒙古农业大学、新疆农业大学
C－	上海海洋大学、浙江农林大学、江西农业大学、石河子大学

（二）指标均衡性分析

从学科的优势与不足来看，农林经济管理学科在"师资队伍""培养过程质量""科研成果"等指标位次相对较高，"在校生质量""毕业生质量""科研获奖""科研项目""社会服务""学科声誉"等指标位次相对较低（见图 1）。

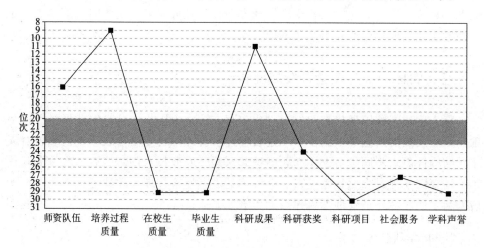

图 1　学科整体水平及各项二级指标位次图

（三）学科发展与经济社会发展的融合度有待提高

这是学科发展中一直存在的问题，学科成员埋头理论研究居多，社会调研偏少；注重教学培养人才，轻视了解企业产业的发展需求；重视发表论文和出版专著，忽视为政府社会解决实际问题提供方案。党的十八大以来，农业农村经济发生深刻变化，粮食生产能力登上新台阶，农业供给侧结构性改革打开新局面，农业现代化建设迈出新步伐，农村改革展开新布局，农业绿色发展有了新进展，农民收入实现新提升。目前，农业提质增效与绿色发展越来越依靠科技创新和新型农业经营主体，尤其是家庭农场与合作社发展非常快。这些新型经营主体不仅需要懂新技术，也重视经营管理知识，更需要引领其发展的新思维。这些都需要农林经济管理学科的参与与支撑，需要培养更多的农业经营人才，才能满足现代农业发展的需要。

（四）学科队伍建设滞后

从全国第四次学科评估来看，农林经济管理学科最大的短板就是学科队伍人数偏少，排名第一的南京农业大学经管学院农业经济系仅为19人，中国人民大学农业与农村发展学院农业经济教研室为15人，中国农业大学经济管理学院农业经济系为34人，华中农业大学经济管理学院农业经济系为26人，整体估算农林经济管理学科平均数为15人，远低于农科队伍平均水平（40人）。主要原因有：农业高校都是以农科为主，对管理学、经济学等软科学重视不足，长期处于弱势发展；社会认识不足，重视引进推广新技术、新成果、新品种，忽视汲取改变思维、预判市场、打造品牌的软技术；学科内部缺乏有影响力的带头人，研究方向不稳定，研究成果显示度不高，人才培养体系不健全，制约着学科内涵式发展。

四、促进农林经济管理学科发展的建议

（一）学科定位要符合国家发展战略与区域经济发展需要

学科定位要为国家发展战略与区域经济发展服务，方向明确，学科发展道路就不会走偏。当前农林经济管理学科要主动适应国家战略需求，有力推动学科建设与农业和农村经济社会发展紧密对接，要紧扣坚决打赢脱贫攻坚战目标，对标全面建成小康社会，在保障重要农产品有效供给和促进农民持续增收、加强农村基层治理、强化农村补短板保障措施等方面进行设计。

（二）学科要与农林学科融合发展

从"新农科"建设初现端倪到正式启动的两年间，许多农林高校开始着手"改造"传统农林专业。农林经济管理虽然学位授予是管理学，但是其研究对象是农林业的产前、产中与产后，脱离农林业单纯谈管理就是无水之源、无本之木。因此，要打破固有的学科边界、专业壁垒，推进农林经济管理学科与农科的深度交叉融合，既要发挥农林学科优势支撑农林经济管理学科发展，也要发挥农林经济管理学科特色，深度渗透农林业全产业链，为农林业产前做宏观预测，为产中要素配置提供管理方案，为产后产品销售提供名牌策划，使农林业获取更多的产品附加值，从而实现以农林为特色优势，多科性协调发展。

（三）学科方向要有鲜明特色

要服务国家粮食安全、农业绿色生产、生态可持续发展和区域农业经济发展的多元化需求，加快调整农林经济管理学科方向，尤其在都市农业、食物经济、资源环境、农业多功能、新型经营主体、合作社等方面形成稳定的研究方向，着重研究制约"三农"发展的理论与实践问题，探索乡村振兴新产业、新业态，提炼现代农业发展新模式、新机制，完善以生态建设与绿色发展为导向的农业支持政策体系。

（四）打造良好的学科团队

进一步优化学科团队合作研究环境，营造学科团队合作研究氛围，不断完善学科团队合作研究的激励机制、考核评价机制和保障机制。鼓励各学科团队要众志成城、齐心协力，在学科团队合作及学科跨团队合作的"大团队、大项目、大成果"产出等方面不断取得新的突破。鼓励学科团队负责人，利用现有的研究平台和研究基础，细化团队创新类别和创新过程，拓展合作创新视角和合作创新方法，激发团队合作创新活力。鼓励各学科方向负责人、团队负责人与专家积极开展互动交流，立足学科团队，进一步强化团队合作研究，以期取得高水平的团队合作研究成果。

（五）创新人才培养模式

要打造农林经济管理学科人才培养新模式，以"三个对接"培养"三类人才"，深化农林经济管理学科人才培养供给侧改革。主动对接农业创新发展新要求，加强研究性教学，拓宽国际化视野，着力提升研究生的创新意识、创新能力和科研素养，培养一批高层次、高水平、国际化的创新型农林经济管理人才。主动对接乡村三次产业融合发展新要求，加强农科教结合、产学研协作，着力提升学生综合实践能力，培养一批多学科背景、高素质的复合应用型农林经济管理人才。主动对接现代职业农民素养发展新要求，着力提升学生生产技能和经营管理能力，培养一批爱农业、懂管理、善经营的下得去、留得住、离不开的实用技能型农林经济管理人才，培育领军型职业农民。

（六）加强课程建设与实践教学

课程是提高人才培养质量的关键环节。要切实抓好课程建设，基于农林实际问题，基于农林产业案例，基于科学技术前沿，开发农林经济管理优质课程资源，创新探究式、讨论式等以研究生发展为中心的教育教学方法，推进教育教学与信息技术深度融合，着力提升课程的高阶性、创新性和挑战度，打造一批优质课程。实践教学是人才培养的重要载体。要切实抓好实践基地建设，加快构建校内实践教学基地与校外实习基地协同联动的实践教学平台，建设区域性共建共享实践教学基地，打造一批一流实践基地，让研究生教育走下讲台，走出教室，走进"山、水、林、田、湖、草"，补齐农林教育实践短板。

参考文献：

[1] 中共中央 国务院关于抓好"三农"领域重点工作确保如期实现全面小康的意见 [EB]. （2020 - 02 - 05）[2020 - 06 - 10]. http：//www. xinhuanet. com/politics/zywj/2020 - 02/05/c_1125535347. htm.

[2] 李丽颖. 现代农业的强力引擎——党的十八大以来农业科技创新发展综述 [N]. 农民日报，2017 - 09 - 19（1）.

[3] 国家发展改革委产业所课题组. 我国现代农业发展趋势及任务 [N]. 经济日报. 2016 - 09 - 01（14）.

[4] 本报评论员. 始终把解决好吃饭问题作为头等大事 [N]. 农民日报，2019 - 05 - 16（1）.

"双一流"背景下园艺学科建设审思

张杰　田佶　吴春霞　姚允聪

摘要： 本文通过对园艺学科在学科方向凝练、学科特色研究、服务社会几个方面情况的研判和分析，针对目前国家和京津冀一体化发展趋势下学科面临的挑战和机遇，总结了学科目前存在的问题与不足，以期为北京农学院学科建设提供借鉴与参考。

关键词： 双一流；学科建设；人才培养

2015年11月，国务院正式印发《统筹推进世界一流大学和一流学科建设总体方案》，对高校和学科建设提出"双一流"任务。2017年1月20日，国务院印发了《国家教育事业发展"十三五"规划》，统筹推进"双一流"建设。2017年1月24日，教育部、财政部和国家发展和改革委员会印发了《统筹推进世界一流大学和一流学科建设实施办法（暂行)》，充分考虑不同类型高校和学科的特点及建设条件，分类建设引导特色发展，一流学科建设高校重在优势学科建设，促进特色学科发展。学科建设成为全国各高校发展建设的纲领和改革发展的龙头，各高校和学科紧锣密鼓招贤纳才，抢占发展先机，积极围绕自身优势和特色谋建设，提升学科和学校的整体科研能力。2019年，北京农学院园艺学科有幸入围北京市"双一流"建设学科名单，这是对北京农学院园艺学科建设成就的认可。分析园艺学科建设所蕴藏的内在发展逻辑以及学科建设历史性成就的背后，总结学科发展的现状与问题，对促进北京农学院加快"双一流"建设，实现内涵式发展具有较强的现实意义，也能为其他学科发展提供参考价值和建设经验。

一、园艺学科的建设现状

北京农学院园艺专业于1979年恢复招生，2003年获批果树学硕士研究生学位授权点并开始招收研究生，2007年获批蔬菜学硕士研究生学位授权点。学科始终立足首都功能定位对园艺产业的需要，以培养适应我国社会主义现代化建设和北京国际一流和谐宜居之都建设需要的园艺学科高级专门人才为目标，以开展应用基础与应用技术创新研究为特色，为京津冀地区鲜活园艺产品保障供给，为北京都市型现代农业发展提供人才保障与技术支撑。

（一）学科设置合理，学科方向有特色

北京农学院园艺学科经过长期积累，已凝练出在国际上有一定影响、国内具有明显特色的四个稳定的研究方向，即园艺植物种质资源创新利用、园艺植物发育生物学、设施与观赏园艺学、绿色园艺生态调控。

"和谐宜居"需要天蓝、地绿、气洁、水净的生态环境，农林业的生态服务功能是优化北京区域生态环境的关键抓手。北京农学院园艺学科多年来一直以都市型园艺为特色，以区域性八大果树优势树种、六大特色蔬菜种类和三大彩叶观赏树种为对象，以生态功能为特色目标，对园艺植物种质资源进行选育与创新利用，对高经济价值与观赏价值的园艺植物进行种植创新，通过工厂化育苗实现种苗产业化；通过矮砧、密植、早果、优质、丰产、高效的现代化果园建设，开发果树的生态功能和休闲功能；通过品种选育、园区设计和一系列栽培技术研究与示范，提升果园园区的多功能性和综合服务能力。

"和谐宜居"还需要绿色、健康、安全的食品供给保障。北京作为首都，保证一定量的蔬菜，特别是鲜食叶菜的生产，不仅是市民生活的需要，更是应急保障的战略需要。北京农学院园艺学科多年来针对设施蔬菜高温逆境生育障碍，研究生菜等叶类蔬菜种质资源、耐热抽薹分子机制及分子标记辅助育种技术，研发推广周年无害化安全生产技术和采后保鲜及加工关键技术，延长了生菜的货架期，填补了我国在鲜切菜产品及加工技术方面无标准的空白。产学研联合的模式和三次产业融合的理念，实现了生菜由特菜变为大众化消费蔬菜，满足了市民对生食绿叶蔬菜的需求，更成为北京西餐店蔬菜沙拉的主要支撑，取得了良好的经济和社会效益。

（二）理论与应用研究紧密结合

学科围绕京津冀产业需求，在经济林生态功能提升、生态观光果园建设、叶菜类生产关键技术方面等先后获得国家级、省部级科技进步奖，在人才培养模式改革方面获得国家级和省部级教学成果奖；在特色园艺种质资源创新利用、重要经济性状发育生物学、设施园艺与观光园艺、园艺产品安全生产和生态调控方面取得了一系列科技成果，并在生产中转化应用，取得了显著的经济、社会和生态效益。

（三）科学研究和人才培养服务国家和社会发展

北京的特殊地位决定了其必然选择现代都市农业发展道路。在北京现代都市农业发展中，设施园艺和观光园艺已成为经济效益和社会效益双优的优势产业，对农民增收贡献巨大。北京农学院园艺学科紧密结合北京园艺发展方向，围绕设施园艺优质安全生产、设施专用品种选育、设施蔬菜生长发育调控、提高园艺植物周年鲜活供应等开展研究，在观光品种引进选育、有机化生产技术、园区次生资源利用、全区规划设计等方面开展研究，取得了显著成绩，形成了鲜明的特色，对首都园艺产业转型升级、农民增收致富、首都园艺产品周年供应做出了贡献。

北京农学院园艺学科近年来培养数以千计的园艺专门人才，其中多数活跃在首都都市型园艺产业的第一线。园艺学科建设秉承以首都园艺产业应用复合型人才培养为中心，以都市型园艺学课程体系和教学内容改革为重点，学生实践能力和创新能力培养为目标，建立了人才培养模式，提高了培养质量，培养博士（联合）与硕士毕业生近 300 人，其中担任"大学生村官"的毕业生 40 余名，已成为首都都市型园艺产业建设的重要力量。

二、面临的机遇与挑战

（一）国家经济社会发展需求对园艺学科提出新要求

党的十九大报告指出，中国特色社会主义进入新时代，我国社会主要矛盾已经转化为人民日益增长的美好生活需要和不平衡不充分的发展之间的矛盾。农业发展不平衡、农村发展不充分的问题更加突出，只有通过坚持农业农村优先发展、实施乡村振兴战略，加快农业现代化步伐，推进农业绿色发展，才能实现乡村振兴战略的总体要求。园艺产业已经成为我国现代农业发展、农民致富、农村振兴的主导产业，新时代园艺业的转型升级需要农林院校园艺学科培养适应新时代需求的、接地气的懂农业、爱农村、爱农民的高层次人才。

北京"四个中心"的城市功能定位和建设国际一流的和谐宜居之都的战略目标，需要发展城市功能导向型产业和都市型现代农业，需要三次产业融合的现代农业，需要大力拓展农业的生态功能，需要探索推广集循环农业、创意农业、观光休闲、农事体验于一体的田园综合体模式和新型业态，需要大力挖掘浅山区和乡村的发展潜力和空间，从而满足市民日益增长的多元化高质量农产品需求和休闲环境需求。首都园艺业是首都都市型现代农业的重要组成，是首都多样化鲜活农产品供应的主要来源，首都城市的特殊地位和深刻转型造就了首都"三农"

的特殊性，"和谐宜居"需要"三农"提供更宽更大的服务贡献，"国际一流"需要更高层次的人才支撑，这些造就了首都农科高校的特色服务面向和义不容辞的责任。

（二）京津冀一体化发展为园艺学科发展提供了新的发展契机

京津冀园艺种质资源丰富、产业发展兴旺、产业技术优势突出，市场需求与产品类型多样，是京津冀地区经济社会发展的重要支柱，也是农民致富和精准扶贫的重要支撑。在京津冀一体化发展战略部署下，北京农学院主持组建了京津冀高等农业院校联盟，实施现代农业的发展、乡村振兴、农村建设开展协同攻关、人才培养和成果转化，取得了预想的效果。随着京津冀一体化战略的深入实施，北京农学院园艺学科将不断地针对园艺产业发展中存在的问题，创新科技成果、培养高端人才、建立京津冀园艺产业共发展的格局，使京津冀园艺学科不断领先于国内水平，且在北方园艺种质资源创新、节水园艺、设施与观光园艺、都市园艺、环境改良等方面占领学科制高点。

三、存在的问题与今后努力方向

（一）存在问题

与国内优势园艺学科相比，北京农学院园艺学科存在的差距主要表现在：师资数量偏少，在全国同类院校中排名倒数第二；师资结构不尽合理，青年教师数量偏少；高水平的师资力量薄弱；培养模式不太适应产业迅速发展的需求，部分领域甚至脱节；教学改革、课程体系、教材建设的力度不大；研究生招生的生源数量与质量不高，培养质量与就业质量还有提升空间；学生国际交往与交流方式和频度较低，科研项目级别、经费数量、国家级获奖成果虽然高于同类院校，但和标杆学科相比，还有差距；由于师资数量、学生规模的限制，在国内同行中的声誉还不是很高，在京津冀地区，都市型现代园艺学科特色虽具有一定影响，但在国内同类院校的引领与示范作用还不强；在首都园艺产业中的作用与贡献较大，但在国内及京津冀地区的作用与贡献还需要加强与提升。

（二）今后的努力方向

1. 构建高质量的培养体系

凝练都市型园艺学科教育与教学特色，提升学科教育教学水平；加强学科教育教学立项工作，有计划地推进中青年骨干教师主持精品课程建设，提升青年教师主课能力；积极引导、支持和鼓励中青年骨干参与教学项目研究及教学成果申报；努力构建国家级、省部级精品课程；强化园艺实践技能和高新技术应用等课程体系。

进一步明确导师是研究生培养的第一责任人，建立导师对学生科研生涯、职业生涯的全程指导制度；增设研究生创新创业项目，增强学生自主创新能力，积极引导学生参与各类学科竞赛；加强学生参与高水平科研项目的比例，强化团队式联合培养研究生的机制与能力；进一步加强分类培养机制与模式建设，加强研究生综合素质、科研能力、学术水平、实践能力培养，促进以能力提升为主线的研究生就业观；优化研究生导师学业指导、职业规划指导、实践能力指导、就业指导"一条龙"模式，加强导师责任制奖惩机制。

2. 构建高水平的科研平台

以校企双方现有的研究平台为基础，突出园艺资源创新与育种、品质形成、都市园艺技术创新等特色，构建都市现代园艺业技术创新研究平台、北京实验室；在特色园艺种质资源分子辅助育种、产地生态环境调控、园艺产品安全品质提升等方面构建高水平的实验技术体系；构建双师型教学与实验技术队伍，强化教师实验技术与方法的培训与提升；构建以园艺学科为主题，生物技术、植物保护、植物资源环境等相关学科为支撑的技术平台。

3. 建设高标准的科技示范和成果转化基地

立足京津冀地区园艺产业需求，共建院士工作站、教授工作站、研究生工作站等高水平的科技示范与成果转化体系，共建首都都市型园艺业（蔬菜、果树、观赏园艺）现代农业产业体系专家团队、试验站、培训学校；在首都科技创新中心框架下，共建区域性现代园艺科技创新与示范园区。

农林高校学科建设与研究生教育内涵式发展的实践[*]

——以北京农学院为例

北京农学院研究生处　高源

摘要： 党的十九大报告指出："建设教育强国是中华民族伟大复兴的基础工程。优先发展教育，才能面向新时代、赢得新时代、领跑新时代。因此，高等教育强国要在教育强国建设中先行实现，高等教育不是适应新时代的问题，要赢得新时代，最重要的是要有领跑新时代的能力。"学科建设是一所高校可持续发展的重要抓手，是提升研究生教育内涵的关键要素，是实现高等教育内涵发展的核心，同样也是保证高校在竞争中立于不败之地的根本。当前高等教育综合改革正处在关键时期，做好学科建设与研究生教育工作是北京农学院提高办学层次和人才培养水平的重要工作。

关键词： 学科建设；研究生教育；内涵式发展

一、学科建设成果不断涌现，内涵建设不断深化

北京农学院于 2003 年获得硕士学位授予权，2017 年申报新增 4 个一级学科硕士学位授权点、3 个专业学位硕士类别。当前北京农学院有 11 个一级学科分布在农、工、管 3 个学科门类中，且学科方向特色鲜明，学科布局方面基本已经成型（见表 1）。以 11 个一级学科为支撑，北京农学院形成了都市型现代农林学科布局，构成植物科学学科群、畜牧兽医学科群、农林经济管理与文法学科群、

* 基金项目：中国学位与研究生教育学会农林学科工作委员会项目资助（2019 - NLZX - YB34）。作者：高源，助理研究员。主要研究方向：学科建设、研究生教育管理。

生物技术与食品工程学科群、生态环境建设与城镇规划学科群，服务首都经济发展。

表1　　　　　　　　　　　北京农学院现有11个一级学科方向

一级学科名称	学科方向
作物学	01 作物种质资源创新与利用
	02 作物分子遗传学
	03 作物栽培与耕作
	04 种子科学与技术
园艺学	01 园艺植物种质资源创新与利用
	02 设施园艺
	03 绿色园艺生态调控
	04 园艺植物发育生物学
兽医学	01 中兽医学
	02 基础兽医学
	03 临床兽医学
	04 预防兽医学
农林经济管理	01 都市型现代农业理论与管理
	02 农村区域发展
	03 农林资源与环境管理
	04 农产品市场与贸易
林学	01 林木遗传育种
	02 园林植物与观赏园艺
	03 森林培育与管理
	04 城市林业
风景园林学	01 园林与景观规划设计
	02 乡村景观与游憩规划
	03 风景园林历史、理论与应用
	04 园林植物应用
食品科学与工程	01 食品科学
	02 农产品加工与贮藏工程
	03 粮食油脂及植物蛋白工程
	04 食品安全

续表

一级学科名称	学科方向
生物工程	01 细胞培养与代谢工程
	02 功能基因发掘与遗传改良工程
	03 生物资源与环境工程
植物保护	01 昆虫学
	02 植物病理学
	03 农药与环境安全
畜牧学	01 动物营养与饲料科学
	02 动物遗传育种与繁殖技术
	03 动物健康养殖
工商管理	01 企业管理
	02 财务管理
	03 市场营销
	04 旅游管理

随着国家"双一流"建设的不断推进，北京农学院在前进中不断找差距、抓落实，努力提升学科建设现状。2018 年北京农学院园艺学获批北京市高精尖学科建设，并与中国农业大学园艺学结对共建；林学学科参与北京林业大学高精尖学科建设。同时，北京农学院获批北京市博士学位授予建设立项单位，园艺学、兽医学、农林经济管理列为博士点建设学科。

二、完善质量控制监督体系，稳步推进教育教学改革

根据国务院学位委员会、教育部《关于加强学位与研究生教育质量保证和监督体系建设的意见》，北京农学院积极落实相关政策，进一步完善了研究生教育督导体系，发布《北京农学院研究生教学督导工作管理办法》，进行培养环节、教学质量的监督检查。近 3 年，督导组听课年平均 200 余次，涉及北京农学院所有全日制和非全日制学生，解决学生迟到、早退、教师随意调课等问题。通过不定期的教学检查，督查课程教学在各方面的情况，促使课堂教学更为有序和规范。在论文撰写阶段，深入开题及中期汇报会，对论文质量进行严格把关。目前北京农学院在北京市论文抽查工作中情况良好。

2014 年起，北京农学院研究生处牵头设立了学位与研究生教育改革与发展项目，2014—2019 年 6 年间共资助立项达 600 余项，其中包含学位授权点建设与人才培养模式创新、研究生优秀课程、校外联合培养实践基地、研究生管理队伍提升 4 类教师项目，以及研究生科研创新、社会实践、党建 3 类研究生项目，通

过此项目提升了研究生课程质量，拓展了专业学位研究生实习基地建设，加强了研究生创新能力，为推进教育教学改革提供了智力保障。

2015 年，北京农学院制定了《北京农学院硕士生导师遴选管理办法》，每年定期组织召开硕士生导师遴选工作，为研究生教育的发展创造了条件。目前北京农学院共有硕士生导师 475 名，其中校内导师 287 人，正高级职称 84 人，占比 29%；副高级职称 140 人，占比 51%；中级职称 63 人，占比 20%。为进一步落实《中共中央 国务院关于全面深化新时代教师队伍建设改革的意见》《教育部关于全面落实研究生导师立德树人职责的意见》等相关文件精神，北京农学院实行导师第一责任制，对新增指导教师开展上岗培训，对现有导师开展轮训计划，明确导师在研究生的学习指导、思想教育、生活指导等方面的责任，明确培养程序，强化科学道德与学风建设，进一步增强研究生导师责任意识。并于 2017 年制定了《北京农学院硕士生导师工作职责的规定（试行）》同时启动导师考核制度，先后已经完成 2 个年度导师考核工作，对不合格导师进行停招等处理。2020 年草拟了《北京农学院 2020—2022 导师三年轮训方案》，计划对现有导师开展全覆盖、全方位培训，通过考试问卷、视频学习、讲座论坛等一系列方式，提升导师综合业务能力，从而打造一支有理想信念、道德情操、扎实学识、仁爱之心的研究生导师队伍。

三、明确研究生分类培养模式，稳步提升人才培养质量

北京农学院成立了校研究生培养指导委员会，办公室设在研究生处，并执行研究生分类培养制度，学术型研究生采取科教协同模式，以解决学术问题和提高创新能力为主，应用型专业学位研究生采取产学协同模式，以解决实际问题和提高实践能力为主，并构建了基于"校—企—生"多赢的产学协同培养模式，以学生为中心培养理念，构建了"校内培养—基地培养，知识构建—顶岗实践，校内师资—基地导师"产学协同培养新模式，解决了校企联合培养长效机制难以形成等突出问题。

同时，不定期邀请国内外著名专家学者、高层次人才来校举办专题学术讲座，扩大学生视野。北京农学院设置了"学位与研究生教育改革发展项目"和"学位与研究生教育质量提高经费"，近 3 年来，共立项达 300 项，内容涵盖研究生创新科研、研究生党建、社会实践等领域，为研究生培养提供了全方位保障。另外，学校具有完备的奖助学金体系，学业奖学金覆盖面 100%，导师还提供助研津贴及其他各类奖学金。在学生综合素质提升方面，开设了尚农大讲堂，每学期邀请各类专家为研究生开展科学道德与诚信、法律法规等讲座，近 3 年共举办 48 次。

四、加强研究生学位管理制度，建立学位质量监控机制

北京农学院成立了校院两级学位委员会，并有《北京农学院研究生管理规定（修订）》《北京农学院硕士学位授予工作实施细则（修订）》《北京农学院硕士研究生优秀学位论文评选办法》《北京农学院硕士研究生学位论文检测管理办法》等5个相关制度保障。学校对学术不端行为实施评奖评优、学位授予一票否决制；强化导师对研究生论文发表、论文送审的知情权、监督权与责任担当；开展专项检查，推动学位授予工作中学术道德与学术规范建设。结合当前实际，修订完善了学术不端检测规定，进一步加强了学位"出口"把关。

近3年，论文查重最终不通过21人，40人因论文查重不合格被督导组约谈，督导参加各学院论文答辩会近100场次，参加开题报告会60余场次，抽查送审论文与意见180余人次，覆盖北京农学院所有学位授予领域。严格的制度确保了整体学位论文的质量。在学位委员会质量把控环节，委员可提出异议与否决，建立了学术道德诚信与学风建设的质量监控机制。

五、推进研究生培养实践体系，加强思想政治建设实效

为确保研究生培养质量，北京农学院设立的学位与研究生教育改革与发展项目涵盖了学生科研创新、社会实践、党建三个方面，为学生多维度实践提供了保障。积极鼓励学生加强实践锻炼，增强知识转化，同时，加强对研究生科研奖励，每季度统计学生科研成果，积极鼓励研究生出成果、发论文。

为深入贯彻全国教育大会和北京市教育大会精神，落实《中共中央 国务院关于加强和改进新形势下高校思想政治工作的意见》、中共教育部党组《高校思想政治工作质量提升工程实施纲要》等文件要求，挖掘梳理研究生专业课程中的思想政治育人元素，使相关教师、各项教学活动与教书育人同向同行，北京农学院开展了研究生"课程思政"示范课程建设项目，大力推进思想政治教育进课题，不断创新思想政治工作方式方法，拓展工作领域，切实提高研究生思想政治工作的水平，确保了整个研究生培养工作大踏步往前走。近3年度研究生就业率持续保持在96%以上。

六、全面落实应用型大学定位，着力推进内涵式发展

根据中共北京市委、北京市人民政府印发《关于统筹推进北京高等教育改革发展的若干意见》的通知精神，结合北京农学院应用型大学定位，以博士学位授

权点申报为契机、北京市"高精尖"学科建设为抓手，协调各一级学科分层、分类发展，明确学科建设与研究生教育发展重点，并做好统筹兼顾。稳步发展研究生规模，创新两类研究生发展模式，通过学科建设这一有力抓手，充分盘活校内外现有各类资源，带动北京农学院研究生教育水平全面提升，努力构建运行有效的发展学位与研究生教育体系。

第一，突出重点、统筹资源分类建设，统筹考虑学科与研究生教育内在运行机制和外部保障体系的发展规律，注重各要素之间的协调，将学科建设按重点、特色、培育三个层次长远布局，有重点的制定发展实施方案，落实目标并配置学科资源，凝练学科方向，强化学科队伍、人才培养模式创新、学科影响力等方面建设。

第二，加强学位与研究生教育管理的体制与机制创新，树立三全育人教育理念，强化"课程思政"建设，完善以立德树人为目标的高质量人才培养体系，把导师队伍作为研究生培养的第一资源来对待，大力抓好导师队伍建设，充分发挥研究生导师的积极性、创造性和责任感，在导师队伍综合素质提升方面花精力、下功夫、投资源，打造一支训练有素的高水平导师队伍。

第三，立足当前，以问题与目标为导向，坚持"走出去"的办学政策，加大校—企、校—地、校—校的合作力度，扩大研究生校外实践基地建设，提升研究生的实践及就业能力，推动研究生国际化合作进程，逐步提升北京农学院研究生教育水平。

研究生教育中的科教产学融合[*]

——以北京农学院 2019 年研究生暑期社会实践为例

北京农学院研究生处　董利民　杨毅　高源　王琳琳　何忠伟

摘要：暑期社会实践是研究生深入基层、了解社会、锻炼自我的重要组织形式，是高校实践育人的重要途径。本文以北京农学院 2019 年研究生暑期社会实践为例，分析了暑期社会实践中实践单位和高校的供需特点，认为社会实践是研究生教育中科教产学融合的良好形式；复合应用型人才培养应充分重视社会实践，进一步提升研究生社会责任感、知识应用能力和综合素质，保障和提高研究生培养质量。同时，本文对暑期社会实践存在的问题、解决思路、新的时代特征和机遇挑战进行了讨论。

关键词：暑期社会实践；研究生教育；供需；科教产学；融合

20 世纪 80 年代初以来，在团中央的号召下，全国高校积极组织在校大学生开展暑期"三下乡"社会实践活动。1996 年 12 月，中央宣传部、国家科学技术委员会、农业部等十部委联合下发《关于开展文化科技卫生"三下乡"活动的通知》。从 1997 年开始，"三下乡"活动每年定期开展，成为在校大学生、研究生深入基层、了解社会、锻炼自我的重要组织形式。

近年来，随着社会经济的发展和高等教育综合改革的深入，在校大学生、研究生参与暑期社会实践的形式和内容也在发生深刻的变化。2013 年 3 月，教育部、国家发展和改革委员会、财政部发布《关于深化研究生教育改革的意见》，

---

* 第一作者：董利民，助理研究员，主要研究方向：研究生教育管理、思想政治教育，电子邮箱：dorigin@ sina. com；通讯作者：何忠伟，教授，主要研究方向：都市型现代农业、高等农业教育，电子邮箱：hzw28@ 126. com。

提出研究生教育要以"服务需求、提高质量"为主线，更加突出服务经济社会发展，更加突出创新精神和实践能力培养，更加突出科教结合和产学结合，更加突出对外开放[1]。本文以北京农学院2019年研究生暑期社会实践为例，对研究生教育中科教产学融合的需求和实现途径进行了分析。

一、北京农学院2019年研究生暑期社会实践开展情况

2019年，在学校层面，主要组织在校研究生参加了"青春与祖国同行"社会实践专项行动、"筑梦新时代·奋斗新征程"全国大学生长治暑期社会实践专项活动。同时，协同学校相关部门，继续组织导师、研究生积极参与北京市"红色1+1"党支部共建活动和"双百行动"计划，支持各学院结合学科、专业特色，自行开展暑期社会实践。

"青春与祖国同行""筑梦新时代·奋斗新征程"暑期社会实践专项活动均是学校组织参与的较大规模全国性社会实践活动。以上活动取得了良好效果，研究生得到了锻炼，导师拓宽了课题来源，学校社会声誉得到了提升。北京农学院园林学院研究生万彦春撰写的《北京市百万亩造林后期规划研究报告》获得2019年"青春与祖国同行"社会实践专项行动优秀成果三等奖。计信学院研究生王晓为实践单位开发了公众号，在实践活动结束后仍然负责该公众号的后台维护工作。文发学院研究生徐振鹏作为实践活动优秀典型、最美北农人，在北京林业大学、北京农学院分别进行了重点宣传。防城港市委人才工作领导小组办公室向北京农学院发来感谢信。园林学院赵晖老师带领经管学院、园林学院10名研究生，赴山西省长治市屯留西贾乡开展社会实践活动，调研报告与规划设计如期完成，得到当地领导的高度认可和评价。

二、暑期社会实践中的供需分析

在研究生暑期社会实践中，从服务经济社会的角度，实践单位为需求方，高校为供给方；从研究生培养的角度，高校为需求方，实践单位为供给方。高校和实践单位作为合作对象，互为供需单位，在研究生暑期社会实践中，实现了科教产学的融合。

（一）实践单位方面

以2019年"青春与祖国同行"社会实践专项行动为例，该活动由高校思想政治工作创新发展中心（北京林业大学）联合各地方党委、政府策划主办，共有全国60余所高校的专家学者和硕博士研究生深入各个实践基地，开展科技帮

扶、实习实训、挂职锻炼、专题宣讲等实践活动，活动时间为 2019 年 7—8 月[2]。相关地域人才科研服务活动需求如表 1 所示。

表 1　　　　　　　　相关地域人才科研服务活动需求

序号	地域	技术（研发）需求	人才项目需求	挂职锻炼岗位需求	"教授、博士论坛"主题需求
1	北京房山区	27 家企业 71 项	—	—	—
2	内蒙古巴彦淖尔市磴口县	2 家单位 6 项	—	2 家单位 3 项	—
3	内蒙古鄂尔多斯市	31 家单位 46 项	—	—	—
4	广西防城港市	22 家单位 31 项	20 家单位 26 项	45 家单位 50 项	12 家单位 18 项

可以看到，地方经济社会发展存在切实的科技人才需求，需要高校从科技和人才方面提供智力支持。社会实践内容方面，更多地需要高校选派的实践团队能帮助地方解决实际问题或提供切实的解决方案。

（二）高校方面

高校承担人才培养、科学研究、社会服务、文化传承等社会功能，立德树人为其根本任务。北京农学院作为北京市属农林高校，研究生培养中坚持贯彻国家教育方针，立足学校办学类别和人才培养定位，在加强分类推进培养模式改革的同时，突出研究生的实践能力提升和产学研结合。

分析近年来学校研究生就业情况，可以看到，2015—2019 年，在毕业研究生中，考取博士、出国留学的平均比例为 5.89%；硕士研究生毕业后，直接参加工作的平均比例为 93.44%，绝大部分硕士研究生毕业后进入工作岗位。培养具有较高实践能力和较强社会适应性的复合应用型人才是北京农学院研究生培养的内在需求。

2015—2019 届毕业研究生就业流向统计如表 2 所示。

表 2　　　　　　　　2015—2019 届毕业研究生就业流向统计

年份	毕业研究生人数	就业率（%）①+②+③+④	考取博士、出国留学（%）①	直接参加工作（%）②+③+④	其中		
					高等教育和研究院所（%）②	涉农企事业单位（%）③	其他企事业单位（%）④
2015	205	100.00	5.37	94.63	3.90	74.63	16.10
2016	220	99.55	4.55	95.00	2.73	75.00	17.27
2017	261	100.00	8.05	91.95	10.34	39.08	42.53
2018	290	98.62	7.24	91.38	8.97	39.31	43.10
2019	330	98.49	4.24	94.25	13.64	40.61	40.00
平均值			5.89	93.44			

三、结论和讨论

（一）结论

研究生教育是人才培养的高级形式，对于国家科技创新和国力竞争具有重要意义。通过以上分析，可以得出，社会实践是科教产学融合的良好形式，对于高校服务社会需求、开展科学研究、进行人才培育和提升社会声誉均可发挥积极作用。在复合应用型人才培养中，应充分重视社会实践，积极组织在校研究生参加多种形式的社会实践活动。

在北京农学院研究生教育中，分类推进研究生培养模式改革要以社会实践为重点，面向经济社会需求，社会实践活动开展以"解决问题式"为主，"生活体验式"为辅，参与人员以研究生为主，发动研究生导师积极参与，完善专业学位研究生培养机制，进一步提升研究生社会责任感、知识应用能力和综合素质，保障和提高研究生培养质量。

（二）讨论

自 1997 年以来，在各级政府部门的支持和倡导下，在全国高校的积极参与下，"三下乡"活动已成为大学生暑期社会实践的品牌活动。同时，近年来，也形成了各种类型的社会实践品牌活动，如北京市"红色 1 + 1"党支部共建活动、北京市"双百行动"计划、中国农业大学发起的"百名博士老区行"、广西防城港市"百名博士防城港行"等。暑期社会实践已成为大学生思想政治教育和志愿服务的重要阵地[3]。

2016 年 12 月 8 日，习近平总书记在全国高校思想政治工作会议上强调，要坚持把立德树人作为中心环节，把思想政治工作贯穿教育教学全过程，实现全程育人、全方位育人。2017 年 12 月 4 日，中共教育部党组印发《高校思想政治工作质量提升工程实施纲要》，提出"充分发挥课程、科研、实践、文化、网络、心理、管理、服务、资助、组织等方面工作的育人功能，挖掘育人要素，完善育人机制，优化评价激励，强化实施保障，切实构建'十大'育人体系"[4]。暑期社会实践作为实践育人和文化育人体系建设的重要载体和实现途径进一步得到加强[5,6]。

同时，研究发现，暑期社会实践也存在一些或老或新的问题。这些问题主要集中在：管理机制有待完善，规划设计、组织实施、经费配套、考评激励等不够科学；学生实际参与率不高；偏重于形式，存在功利化倾向；缺乏专业教师指导，与专业结合度不够等。同时，研究过程中也提出了很多改进的思路，如与实践教学相结合，建立暑期社会实践长效机制；采取实习见习、就业创业、科研实践为一体的"六合一"基地模式，稳定建设实践基地；引入社会化机制，加大暑期社会实践经费保障力度；扩大专业教师的参与度，提高暑期社会实践的专业化水平等[7~11]。结合北京农学院 2019 年研究生暑期社会实践开展情况，可以发现，随着经济社会发展和市场化程度加深，新的时代特征逐渐凸显：需求多样化，技术需求、人才需求、岗位需求、宣讲需求等广泛出现；运作项目化，各种需求以项目方式进行运作和管理，工作机制更加科学规范；服务精准化，专业要求进一步提高；结果绩效化，通过社会实践能够解决实践基地的具体问题。

党的十九届四中全会提出坚持和完善中国特色社会主义制度、推进国家治理体系和治理能力现代化的总体目标[12]，国家各项改革不断深入，事业单位分类改革将在 2020 年底前全部实现。作为公益二类事业单位的高校，2020 年后可能面临新的机遇和挑战。在此背景下，高校应基于暑期社会实践的时代特征，未雨绸缪，做好顶层设计，完善工作机制，利用好这一研究生教育中的科教产学融合形式，立足时代和学校定位，服务好社会需求，提高人才培养质量。

参考文献：

［1］教育部 国家发展改革委 财政部关于深化研究生教育改革的意见［EB/OL］.（2013 - 03 - 29）［2020 - 05 - 10］. http：//old. moe. gov. cn/publicfiles/business/htmlfiles/moe/A22_ zcwj/201307/154118. html.

［2］关于开展 2019 年"青春与祖国同行"社会实践专项行动的通知［OL］.（2019 - 06 - 29）［2020 - 05 - 10］. http：//sjyr. bjfu. edu. cn/tzgg/316306. html.

［3］程凯，刘旭初，朱平生，等. 新形势下中医药院校研究生思想政治教育载体的探索和应用——以研究生暑期社会实践为例［J］. 教育现代化，2019，12（102）：200 - 201.

［4］中共教育部党组关于印发《高校思想政治工作质量提升工程实施纲要》的通知［OL］.（2017 - 12 - 05）［2020 - 05 - 10］. http：//www. moe. gov. cn/srcsite/A12/s7060/201712/t20171206_320698. html.

［5］任雅才. 文化育人理念融入大学生暑期社会实践的模式［J］. 高校辅导员，2014（2）：11 - 14.

［6］常海亮. 大学生暑期社会实践育人功能发挥的现状及对策研究［D］. 武汉：华中农业大学，2014.

［7］刘正浩，胡克培. 大学生社会实践的调查及思考［J］. 当代青年研究，2009（2）：37 - 41.

［8］陈扬. 基于项目运作模式的大学生暑期社会实践探索［J］. 教育与教

学研究，2010（8）：69 - 70，77.

[9] 王左丹. 大学生暑期社会实践长效机制构建探析 [J]. 思想教育研究，2014（3）：83 - 86.

[10] 连鑫. 暑期社会实践的迷失——对大学生暑期实践活动现状的思考 [J]. 教育现代化，2016，2（上半月）：240 - 242.

[11] 黄志远，黄志鹏. 新时代大思政背景下高校"三下乡"社会实践活动的思考 [J]. 新西部，2020，1（中旬刊）：152 - 153.

[12] 中共中央关于坚持和完善中国特色社会主义制度 推进国家治理体系和治理能力现代化若干重大问题的决定 [OL].（2019 - 11 - 05）[2020 - 05 - 10]. http：//www. xinhuanet. com/politics/2019 - 11/05/c_1125195786. htm.

合格评估视角下农林类高校学位点建设效率评价*

北京农学院基础教学部　蒋文国　孔素然

摘要：学位点自我评估属于诊断式评估，是对本单位学位授权点和质量保障体系建设情况的检查。量化学位授权点的建设效率，对高校管理起到非常重要的指导意义。学位授权点的教学质量效率，视为教学科研经费投入、招生人数、学生资助和学生就业人数的投入产出问题。运用 DEA‐BCC 模型，评价北京某农林高校的 7 个学位授权点教学质量总投入和总产出效率。结果显示，在 2013—2017 年这 5 年时间内，园艺学、作物学、风景园林学 3 个学位授权点的教学质量效率是有效的，符合农林类高校特色学科的办学特色和教学质量。在此基础上，对各学位授权点以年度为决策单元进行 DEA‐BCC 分析，发现纯技术效率普遍高于规模效率，且综合效率与规模效率的趋势有较好的一致性。因此，建议高校管理人员，为提高学位授权点教学质量效率，应该重点提高规模效率。

关键词：合格评估；数据包络分析；效率评价

一、引言

学位点自我评估属于诊断式评估，是对本单位学位授权点和质量保障体系建设情况的检查[1]。高校应准确把握合格评估的实质，紧抓机遇，理清思路，强化责任，立足于规范教学管理和模式，提升教学质量。围绕学位点自我评估研究，朱明、杨晓江[2]强调学位点的建设和发展要推进两方面改革，一是改革自我评估体系，构建具有内外多维视角的评估指标体系；二是加强过程性评估，利用现代

* 基金项目：2019 年北京农学院学位与研究生教育改革与发展项目（2019YJS087）。作者：蒋文国，讲师，硕士，研究方向：数学建模、效率评价，电子邮箱：jiangwenguoly@163.com；孔素然，副教授，研究方向：效率评价，电子邮箱：kongsuran@bua.edu.cn。

信息技术，实现对学位点建设过程的全面管理。孟洁、冯修猛[3]提出通过平衡关键性因素提升省级学位点合格评估方案编制的科学性、合理性、系统性，使合格评估成为保障高校学位点办学质量的重要政策工作。杨院[4]对学位点评估标准体系进行了研究，提出我国学位点评估标准应从学生成长规律、学术的内在发展逻辑及社会诉求三方博弈与互动的角度入手来构建。

检索历史文献发现，大部分研究工作焦点放在如何构建学位点合格评估方案，分析学位点评估指标体系、要素及其结构上，对应的大学内部学位点建设效率问题，却少有研究。然而，对于高校管理无论在何种自我评估标准体系下，更关心的是各学位授权点的建设效率问题。原因在于，高校内各授权学位点在建设效率不明晰的情况下，不利于大学自主性和创新性的发挥，容易出现建设方向偏离、资源分配不合理等现象，容易违背"以评促改，以评促建，以评促管，评建结合，重在建设"[5]的合格评估的原则。

本文探索了在自我评估视角下，数据包络分析（DEA）方法在高校学位点投入产出评价中的运用。对北京某农林学院 7 个参与自我评估的学位点评估数据进行交叉评价，确定出学位点建设效率的次序，并对效率较低的学位点提出改进方案。引导培养单位由过去的被动接受评估转向一种日常的主动、自发的内在评估，强化常态性的内部质量保障体系建设[6]。

二、DEA 模型

数据包络分析（Data Envelopment Analysis，简称"DEA"）是一种面向数据的系统分析评价方法，是用数学规划模型来评价相同类型的多投入、多产出决策单元相对效率的一种非参数统计方法。该方法是由著名的运筹学家查恩斯（A. Charnes）和库伯（W. W. Cooper）等人以相对效率概率为基础发展出来的一个全新的系统分析方法。其优点是不需要过多的样本数据，指标无须量纲化，无须权重假设，评价结果具有很强的客观性。DEA 交叉评价是将 DEA 作为多准则决策的一种排序工作而产生的一种新的方法[7]，相较传统 DEA 方法，可以有效地区分各决策单元的优劣。DEA 中常用的模型是 CCR 模型和 BCC 模型，它们主要是对决策单元的综合技术效率（Technical Efficiency，简称"TE"）进行评价研究。BCC 模型又可以把决策单元的综合技术效率分解出规模效率（Scale Efficiency，简称"SE"）和纯技术效率（Pure Technical Efficiency，简称"PTE"）。规模效率反映了决策单元的投入规模是否达到规模最优，技术效率反映了给定的投入水平情况下，决策单元获得最大产出的可能性。三者的关系是：

TE = SE × PTE

为方便表述，综合技术效率简称为"综合效率"，它是对决策单元资源配置能力、资源使用效率等多方面的综合衡量和评价[8]。

假设有 n 个决策单元（Decision Marking Unit，简称"DMU"），每个 DMU 均有 m 种类型的投入 x 和 s 种类型的产出 y。对于第 k 个决策单元 DMU_k 的第 i 个投入指标和第 j 个产出指标分别表示为 $x_{ik}(i = 1,2,\cdots,m)$ 和 $y_{jk}(j = 1,2,\cdots,s)$，并且引入阿基米德无穷小量 ε，此时，构成具有非阿基米德无穷小量 ε 的 CCR 模型，对偶线性规划问题如下[9]：

$$D(\varepsilon) = \min\left[\theta - \varepsilon\left(\sum_{i=1}^{m} s_i^- + \sum_{j=1}^{s} s_j^+\right)\right]$$

$$s.t.\begin{cases} \sum_{k=1}^{n} \lambda_k x_{ik} + s_i^- = \theta x_{ik_0} \\ \sum_{k=1}^{n} \lambda_k y_{jk} - s_j^+ = \theta y_{jk_0} \\ \lambda_k \geqslant 0, k = 1,2,\cdots,n \\ s_j^+ \geqslant 0, s_i^- \geqslant 0 \end{cases}$$

如果把固定规模报酬假设改为可变规模报酬，则得到 VRS – BCC 模型：

$$D(\varepsilon) = \min\left[\theta - \varepsilon\left(\sum_{i=1}^{m} s_i^- + \sum_{j=1}^{s} s_j^+\right)\right]$$

$$s.t.\begin{cases} \sum_{k=1}^{n} \lambda_k x_{ik} + s_i^- = \theta x_{ik_0} \\ \sum_{k=1}^{n} \lambda_k y_{jk} - s_j^+ = \theta y_{jk_0} \\ \sum_{k=1}^{n} \lambda_k = 1, \lambda_k \geqslant 0 \\ s_j^+ \geqslant 0, s_i^- \geqslant 0 \end{cases}$$

线性规划模型在可变规模报酬条件下求得的相对效率称为"纯技术效率"，在规模报酬不变条件下得到的相对效率称为"技术率"，又称为"总体效率"，它是规模效率与纯技术效率的乘积。因此，可以根据 CCR 模型和 VRS – BCC 模型来确定规模效率。

三、变量选取

从新发布的《学位授权点合格评估办法》来看，随着学术自身和社会发展对人才需求的变化、高校办学目标的调整和师生力量的变化，学位授权点也要进行动态调整，主动适应需求[6]。虽然新发布的办法中，没有给出统一的刚性评估标准，但结合学科发展的未来前景，平衡人才培养与社会需求间的适应性，避免以科研为主导的倾向性，选取教学科研经费投入、招生人数、学生学术交流资助经费[10]作为和学位授权点教学质量评估的投入指标。选取各学位授权点学生的就业人数作为教学质量评估的产出指标。

考虑到授权学位点教学质量建设投入和产出效率是通过经费投入、学生人数及就业人数来研究的，并不是规模报酬不变的。所以，需要将规模报酬可变作为假设条件，从而选取 VRS – BCC 作为效率评价模型。

四、实例分析

选取从 2013—2017 年教学质量投入和产出数据，在进行加权处理后代入 DEA – BCC 实证模型，通过 Matlab 编程处理[11]进行数据分析，评价各学位授权点在 2013—1017 年教学质量总投入和总产出是否是有效率的。当效率为 1 时，认定结果为效率有效的，小于 1 时则认定为无效。分析结果如表 1 所示。

表 1　　　　2013—2017 年教学质量总投入总产出效率 DEA 分析结果

DMU	综合效率 CRSTE	纯技术效率 VRSTE	规模效率 ScaleEff
农林经济管理	0.83	1.00	0.83
林学	0.91	0.95	0.96
兽医学	0.95	1.00	0.95
园艺学	1.00	1.00	1.00
作物学	1.00	1.00	1.00
风景园林学	1.00	1.00	1.00
食品科学与工程	0.69	0.82	0.84

由表 1 可以得到，该高校 7 个学位授权点教学质量总投入和总产出效率在 2013—2017 年这 5 年时间内，园艺学、作物学、风景园林学 3 个学位授权点的教学质量效率是有效的，这结果也肯定了该农林型高校特色专业的办学水平和教学质量。在这 5 年中，教学质量综合效率"无效"学位授权点，从优到劣依次为兽医学、林学、农林经济管理、食品科学与工程。其中，农林经济管理和兽医学两个学位授权点的纯技术效率是有效的，说明造成综合效率无效的原因是由规模效率引起的。建议在以后的教学过程中农林经济管理和兽医学两学位授权点应该更加注重规模效率的提升。林学和食品科学与工程两个学位授权点纯技术效率小于规模效率，说明造成综合效率无效更多的是由纯技术效率引起的。纯技术效率可

以反映决策单元在一定（最优规模时）投入要素的生产效率，是由管理和技术水平带来的效率。

为了更加详细地了解各学位授权点教学质量发展情况，对各学位授权点2013—2017年的面板数据进行教学质量投入产出效率分析，分析结果如表2所示。

表2　　　　2013—2017年各年教学质量投入产出效率DEA分析结果

授权学位点		农林经济管理	林学	兽医学	园艺学	作物学	风景园林学	食品科学与工程
2013年	综合效率 CRSTE	1.00	1.00	1.00	1.00	0.84	0.00	0.69
	纯技术效率 VRSTE	1.00	1.00	1.00	1.00	0.86	1.00	1.00
	规模效率 ScaleEff	1.00	1.00	1.00	1.00	0.98	0.00	0.69
2014年	综合效率 CRSTE	0.73	0.62	0.80	0.88	1.00	0.00	1.00
	纯技术效率 VRSTE	1.00	0.79	0.90	0.89	1.00	0.86	1.00
	规模效率 ScaleEff	0.73	0.78	0.88	1.00	1.00	0.00	1.00
2015年	综合效率 CRSTE	1.00	0.42	0.68	1.00	1.00	0.91	1.00
	纯技术效率 VRSTE	1.00	0.75	1.00	1.00	1.00	1.00	1.00
	规模效率 ScaleEff	1.00	0.56	0.68	1.00	1.00	0.91	1.00
2016年	综合效率 CRSTE	0.65	0.25	1.00	0.88	0.42	0.70	1.00
	纯技术效率 VRSTE	0.86	0.89	1.00	0.98	0.75	0.97	1.00
	规模效率 ScaleEff	0.76	0.28	1.00	0.89	0.56	0.73	1.00
2017年	综合效率 CRSTE	0.70	0.44	0.84	1.00	0.67	1.00	0.53
	纯技术效率 VRSTE	1.00	0.88	0.94	1.00	0.72	1.00	0.75
	规模效率 ScaleEff	0.70	0.50	0.89	1.00	0.92	1.00	0.70

对各学位授权点 2013—2017 年教学质量投入产出效率面板数据做折线图，如图 1、图 2、图 3 和图 4 所示。由 2013—2017 年农林经济管理、林学、兽医学、风景园林学教学质量投入产出效率折线图可知，纯技术效率一直处于 0.8 以上，高于规模效率，说明该 4 个学位授权点在教学管理和教学技术水平上具有较好的教学软实力。而综合效率与规模效率的曲线趋势有较好的一致性。说明该 4 个学位授权点综合效率主要是由规模效率决定的，为提升综合效率，需要进一步加大整体投入，例如扩大学生的招生人数。

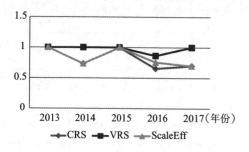

图 1　2013—2017 年农林经济管理投入产出效率

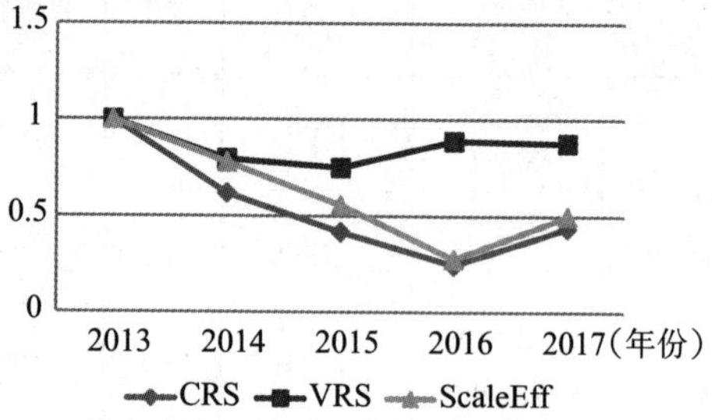

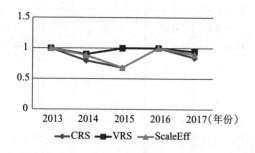

图 2　2013—2017 年林学投入产出效率

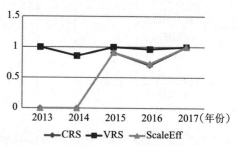

图 3　2013—2017 年兽医学投入产出效率

图 4　2013—2017 年风景园林学投入产出效率

图 5 为 2013—2017 年园艺学教学质量投入产出效率折线图。分析发现，前两年出现了纯技术效率低于规模效率的现象，之后的三年纯技术效率保持了较好的效率水平。综合效率与规模效率的曲线趋势有较好的一致性，并且在 2016 年出现了下降波动，分析原始数据发现招生人数与经费投入在该年度都有所下降。

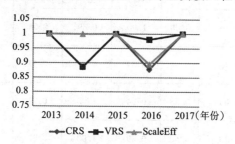

图 5　2013—2017 年园艺学投入产出效率

图 6 和图 7 为 2013—2017 年作物学和食品科学与工程教学质量投入产出效率折线图。从图中可以看出，两个学位授权点在 2016—2017 年纯技术效率和规模效率处于无效状态。由此发出预警信息，提示学校相关管理单位应密切关注这两个学位授权点教学质量建设。

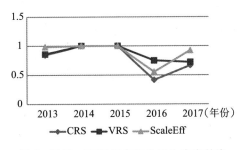

图 6　2013—2017 年作物学投入产出效率

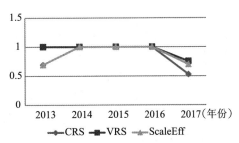

图 7　2013—2017 年食品科学与工程投入产出效率

五、结论

综合该农林高校的 7 个学位授权点教学质量总投入和总产出效率分析，结果显示在 2013—2017 年这 5 年时间内，园艺学、作物学、风景园林学 3 个学位授权点的教学质量效率是有效的，符合农林类高校特色学科的办学特色和教学质量。对各学位授权点以年度为决策单元进行 DEA – BCC 分析，发现纯技术效率普遍高于规模效率，且综合效率与规模效率的趋势有较好的一致性。建议高校管理人员，为提高学位授权点教学质量效率，重点提高规模效率。

研究证明利用 DEA – BCC 模型对各学位授权点教学质量效率进行评价，不仅可以横向比对各学位授权点教学质量效率，而且还可以对每个学位授权点进行纵向的教学质量效率评价。从而为高校的教学管理和教学质量的提升提供实时的、较好的、准确的数据指导。

参考文献：

［1］林利胜．关于学位点自我评估几点思考［J］．六盘水师范学院学报，2014，26（1）：8 – 66.

［2］朱明，杨晓江．大学学位点自我评估的审视与思考［J］．研究生教育研究，2015（3）：6 – 72.

［3］孟洁，冯修猛．对编制省级硕士学位点合格评估方案几对关键性因素的探讨［J］．上海教育评估研究，2019，8（04）：39 – 43，71.

［4］杨院．构建我国学位点评估标准体系的思考［J］．学位与研究生教育，

2013（7）：8－25.

　　[5] 刘兰英. 合格评估视角下的研究生学位点内涵建设 [J]. 教育发展研究，2019，39（5）：66－73.

　　[6] 阎光才. 学位授权点合格评估改了什么？[N]. 光明日报，2014－03－25（13）.

　　[7] 彭育威，吴守宪，徐小湛. 利用 MATLAB 进行 DEA 交叉评价分析 [J]. 西南民族大学学报（自然科学版），2004（5）：6－553.

　　[8] 黄小平，刘光华，刘小强. "双一流" 背景下区域高校系统科技创新能力：绩效评价与提升路径 [J]. 教育文化论坛，2019，11（1）：133.

　　[9] 谈毅. 基于 DEA－BCC 方法的我国高校科技投入产出效率研究 [J]. 科技管理研究，2015，35（20）：11－106.

　　[10] 包涵. 合格评估对地方高校建设的作用与效能 [J]. 传播力研究，2019，3（09）：232.

　　[11] ÁLVAREZ I B, JAVIER & ZOFíO. A Data Envelopment Analysis Toolbox for MATLAB [J]. Working Papers in Economic Theory, 2016, 03.

动物医学专业研究生培养模式改革与实践[*]

北京农学院动物科学技术学院　　张永红　吴琼

孙英健　沈红　胡格　吴春阳

摘要：都市型高等农业院校要求培养知识面广、具有创新思维能力和适应能力强的动物医学人才。本文定位北京都市农业需求，结合学校卓越农林人才培养计划，以动物医学专业研究生培养模式为导向，从加强动物医学专业研究生招生宣传、建设以提高学生创新和实践能力为目标的课程体系、制订符合职业发展的培养方案和管理模式，旨在为全国农业院校动物医学专业研究生培养及卓越农林人才培养提供参考。

关键词：动物医学；研究生；培养模式；改革与实践

北京地区发展都市现代农业具有较大的地理优势，主要具有开放性、国际化、科技性及可持续性等特征。动物医学专业复合型人才的需求日益增加，都市型高等农业院校应结合都市农业发展要求，培养具有扎实专业知识背景、较强创新思维和实践能力以及综合分析解决问题能力的复合型动物医学专业人才。这是我们培养学生的目标和方向，也给我们动物医学专业的教育者提出了更高的要求。如何结合时代背景、利用首都环境优势培养适应首都及都市农业发展需求的动物医学专业领域的人才是我们目前面临的新挑战。本文结合学校卓越农林人才培养计划、都市农业需求以及专业人才的社会适应度，旨在为培养符合时代发展的应用实践型人才提供参考。

* 基金项目：2019 年北京农学院学位与研究生教育改革与发展项目（2019YJS002）。

一、抓住研究生招生工作关键环节，加强动物医学专业研究生招生宣传

招生宣传工作是研究生招生工作过程中的关键环节，加强招生工作宣传及执行力度，抓住研究生招生工作的关键环节能有效地增加研究生招生工作的宣传力度，提高生源质量和对专业领域的匹配度[1]。我们应明确宣传对象，做到有针对性的招生宣传；同时应了解学生和家长的求学动机和专业需求，突出宣传动物医学专业特色及就业领域；加强研究生招生环节的宣传管理力度，提高学校及专业影响力和信誉度。具体做法如下：在校内研究生招生方面，通过老师授课过程，特别是在学生专业实习阶段为学生提供考研咨询，鼓励学生考研，并在专业实习阶段与实习单位老师进行协调，适当给予合理的复习时间。目前，动物医学专业的学生考研率超过50%，2019年录取率为33%。同时，负责学院研究生招生工作的领导及老师充分发挥招生工作"把关人"的作用，积极参与"2020年全国研究生现场招生咨询会（吉林场）"，增加了招生工作的影响力和信用度，吸引更多了解专业的优秀的外校学生报考。在一志愿录取不足时，充分利用好调剂政策，鼓励老师积极与名校建立联系，保证调剂生源质量高于平均水平，使生源质量稳步提高。

二、建设加强学生创新和实践能力培养的课程体系

研究生培养过程中应有完善的符合学生培养要求的课程体系，教育部要求专业学位的课程设置要以实际应用为导向，以职业需求为目标，以综合素养和应用知识与能力的提高为核心[2]。动物医学专业是一门实践性强的专业，因此在研究生的课程设置上要侧重对学生的创新和实践能力的培养。

为了提高学生的临床实践能力，我们在2018年增设研究方法和临床诊疗技术类课程，将研究生专业课程与实践相结合，培养学生学习和实践相结合的学习方法。2019年动物医学院研究生课程中首次向学生们开设了多门实践和专业培养相结合的课程，如细胞生物学实验技术、动物病理组织切片诊断技术、宠物临床显微检验技术、动物细胞培养实验技术等实际操作课程，这些研究方法类实践课程很大程度上增加了学生的实验技能训练。同时，对这些技术的熟练掌握对研究生在自己课题开展和创新方面也有较大的帮助，为学生提早开展医学实验或课题研究打下基础。我们还开设了临床相关的研究生课程，在兽医临床诊疗技术课程中，我们邀请了兽医临床经验丰富的医生和宠物专科方向的专家亲临现场为同学们授课指导。这些临床一线医生及专家的方向涵盖：异类宠物疾病治疗、宠物

眼科、宠物心血管影像、宠物透析技术分析等前沿方向,在授课过程中他们将多年临床收集的病例展示给学生,包括临床罕见病例的具体讲解及分析。这个过程开阔了同学们的眼界和思维,提高了学生们专业知识的创新和实践,也与我们平时的校内理论授课很好地结合和互补,受到了同学们的普遍欢迎。

三、制定符合职业发展的培养方案和管理模式

我国畜牧业发展目前处于转型期和战略机遇期,畜牧行业向现代化发展,需要科技进步创新的支持[3]。目前,全国及世界范围均面临兽药残留超标、抗生素滥用、动物传染性疫病以及动物群发普通病的发生给畜牧业养殖造成巨大的损失,更重要的是造成环境污染及严重的食品安全问题,威胁人类的健康发展。目前畜牧行业的工作重点是加强对畜产品的质量控制,研发抗生素替代产品减抗、替抗以及研发有效疫苗和药物控制或减少畜禽传染病和普通病的发生。这需要培养出既具有创新实践精神又具有扎实专业知识的高水平兽医专业人才,对我们动物医学专业研究生教育工作者提出了更高的要求。全国兽医专业学位教育指导委员会指出,兽医专业学位研究生的培养目标为:培养出适应国家执业兽医和官方兽医的要求,面向动物诊疗机构、动物养殖生产企业、兽药生产与营销企业及动物疫病预防控制、兽医卫生监督执行行政管理及市场开发与管理等工作的应用型高水平人才[4]。近年来兽医专业是国家人才缺口专业,在兽医领域需要有价值的高水平的人才去开拓。因此,我们制定了一系列符合职业发展要求和教育规律,以及以加强创新实践能力培养为目标的培养方案。

(一)优化课程教学内容

建设符合专业优秀人才发展的研究生课程是培养教育的核心[5]。为提高研究生的综合能力,根据硕士的研究方向,我们增加了课程的多样化设置,开设了跨学科选修课程,并增加课程汇报讨论,鼓励学生跨学科方向选课。同时,我们从不同学科方向跨学科聘请校外专家为学生开展讲座,讲座内容结合专业内临床常见病例分析、疑难病例诊断案例分析等,并扩展到专业外以及就业前景的分析。这些课程的开设使学生们视野放宽、思路开阔,同时在课程学习的过程中对未来职业规划和就业方向有更清晰的了解。

在课程中我们增加了研究生课程研讨的比例,学生结合自己研究的方向查找文献,同时进行课堂讲解与探讨。这种方式使学生对国内外畜牧兽医研究领域现状有一定的了解,同时对兽医临床技术有自己的理解与创新,还能够很好地锻炼学生们的表达演讲和分析资料的能力,使研究生的能力有较大、较综合的提升。另外,我们随着社会和行业需求的不断发展,在传统课程中补充了新理论和新技

术等，比如在原有课程内容中添加分子生物学相关实验，将收集的兽医临床病例结合传统诊断与分子生物学检验方法，增加了学生的学习兴趣、综合应用能力以及对专业知识的具体理解。

（二）强化应用多种教学手段

教师利用多媒体或结合现代教学手段教学有助于学生更好地理解课堂内容，对研究生的学习培养有关键作用。教学过程中尝试采用雨课堂、研讨小组讨论、兽医影视作品欣赏及案例教学等多种教学手段进行授课，获得了较理想的效果。"雨课堂"其功能实现基于 PPT 和微信，是 2016 年由清华大学最先推出的智慧化教学工具[6]。在兽医临床诊疗技术的研究生课程中，应用雨课堂教学的弹幕和在线答题等功能，可以增加课堂师生的互动交流，调节课堂气氛的同时使学生能更充分地融入讨论中，教师还能有针对性地根据学生提出的问题（弹幕内容）进行更多的互动和讨论，锻炼学生的表达能力也使之对问题有更深刻的理解。课堂中，我们更多运用 3D 视频动画等多媒体教学，一方面节省了书写板书的时间，另一方面提供了更多互动讨论交流的机会。多媒体教学还能够活跃课堂气氛，对教学内容进行丰富，为构建优质兽医专业课程体系奠定了良好基础。

（三）结合执业兽医考试细化课程内容

2010 年我国开始规范执业兽医行业，在全国范围开展执业兽医资格考试。在研究生课程中，我们增加了对执业考试的题型和案例分析，在互动的学习交流中也增加了相关的内容，使我们培养出的学生满足临床兽医和执业兽医的需求，使之在职业规划的过程中有更多的选择。

四、鼓励研究生及教师参加行业学术交流与培训

研究生及研究生导师应该多参加专业培训和学术交流会议。我们鼓励青年研究生课程授课教师参加培训，2019 年 10 月，动物科学技术学院组织年轻研究生课程教师参加"医学类混合式金课设计与教学改革实践浸入式工作坊"培训。该培训提高了教师对教学理念、教学方法和教学现代化方面的理解和认识，为在疫情防控期间顺利开展良好的网络在线互动教学奠定了基础。研究生培养过程中，我们利用北京地区优势，组织学生参加"第七届中国兽医大会""第五届兽医眼科年会"及"第十五届北京宠物医师大会"。北京宠物医师大会自 2005 年举办至今，在行业具有较高的影响力和信用度。参加会议学生开阔了眼界，对学生专业学习和职业规划有很好的引导作用，是实践教育的内容之一。我们将会继续坚持下去，让学院的研究生有更多机会实践学习并与更多的行业专家学习交

流，使之拓宽专业知识面、提高临床诊疗技术，为培养全面发展的兽医专业人才努力。

五、完善规范考核管理制度

在高水平研究生培养管理过程中，应该加强对研究生的考核管理机制，运用研究生导师与学院管理相结合的模式。研究生的管理由导师和学院及学校研究生部门共同进行，确保研究生学位工作的顺利进行。在研究生的考核管理过程中，加强研究生中期答辩、中期考核的力度，为学生严格把关，确保学生论文选题立项及内容撰写进展顺利。在考核过程中强调论文原创性的重要性，培养学生发现问题、分析问题及解决问题的综合能力。考核管理制度对学生的论文及成果进行严格要求及把关，为培养高质量兽医学术型人才提供保障。

在研究生教学过程中，学校设立研究生督导反馈体系，及时根据学生听课和学习的效果对教学内容和方式进行调整。反馈体系可提高教学质量和教学效果，为高水平专业人才输出提供保障。

六、结语

知识面广、具有创新思维能力和适应能力强的动物医学专业人才的培养过程必须突破传统模式。动物医学专业研究生具有较宽的就业范围，要培养高水平的专业及应用人才，首先应该加强招生宣传工作，其次要建设完整的课程体系，再次要制定符合职业发展的培养方案和管理模式，包括优化教学课程、应用多种教学手段以及结合执业兽医考试设计课程内容，第四要在培养过程中鼓励研究生及课程教师参加学术培训会议，第五要加强考核管理机制。模式改革与实践的目标是增加高水平动物医学专业人才的社会满意度和专业信用度。

参考文献：

[1] 刘玉芳，刘浩．多学科视角下高校研究生招生宣传策略研究 [J]．现代大学教育，2014（1）：39-44．

[2] 赵艳玲，王学彩，王辉．全日制工程硕士研究生课程体系优化研究 [J]．教育教学论坛，2018（31）：1-2．

[3] 刘涛，陆建中．振兴我国畜牧业的科技发展战略 [J]．科技促进发展，2014（4）：95-100．

[4] 王自力，王鲜忠，赵永聚，等．基于产学研结合的兽医专业学位研究生

创新实践能力培养模式探索［J］. 中国兽医杂志，2017，53（11）：109 - 112.

　　［5］李艳飞，宋淼，高利，等. 全日制兽医硕士培养模式的探讨［J］. 教育教学论坛，2015，2：150 - 151.

　　［6］王帅国. 雨课堂：移动互联网与大数据背景下的智慧学工具［J］. 现代教育技术，2017（5）：26 - 32.

以就业为导向的人才培养质量保障体系构建*
——以北京农学院农业工程与信息技术领域全日制专业硕士为例

徐践

一、北京农学院农业工程与信息技术领域全日制专业硕士培养情况简介

（一）农业硕士专业特色

农业硕士是服务于我国农业及其相关产业体系、经营管理体系、服务体系及社会发展需求的专业学位教育类型。人才培养目标应符合职业导向，培养与相关行业、职业资质有效衔接的应用型高层次人才（摘自：学位授权审核申请基本条件）。

（二）农业工程与信息技术领域培养目标

主要为农业信息化技术的研究、开发、应用、推广及管理，新农村发展、现代农业教育等企事业单位和管理部门培养应用型、交叉型、复合型高层次人才。

（三）农业工程与信息技术领域招生情况

农业工程与信息技术领域起源于农业信息化领域。农业信息化领域 2011 年开始招收全日制及非全日制研究生。

* 基金项目：2019 年北京农学院学位与研究生教育改革与发展项目（2019YJS003）。

（四）农业工程与信息技术领域主要科研方向

硕士点依托北京农学院计算机与信息工程学院三支院级科研团队（基于农业的计算机应用技术、农业信息化科技创新、农业物联网）、北京市农村远程信息服务工程技术研究中心、北奥智能化农业联合实验室以及信息化相关产业组织和行业企业开展各类研究工作。主要研究方向涵盖：农业物联网应用研究、农业人工智能技术、数字农业技术以及计算机网络技术与管理信息系统在农业中的应用。

（五）农业工程与信息技术领域实践实训的开展

硕士点先后与北京农林科学院农业信息与经济研究所、大连东软信息学院、曙光信息产业（北京）有限公司、励牛课思（北京）信息技术有限公司、安博教育签订实习协议，建立教学实习基地，开展实践实训教学活动。

二、建设以就业为导向的人才培养质量保障体系的必要性

随着中国社会和经济的快速发展，科学技术的飞速进步，知识的快速更新，都对人才的需求提出了更高、更多的要求，复合型、创新型人才受到更多用人单位的喜爱。高校毕业生是目前就业和人才市场的主力军，高校毕业生人数的逐年增加，越来越多的高等教育者涌入就业市场，随之而来给高等教育管理者的思考就是毕业生的培养过程改革如何能够满足就业单位的需求。近年来，为了解决从高校到就业单位的最后一公里问题，用人单位逐步参与到高校人才培养过程中，除了加快专业和课程的更新速度，高校也将用人单位普遍看重的实践能力、组织管理能力、团队能力、协助能力、沟通能力、心理素质等以各种形式融入人才培养的过程中。此外，随着经济的发展，就业者对工作的价值需求也不仅限于满足经济支撑，更多的还需要个人提升、优势发挥等方面。因此，提高高校的人才培养质量，改革人才培养方案，以就业为导向是必要的。

人才以服务社会为己任。根据农业工程与信息技术领域全日制专业硕士培养和市场对人才需求的变化，培养质量保障体系指标的提取必须做出两个转向：一是从过去只是关注教师教得好不好转向关注学生学得好不好，建立一系列科学的评价指标体系；二是从过去过于关注学校办学资源条件好不好转向关注毕业生在社会上发展得好不好，加强对毕业生职业发展状况的跟踪调查，根据收集到的毕业生职业发展需求来完善专业培养方案和人才培养模式。

三、以就业为导向的需求分析

（一）学生学习需求与用人单位对研究生毕业生的综合要求

学生希望学到什么？能够结合本人能力和兴趣点进行互联网、大数据、物联网、云计算、人工智能等相关技术的课程学习，能够了解和学习到信息化以及农业信息化领域前沿的技术和理论，总体来说也就是做好知识的储备；能够充分参与到导师的项目中去，深入项目的技术层，有参与大中型企业项目研发的经验，充分提高自身的实践和创新能力；能够经常参与导师的项目讨论会，参与行业内的学术研讨会和报告会，在导师的指导下撰写科研文章、发表科研成果，充分提升自身的科研能力；部分研究生在校期间希望在导师和辅导员的帮助下，对自身的兴趣、能力和优势做一个梳理，做好自己的分型，了解自身适合技术型、管理型还是辅助型岗位，更好地做好与就业岗位的衔接。

用人单位对研究生毕业生的综合要求是什么？虽然不同类型的用人单位和岗位类型对毕业生要求有不同侧重，但总体来说可归纳为以下几方面：

1. 专业知识与技能：主要包括毕业生的专业基础知识的广度和专业技术能力的深度。

2. 交叉学科知识：因为信息化技术要结合具体的岗位需求开展工作，所以毕业生的跨学科、交叉学科知识也是用人单位重点考察的因素之一。

3. 人文社科知识：历史、政治、经济、法律知识有助于毕业生更好地理解企业文化，开展信息化相关工作。

4. 通用能力要求：根据信息化相关专业特点，用人单位一般对以下专业能力有重点要求：英语能力、专业实操能力、人际交往能力、团队协作能力、抗压能力、审美能力、创新能力。

5. 个人素质：就业单位主会对个人道德素质、职业素养以及个人责任心进行重点考核。

（二）农业工程与信息技术领域全日制专业硕士就业情况分析

北京农学院农业工程与信息技术领域全日制专业硕士2011—2019年就业数据显示，毕业生的主要就业去向包括：考取博士研究生深造、考取"村官"和选调生、到信息化企事业单位就业、进入银行系统、高校管理和教育培训机构任教。2017—2019年毕业生就业意向调查显示，主要的求职意愿集中在事业单位、国有大中型企业、知名信息化民营企业；主要的求职岗位集中在公务员、软件开发工程师、教师。

四、以就业为导向的人才培养质量保障体系构建

（一）以就业为导向的人才培养方案设计

以就业为导向的人才培养方案应以教育行政部门文件为主要依据，结合学校的学科特色，结合学科学术组织、行业部门和学校专业委员会共同参与的原则制订。制订培养方案前，需经过对本行业内的兄弟院校、有实力的大中型企业、培训机构、科研院所以及近三年毕业生进行广泛的调研，准确定位人才的培养目标和预测就业缺口，根据就业单位及岗位需求设计课程及实践环节，确定培养计划及科研成果表达要求；最后，确定后的培养方案由行业部门和企业、研究院所以及毕业生代表进行反馈，由学校专业委员会和社会行业联合评审委员会通过。

（二）以就业为导向的课程体系设计

信息化行业是一个动态行业，教学内容需要定期更新，教学内容需要与岗位能力要求一致，让学生学有所用。专业硕士教育重点需要提升学生利用知识解决实际问题的能力，提高学生综合素养，增强学生创新意识。行业前沿讲座也应作为一门必修课程引入，广泛邀请行业专家、优秀校友、行业主管部门负责人进课堂，讲授行业技术、法规等相关内容，提高学生的职业素养。除了课程的设计和调整要广泛征求行业企业和研究院所的意见外，还要充分利用信息化手段丰富教学方式，积极建设慕课平台，引进优秀的课程资源，组织建设特色慕课课程，充分利用慕课平台，加强学生和教师的互动交流，营造浓厚的学习和科研范围，拓宽学生对课程的评价渠道，加强督导对教师和课程的监督和评价方式。

（三）以就业为导向的实践实训体系设计

导师应充分利用科研项目和教学项目培养学生的实践能力，根据学生的自身特点进入项目的不同阶段和分工，充分利用项目研讨会了解学生的进度和需求，定期要求学生参与学术研讨会和报告会，安排学生参与企业真实项目的机会，鼓励学生结合参与的项目进行教学案例和教学项目的设计，帮助学生进行科研成果的申请，协调其参加各级各类学术竞赛。

利用好专业硕士的双导师机制，以学科学院需求为导向，壮大企业导师队伍，同时制订配套制度，鼓励学生进入企业导师的项目和科研工作，调动企业导师的积极性，鼓励企业导师结合学生毕业论文的撰写，培养学生的专业技能，丰富论文数据。

（四）以就业为导向的科研奖励机制设计

院系两级的科研奖励机制应紧紧围绕就业工作开展，包括奖励范围、奖励项目、奖励标准、奖励额度等，科研成果紧紧围绕行业发展的动态和社会需求进行评价，对于有机会进行成果转化的项目，院系两级要给予大力支持，同时要积极支持学生的科研成果创业项目。

在政策上支持学生参与各级各类学科、学术竞赛，特别是由知名企业赞助的各项创新创业大赛，在信息上保持畅通，在经费上予以支持，在技术上予以支撑，特别是交叉学科，要积极协调各学院的配合。广泛获取社会资助的奖学金项目，积极与有实力的毕业生联系设立企业奖学金，扩大专业知名度。

（五）以就业为导向的论文研究方向设计

从论文选题方向、内容到撰写都要制定严格的规定和标准。论文题目应主要来源于校内和校外导师的科研课题和项目，自选题目要对研究的方向和内容严格把关。论文开题报告会应广泛邀请校内外专家、外聘导师，专家组成员应对论文的选题、研究方法、技术路线、应用价值进行严格的审查。期中教学检查期间应对学位论文的完成情况由学生和导师共同进行汇报反馈，督导应对完成情况进行抽查。论文评审需经过查重、校外专家评审和现场答辩三重质量把关，论文答辩会应完全邀请校外专家完成。

（六）将就业指导工作贯穿整个培养过程

学生就业指导工作主要可以分为两个部分，一是学生自身对内的探索，包括学生的个人兴趣、人格、能力、价值观的自我审视和澄清；二是对职业世界的认识，包括用人单位的组织类型、岗位要求、就业相关的政策法规以及求职过程和方法。将就业指导工作贯穿于整个培养过程也就是将以上工作有机地与培养过程相结合。

首先，在入学引导过程中，邀请导师结合专业发展进行职业发展的普及和介绍，让学生思考结合专业如何进行与行业的联接，邀请企业专家进行行业发展动态的讲座，让学生进一步思考行业中哪些岗位适合自己。在研究生低年级阶段，邀请高校或专业的职业生涯规划师和学生进行关于个人兴趣、人格、能力、价值观的探讨，进一步使其加深对自己的了解；在实践实训环节，导师应鼓励学生结合个人的兴趣和能力进行选择或偏理论或偏技术的实习；论文阶段导师应鼓励学生对自己感兴趣的领域开展研究。在研究生高年级阶段，学院的就业部门也应对学生的就业意愿进行详细摸底，及时为学生推送就业政策和就业信息，开设就业指导讲座，辅导学生面试和简历撰写，提供给学生个性化的就业指导和就业心理指导等服务。学院应建立就业工作指导小组，定期研究就业工作的难点，做好组织协调等各项工作。

五、北京农学院农业工程与信息技术领域全日制专业硕士人才质量培养的特色保障性工作

硕士点秉承信息和互联网技术服务农业的宗旨，强化办学特色，打造具有学院和学位点特色的研究生实践实训环节，同时，在经费和技术上予以支持。五年来，学院安排学生利用每年暑期参加形式多样的专业实践活动。培训机构包括大连东软信息学院、北京市计算中心、兄弟连 IT 教育、安博教育等。顶岗实习企业包括大连东软科技发展有限公司和大连云观信息技术有限公司。顶岗实习过程中学生完全参与到企业项目中，按照企业员工管理模式进行管理。学院教学实验中心下设创新创业实训中心一个，创新创业实训中心由专人管理并采用校企合作的运营方式，目前已经与安博集团、北京联创中控和北京宣羽科技有限公司等建立了合作关系，研究生在导师和中心技术人员的指导下，积极参与各级各类创新创业竞赛，包括教育部的"互联网＋"大赛和天津市的物联网创新与工程应用设计竞赛等，并取得了不错的成绩。此外，入驻企业设置专人为学生提供创业政策和专业技术方面的咨询服务。

学院结合自身专业优势，以研究生的课程建设为契机，几年来探索开展专业课的网络课程、在线课程、慕课建设教学。自 2011 年开始，学院开始自主建设网络课程和教学管理平台，利用录屏软件和自主开发的研究生课程管理平台实现研究生的辅助学习和管理，学院一直坚持利用课程管理平台监督和强化学生的学习。2013 年，学院开始使用人民网的优学院慕课平台，2016 年开始联合专业的慕课制作公司制作全日制研究生专业主干课。学院根据 2018 年培养方案，已经建设研究生慕课专业主干课课程 4 门，慕课平台也已经实现了手机和移动终端的使用。

建立完善的院校两级督导制度。2018 年学院通过自评估工作，梳理学院的研究生教学管理，聘请了院级的督导，同时，完善了督导管理制度。根据管理规定，院校两级督导工作覆盖了研究生培养的全过程，包含了对培养方案修订的审核，对研究生课程开课及调整的审批和检查，对研究生导师申请的审核，对研究生实践实训活动的检查，对毕业论文开题的审核，对毕业论文的中期检查，对毕业论文答辩的检查；同时督导还要求参加研究生复试工作流程的检查，各类评奖评优工作结果的检查，参与各类重大教学文件修订工作。建立学生信息员制度，通过学生信息员及时反馈课程、任课教师、导师以及学生管理中的相关问题。通过"一条主线、多方合作、多元监管"的人才培养质量保障体系，狠抓研究生

人才培养的过程管理。

  人才培养质量是高等学校的生命线，提高质量是高等教育教师、管理者坚持探索的主题。北京农学院计算机与信息工程学院高度重视研究生培养质量，从办学定位出发，以人才培养目标为依据，以提高人才培养质量为工作中心，以就业为导向，不断完善质量保障体系，努力为社会输送高层次人才。

基于专业认证与审核评估的新农科专业人才培养综合改革思路*

北京农学院动物科学技术学院　孙英健　李秋明　沈红　杨佐君

摘要： 党的十九大报告为我国农林高校改革与建设指明了新方向，同时也为农林高校学科发展创造了重要机遇。"安吉共识——中国新农科建设宣言"的发布，必将促进"新农科"的建设，助力解决国家"三农"问题。本文主要从专业认证与审核评估的角度，结合"新农科"建设的目标，对北京农学院农科专业创新人才培养模式、专业发展建设等方面提出改革思路。

关键词： 专业认证；审核评估；新农科教育；人才培养

党的十九大报告指出，实施乡村振兴战略使乡村成为"产业兴旺、生态宜居、乡风文明、治理有效、生活富裕"的美丽乡村，践行"青山绿水就是金山银山"的理念，推动生态文明建设[1]。现代农业的发展需求对高校农林教育提出更高的要求，目前"新农科"教育面临农业的全面升级、农村的全面进步，农民的全面发展的新时代、新要求和新挑战[2]，如何提高农科教育的质量、实现农科的转型跨越式发展，着力解决国家"三农"问题，是每一个农科专业面临的严峻挑战，也是农林高校必须探索和解决的重要议题。

一、以审核评估和专业认证为抓手

审核评估和专业认证是国家对高校人才培养质量的评价方法。已经开展数轮

---

　*　基金项目：北京农学院 2019 年教育教学研究与改革项目（BUA2019JG003）；北京农学院 2019 年学位与研究生教育改革与发展项目"学位授权点自我评估与动物医学人才培养模式改革与实践"（2019YJS002）。

的审核评估是国家对学校制定"五个度"标准是否实现进行考察，即人才培养目标的达成度、社会需求的适应度、人才培养的保障度、保障体系运行的有效度、学生和用人单位的满意度[3]。通过审核评估强化"学生中心、成果导向和持续改进"三大教育理念[3]。推进人才培养多样化，并促进高等学校合理定位、全面落实人才培养中心地位，健全质量保障体系，切实提高人才培养质量。

专业认证是一种资格认证。由美国、英国、加拿大、爱尔兰、澳大利亚和新西兰六国发起的《华盛顿协议》（Washington Accord）是目前世界范围知名度最高的工程教育国际认证协议[4]。我国于2016年正式加入该协议后，工科专业认证已经展开，这极大地促进了工科专业建设的规范性和发展的可持续性。2018年1月，教育部发布《普通高等学校本科专业类教学质量国家标准》，涵盖普通高校本科专业目录中全部92个本科专业类、587个专业，涉及全国高校5.6万多个专业点，这是我国发布的第一个高等教育教学质量国家标准。

专业认证将是评估高校办学能力的重要参考标准。专业认证和审核评估的组合评价将构成高等学校专业建设导向和健全专业动态调整的机制，也是保证和提高高等学校专业教育质量的重要方法和途径。

二、"新农科"的人才培养目标

2019年6月28日，全国涉农高校共同发布了"安吉共识——中国新农科建设宣言"，明确了"新农科"创新发展的要求和人才培养的目标任务[2]。

（一）为"新农业"的发展提供人才资源

"新农业"的全面升级体现为农业产品的质量提升、农业的绿色发展。我国农业发展从改革开放初期的追求增产向追求高质量、高效益转型，坚持优质、安全、高效的生态农业发展理念。农业的健康可持续发展，有赖于农产品质量的提升，有赖于农业竞争力和效益的提升[5]。面对"新农业"发展要求，"新农科"建设应因地制宜，优化学科结构，为拓展农业产业链、推动农业价值链的提升服务。

（二）助力"新乡村"建设，实现可持续发展

"新乡村"的全面建设目标要实现稳定、协调、健康的发展，实现乡村经济效益、社会效益与生态效益有机统一。"新乡村"的建设坚持绿色导向，发展的同时必须打造良好的生态环境。例如，减少农药、兽药等化学品的使用等，推动绿色、有机食品的生产，构建美丽宜居环境，保障居民健康生活。"新农科"建设为乡村建设提供致力于乡村产业的发展的不同层次的人才资源，实现新乡村发

展的可持续[5]。

（三）培养"新农民"，振兴乡村农业发展

实施乡村振兴战略的关键在于人才的培养，2018年中央一号文件提出要加强农村专业人才队伍建设，全面建立职业农民制度[1]。"新农业"和"新乡村"的发展需要掌握现代农业科技知识、具备一定经营管理能力的具有较高科学文化素养的"新农民"。"新农科"的建设要为振兴乡村培养更多的科技型、创新创业型的"新职业农民"，他们应是懂农业且具有坚实的专业知识、高水平的科技素养、掌握信息技能、懂管理的全面人才，可积极投身建设中，助推"新农业"和"新乡村"的全面发展。

三、创新人才培养模式，助力人才培养质量提高

"新农科"的创新发展要求与专业认证标准和审核评估的要求不谋而合，共同助推高校人才培养的变革。

（一）深化教学改革，激发学生兴趣和潜能

专业认证中一个重要的理念就是成果导向教育理念（Outcome Based Education，简称"OBE"）[4]。目前，我国专业认证核心就是贯彻以"学生为中心、成果为导向、持续改进"为手段的OBE理念。现代农业的全面发展需要的是懂农业、爱农村、爱农民的"三农"工作队伍[5]。要提高教师和学生对"新农业""新乡村"的认识，对照专业认证标准全面启动提高人才培养质量的改革。

1. 明确定位，优化人才培养方案

各专业教师通过调研区域发展对农科人才的需求情况，明确专业人才培养定位，制定符合"新农业""新乡村"发展的人才培养目标及毕业要求，以学生能力培养和素质教育为中心，构建适应"新农业""新乡村"发展的新型课程体系，建设高质量的核心素质课程，促进学生知识、能力、素质教育的协调发展。通过每门课程大纲的研讨、修订，明确每门课程对人才培养和毕业要求的支撑点，明确课程目标与毕业要求、教学环节、考核环节的对应关系，优化培养方案，并在教学过程中予以落实。

2. 加强学习过程管理，保证教学质量

根据审核评估和专业认证的要求，进一步完善教学管理的制度化、规范化，细化管理制度，如教学计划，授课计划，听课制度，试卷、阅卷、课程总结与反馈等规范化管理制度；改革单一化的考试评价体系，建立能力和知识考核有机结

合，形成多样的考核体系；激励学生自主学习、能力拓展学习，重视素质教育；不断提高毕业论文质量，严格执行论文查重制度、毕业资格审定制度；建立学生专业预警和退出机制，推行弹性学制；严格执行教师教学考核制度，按照北京农学院"提升层次、优化结构、规范管理、提高质量"的要求，构建自我评估、审核评估和专业认证等多元评价体系，细化管理，从制度层面保障教学质量持续提高。

3. 推动课堂教学改革

随着互联网技术的不断发展，网络应用正快速向传统教学模式中渗透，学生对传统教学模式的疲惫，倒逼课堂教学的改革。慕课、在线课程、雨课堂等应用资源的多样化，使学生获得知识途径已经不仅仅局限于书本和本校的课堂，而网络的海量信息，也使学生面临信息的筛选、对自我把握的严峻挑战。

目前以清华大学为标杆的小班教学、翻转课堂、混合式教学以及线上、线下相结合的教学模式正在高校课堂改革中广泛推广应用[6]。将专业认证中的 OBE 理念融入课堂教学，促推课堂教学改革势在必行。教师在课前应科学设计课堂教学环节，打造适合本校学生发展的"金课"，引导学生学习自我管理、自主学习，提升其自主学习能力，为学生适当增负，构建浓厚的学习氛围，为其获得终生学习能力打下基础。

（二）深化创新教育的改革，全面提升学生综合素质

"新农业、新乡村和新农民"的全面发展，要求高校要成为培养具有科技创新、创业能力强的人才的基地。"新农科"建设宣言[2]中明确，创新人才的培养目标分为三类；第一类是高水平、高层次、国际化创新型农林人才，第二类为多学科背景、高素质复合应用型人才，第三类是爱农业、懂技术、善经营的下得去、留得住、离不开的实用技能型农林人才。不同层次的高校的人才培养目标施行分层化教学，根据不同的创新目标，构建以本校学生为中心的自主学习模式，开展以课外活动、社会实践、科技创新和实践基地为载体的多样的实践教学，举办创新创业类专题学习交流活动，深化创新素质教育；鼓励学生积极参加大学生课外科技竞赛，在科技竞赛中成长，增强学生创新创业意识，不断提高创新能力和综合素质能力。

（三）加大协同育人培养模式改革力度

随着互联网的普及应用，开放办学、协同育人的培养模式正逐步取代传统育人模式[7,8]，构建"政府—学校—企业"的协同创新育人模式势在必行。协同育人机制是将"政府—学校—企业"各方优势进行整合，实现"多方合作、产学共赢"，极大地提高学生在实践中发现问题、解决问题的创新能力。通过共建校

内外实习基地、协同创新实践平台、创新实践实验室，加强创新实践能力基础训练，开展学科竞赛、科技项目训练、创新创业训练，提高学生的实践应用能力，培养学生创新能力。

四、加强专业建设

（一）强化师资队伍建设

"新农科"的创新发展离不开高校的创新创业教育，而创新创业教育不仅是教育学生，更重要的是要培训一支具有创新创业能力，能够用生物技术、信息技术、工程技术等现代科学技术服务智能化、生态文明新农业、新乡村建设的导师队伍[2]。本科教学水平的提高必须与人才引进相结合，同时关注教师的发展，为教师提供海内外交流学习机会和经费支持，促进教师创新创业意识培养，加强学科教学梯队和高素质实验教学队伍建设，实现教授全部为本科生授课。积极开展教学研究活动，促进专业教育与通识教育融合及学科间的交叉融合发展[9]，提高教师对现代信息技术与教学融合应用的能力。严格执行教师教学考核制度，在教师考核和评聘中一定要加大教学业绩的权重，促进教师将课堂教学质量放在工作成绩的第一位，健全教师师德考核机制，推动师德建设的常态化、制度化，实行师德和教学质量的"一票否决"制。

（二）强化教学条件建设

教学条件包括教学设施、公共基础设施和图书信息资源的数量与功能等方面内容。首先，建设良好的管理、维护、更新和共享机制并能够有效实施，是教师教学能力和学生学习能力提高的基本保障。随着互联网的发展，数字资源的维护、利用、共享也是教学条件提高的重要内容。其次，要完善教材体系建设，选择能体现科学前沿实效性的教材，充分发挥教材育人的作用。最后，对于实验性强（如动物医学）的专业要加强基础学科教学实验室和公共基础实验室条件建设，保障实践能力培养的基本条件不断更新、完善。因此，要加大资金投入，积极开展实验教学中心和创新创业中心建设，特别是对新的数字化仿真教学中心的建设要增加投入力度[6]，以及加强专业教学实验室等教学条件建设，同时加强对校内、校外教学基地的建设和维护等。

（三）强化质量督导制度建设和实施

基于审核评估的反馈意见与建议进一步强化教学质量的督导评价体系，完善督导评价机制，制定形成平时督导与定期督导相结合、专项督导与综合评定相结合的督导体制，对教学全过程形成动态监测和持续改进的机制，实现内部质量监控全程化和智能化。积极采用第三方专业评估机构对人才培养质量进行评估，对信息数据进行深度挖掘和整理并及时反馈各级教学单位，实现数据和信息的共享，使学校和专业的教学指导委员会能及时掌握评估数据，并建立纠偏措施，严格把关教学的专业水平，促进教风和学风建设。真正达到质量保障体系持续改进的目的。

五、结语

我国是农业大国，在"绿水青山就是金山银山"的新时代背景下，"三农"事业发展需要大批新型农科类人才。培养"新型职业农民"，强化创新创业教育是"新农科"教育的重要任务，北京都市型农科高校要以审核评估和专业认证为方法和手段，以"新农科"建设为导向，深入研究理解现代农业对人才的需求，明确专业人才培养定位，构建"新农科"人才培养体系，大力开展卓越"新农科"人才培养改革，持续提升本科人才培养质量，为中国"三农"事业的发展培养优秀人才。

参考文献：

［1］刘晓雪. 新时代乡村振兴战略的新要求——2018 年中央一号文件解读［J］. 毛泽东邓小平理论研究，2018（3）：13 - 20.

［2］教育部高等教育司. 安吉共识——中国新农科建设宣言［EB/OL］.（2019 - 06 - 28），http：//www. moe. cn/s78/A08/moe_745/201907/t20190702_388628. html.

［3］董垌希. 本科教学审核评估对高校内部质量保障体系建设的启示［J］. 现代教育管理，2019，6：56 - 59.

［4］王永泉，胡改玲，段玉岗，陈雪峰. 产出导向的课程教学：设计、实施与评价［J］. 高等工程教育研究，2019，5：62 - 68.

［5］农业农村部管理干部学院学习小组. 以习近平"三农"思想为指导全面落实乡村振兴战略加快推进农业转型升级［J］. 农业部管理干部学院学报，2018，33：1 - 9.

［6］肖安宝，谢俭，龚付强. 雨课堂在高校思政课翻转教学中的运用［J］. 现代教育技术，2017（5）：46 - 52.

［7］王洪元. 培养拔尖创新林业人才服务生态文明建设［J］. 中国高等教育，2019（3）：17 - 18.

［8］吕杰. 新农科建设背景下地方农业高校教育改革探索 ［J］. 高等农业教育，2019，2（2）：3 - 8.

［9］应义斌，梅亚明. 中国高等农业教育新农科建设的若干思考 ［J］. 浙江农林大学学报，2019，36（1）：1 - 6.

农林高校硕士研究生课堂教学质量提升的思考[*]

——以北京农学院为例

北京农学院研究生处　高源　王琳琳　张芝理　董利民

摘要： 课堂教学质量是体现高校研究生培养效果的重要标志，是研究生教育内涵式发展的关键因素之一。当前我国高等教育综合改革正处在关键时期，面临"双一流""新农科"等一系列历史机遇，同时，北京农学院也面临博士学位授权点申报的关键时期，做好研究生培养工作是提升北京农学院高等人才教育水平的重要标志，也是未来研究生教育培养的关键所在。

关键词： 课堂教学；研究生教育

为更加深入精准领会习近平总书记对北京重要讲话精神，更加深刻把握首都城市四位一体的战略定位，落实全国教育大会精神，聚焦北京农学院当前应用型大学定位发展所面临的实际问题，为学校在课堂质量提升方面改革提供建议，北京农学院党委党校与战略发展研究室联合主办了2019年度战略发展专题研修班，主题之一是课堂教学质量提升。通过学习《北京农学院落实〈关于统筹推进北京高等教育改革发展的若干意见〉实施方案》，结合本职工作岗位，笔者认真了解、分析北京农学院当前研究生课堂教学的实际情况，坚持问题导向，主要在教学理念、教学方法、课程考核等方面进行多维度的思考。

一、转变教学理念，落实立德树人

教育部"两类"人才培养已经明确，如何进一步做好高校的人才培养工作

---

* 基金项目：2019年北京农学院学位与研究生教育改革与发展项目（2019YJS088）。第一作者：高源，助理研究员，主要研究方向：学科建设、研究生教育管理。

是关键所在，针对不同类型的研究生需要设定不同的教学模式，同时，激发研究生的求知欲，鼓励研究生不是为了毕业而学习，而是为了知识而学习。结合北京农学院目前情况，研究生课程体系紧密围绕学校的人才培养目标，坚持"复合型、应用型、创新型"的培养机制定位，应用型与学术型人才培养并重的理念。研究生课堂教学专业课以小班教学为主，公共课人数一般也控制在100人内，课程安排均按照2018年最新版研究生培养方案执行，每位研究生在入学时进行选课，量身打造适合自身的培养课程（见表1）。整体上，北京农学院研究生课程的设置与选择比较合理，并且有严格的管理机制。例如，2019年共开设全日制研究生课程201门次，其中春季开设课程41门次、秋季开设课程160门次，为保证教学运行正常进行，严格执行调停课手续。安排各相关学院、督导组于学期中旬进行研究生教学和培养工作期中检查。根据各学院期中检查工作情况，提出问题与整改建议。仍然存在一些问题，如部分研究生在课堂教学过程中积极性不高、主动性不强，老师在讲台上授课，研究生在下面听课，除了常规的提问外，其他互动较少，整体课堂授课效果一般。如何提升研究生课堂教学的质量，唤起研究生的求知欲望，让他们兴致盎然地参与到教学中来是优化教学理念的关键所在。

表1　　　　　　　　　　全日制研究生课程设置

序号	课程性质	门数	生资	植科	动科	经管	园林	食品	计信	文发	其他
1	学位公共课	9									
2	学位专业课	54	10	9	13	8	10	4	0	0	
3	学位领域主干课	66	10	3	15	9	12	4	4	9	
4	选修课	141	21	21	30	16	22	11	3	16	1
	合计	270	41	33	58	33	44	19	7	25	1

结合《教育部关于全面落实研究生导师立德树人职责的意见》等文件精神，强化立德树人的教学理念，明确培养什么人，为谁培养人，怎样培养人，这其中涉及两个主体，分别是授课教师和研究生。一是针对授课教师这一"教"的主体，目前北京农学院研究生授课教师整体结构合理、相对水平较高，以教授级专任教师和青年骨干教师相结合的形式为主，并基本都具有研究生导师身份。可以通过学习相关兄弟院校的课堂教学理念来提升教学质量，引用智能化教具设备提升授课效果，从而提高教课的成果转化率。二是针对研究生这一"学"的主体，激发研究生自身的学习动力，使之对所学专业知识有收获感、满足感，不止是为取得学历而学习。提升优化"教"与"学"两方面主体，才能把教学理念贯穿于研究生教育培养的全过程。

二、优化教学方法，提升教学质量

研究生教育是高等教育的深入阶段，一是体现在研究生课程相比本科课程内容方面更加深入，因而对授课教师的知识储备、授课技巧等综合素质提出更高的要求，二是研究生相比本科生在自我学习的意识和能力等方面有很大的提升，同时，有了本科时期的专业知识基础，对挖掘知识以及获取知识的方式有了更高的要求，不再简单满足于常规的课堂教学，特别是对于专业学位研究生而言，实践教学更是不可或缺的重要组成部分。

根据中共中央、国务院《关于加强和改进新形势下高校思想政治工作的意见》提出的坚持全员全过程全方位育人（简称"三全育人"）的精神，北京农学院着力把"三全育人"理念贯彻落实在线上课堂教学与线下实践教学的每个环节。

一方面，课堂教学作为传统教学的主要阵地，教与学的关系是重点，也是难点，学生主动学习和被动接受课堂知识，效果完全不同。增加师生之间、研究生之间的互动，能够更好实现教书与育人相融合的理想教学效果。在现有教学方法的指导下，鼓励教师结合新时代网络和媒体工具，优化和完善研究生目前课堂现状，部分课程可以尝试采取"翻转课堂"等新的教学方法，重新分配课堂内外的时间，将学习的自主权从教师转移给研究生。通过校内慕课 MOOC、雨课堂等平台实现全新教学形态，教师创建教学视频或者观看其他高校优秀教师的授课视频，研究生在课外观看学习课堂内容，回到课堂上师生面对面交流并完成作业。这既实现了课上与课下、线上与线下的结合，又提高了授课效率，针对研究生提出的问题进行及时反馈，协同合作的教学方式使研究生深入理解与掌握专业知识内容。结合调研四川大学智慧课堂建设现状，翻转课堂的应用也离不开智慧教室的配合，人性化的座位转换、智能讨论抢答等工具的应用以及计算机的配合，这些都能在很大程度上提升教学互动效果，发挥研究生的自主能动性，降低其对课堂教学的依赖，提升其自主独立学习的能力。

另一方面，实践教学也是落实教学育人的重要组成部分，是研究生提升理论运用水平、提高专业技能不可或缺的重要环节。实践基地建设直接关系到研究生的培养质量，对于提高其实践能力和创新能力十分重要。为适应国家研究生教育改革和发展需要，提高北京农学院研究生教育水平和培养质量，增强学生实践动手和科研创新能力，搭建学校服务地方经济建设和社会发展平台，创新高层次专业人才培养模式，建设高层次人才培养基地，促进"产学研"联盟的形成，加大联合研究生培养力度，北京农学院于 2016 年发布了《北京农学院研究生联合培养实践基地建设与管理办法》，旨在建设和完善以提高创新能力和实践能力为目标的研究生培养模式，全面提高研究生的实践能力。研究生实践教学工作，尤其是专业学位硕士研究生的实践教学工作是教学的第二课堂，对于研究生实践能力的提升不可或缺，实践现场教学是优化教学方法的重要渠道。截至 2019 年，北京农学院已建成研究生工作站 29 个、研究生校外实践基地 61 个（见图 1），预计 2020 年度新增研究生工作站 14 个、研究生校外实践基地 6～8 个。

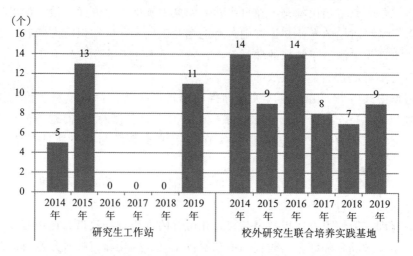

图1　北京农学院研究生工作站及研究生校外实践基地情况

三、强化课程建设，重视多元考核

课程建设也是研究生培养过程的重要方面，做好课程考核评价工作，对于研究生培养质量提升意义深远。2014—2019 年，北京农学院重点建设 66 项优秀研究生课程，2019 年底组织实施了"研究生'课程思政'示范课程建设项目"，组织召开研究生"课程思政"建设研讨会，发布《关于组织申报 2020 年北京农学院研究生"课程思政"示范课程建设项目的通知》，组织 2020 年研究生"课程思政"示范课程项目的申报和项目立项，共立项建设相关课程 8 项（见表 2）。这一系列举措有力提升了优秀课程的引领作用，同时进一步强化了专业课程育人导向，突出价值引领，使各类课程与思想政治理论课同向同行，形成协同效应。

表2　　　　　　北京农学院研究生"课程思政"示范课程建设项目名单

类型	名称	负责人
课程思政	农产品安全生产技术与应用	尚巧霞
课程思政	动物安全生产	李艳玲
课程思政	现代农业创新与乡村振兴战略	唐衡

续表

类型	名称	负责人
课程思政	风景园林规划设计	付军
课程思政	食品产业信息与网络技术	孙运金
课程思政	农业物联网技术与工程	石恒华
课程思政	农村社会工作实务	韩芳
课程思政	乡村治理	龚刚强

针对当前授课考核主体单一的现状，应将研究生对授课老师的评价纳入考核指标，把老师与研究生之间的互评、研究生督导的第三方监督和老师与研究生的自评三方相结合，使考核工作成为一个全方位、多维度、多元化的客观评价，真正落在实处。课程考核不应仅限于理论知识考核，而是把研究生综合素质培养、理论知识成绩、价值观取向等内容都纳入考核要素中来，落实老师"课堂思政"工作的实施情况，做出准确评价。

同时，进一步加强结果运用。考核结果的有效利用是教学活动的关键环节，某些程度上来讲，如何运用考核结果决定了考核工作是否有价值，对于诊断教与学中存在的各种问题、改进教学方法、提升教学质量、引导研究生良好的学习理念有着重要的指导意义。针对考核结果，应督促教师进行整改，并且有针对性地加强研究生督导组对于课程的监督，进一步优化教学模式，促进教学质量提升。

综上所述，只有在转变教学理念、优化教学方法、强化课程建设这几方面下苦功、重创新、出实效，才能切实提升北京农学院研究生培养质量，把握好"双一流""新农科"等一系列历史机遇，在博士学位授权点申报这一关键时期发挥作用、取得成绩。

研究生课程"现代兽医药理学"教学改革初探[*]

北京农学院动物科学技术学院/兽医学（中医药）北京市重点实验室

沈红　孙英健　陆彦

摘要： 研究生教育是高层次的教育，研究生培养质量直接影响着一个国家的科技文化水平。因此，关注和提升研究生课程教学改革对提高研究生培养质量尤为重要。本文针对北京农学院兽医学专业的硕士研究生学位专业课程"现代兽医药理学"教学过程中存在的主要问题，探讨解决这些问题需进行的教学改革尝试，如丰富课程内容、转变教学视角、激发师生积极性、改革教学手段及教学方式等，以提高硕士生自主学习能力及兴趣，拓宽学生研究思维，有效地改善和提升研究生课程的教学效果和质量。

关键词： 现代兽医药理学；研究生；课程教学改革

近 20 年来我国研究生教育从初期由规模扩张向质量提升转变，因此提高研究生的培养质量成为当前研究生教育的重要任务。研究生教育属于高层次人才培养阶段，对于硕士研究生培养阶段，研究生教育的主要目标是培养学生对科学问题的思考能力、培养创新人才和创新思维、开发学科前沿知识等。研究生教育有别于本科教育，本科教学主要是培养建立学生的自学能力，而研究生教育是一个相对独立的教育阶段，其本身不是大学本科学制的延长。因此，研究生教育的教学理念、培养模式、教学质量评价、课程考核方式等都应有其本身特征，与其他阶段教育方式应有较大区别。北京农学院动物科学技术学院研究生兽医学专业有4 个方向，分别为：基础兽医学、临床兽医学、预防兽医学、中兽医学，每个方向都设有与专业培养方向相关的一系列课程。随着生物学技术快速发展，兽医学

　　* 基金项目：2019 年北京农学院学位与研究生教育改革与发展项目（2019YJS006）。第一作者：沈红，博士，研究方向：兽医药理学，电子邮箱：shenhong912@ sina. com。

专业的相关课程建设也需顺应时代发展而与时俱进，这样才能保证研究生培养的质量和水平。"现代兽医药理学"是基础兽医学方向一门必修的专业基础课程，该课程内容主要从分子生物学角度阐述兽药作用及分子机理，知识点多而新，实践性强。本文针对北京农学院兽医学硕士学位专业培养特色，从目前承担的研究生学位"现代兽医药理学"专业课程为例，结合现阶段课程教学环节中存在的问题，以引导学生学习和问题思考为目标，在课程教学过程中从教学内容、教学方式和手段、考核方式等方面进行改革探索。

一、现阶段课程教学情况分析

（一）课程教学内容分析

"现代兽医药理学"是一门专业学位必修课程，是现代药理学发展的前沿学科，是以分子为基本功能单位，运用分子生物学的理论和技术，从分子水平和基因表达的角度去研究、分析和阐释药物与机体间相互作用的原理，包括药物影响机体功能和机体处置药物这两方面的机制和规律，最终目的在分子水平上说明具有生物活性的化合物的药理作用及其机制。"现代兽医药理学"课程随着学科发展，不断融入药理学前沿发展、分子生物学新技术和新方法，但现有教学内容还停留及存在较多传统内容和经典技术手段等略显陈旧的问题，与现在课程发展及分子生物学新方法等极为不匹配，课程知识传授多还是平铺直叙，甚至有部分内容停留在本科课程里面，研究生听课觉得索然无味，不易调动学生上课积极性，教学手段及方式单一使课堂上师生互动较少。此外，课程前沿知识教学内容与研究生研究方向紧密程度不高，致使课程教学缺乏针对性，难以充分体现兽医专业的学科特色，难以激发学生的学习兴致，难以实现课程教学目的。因此，随着兽医学学科发展，课程培养目标、教学内容及任务变化，"现代兽医药理学"课程建设亟待改革探索。

（二）研究生学习情况分析

"现代兽医药理学"是运用分子生物学的理论和技术，从分子水平和基因水平的角度去研究、分析和阐述化学药物的药理作用及其分子机制，其课程内容应与时俱进，而现有部分教学内容陈旧，学生对教师讲授的内容缺乏兴趣和激情。从教学层面上，研究生认为老师讲授的知识点对自己的课题研究方向和内容没有实质性帮助，结果学生学习变成纯粹为获得学分，最终导致研究生学习兴趣降低。"现代兽医药理学"是一门实践性很强的专业基础必修课程，课程内容设计两部分教学任务，即理论教学和实验教学，近年来随着研究生课程教学改革，课程学时在递减，由于课程学时限制（24 学时），课堂教学内容不能涉及太多课程知识点讲授，因此如果研究生仅靠课堂上教学学习，课后不去阅读专业教材和查阅与专业密切相关的研究文献去扩展和丰富知识内容，对专业相关内容的认识就会不够深入。此外，特别对于从分子生物水平解释药物作用的分子机制，学生很难深刻认识药物的最新原理内容，这样下去会挫败学生的学习兴趣，很难使学生提高和保持学习积极性。

（三）课程考核方式分析

根据北京农学院现有研究生培养方案，"现代兽医药理学"一直为专业基础必修的学位课程，一直以来本课程考核采取考试或撰写综述论文方式进行，最终成绩主要由三部分构成，即学生平时出勤情况（10%）、学生平时成绩（20%）、综述论文（70%）或期末考试成绩（70%）。随着计算机技术及网络平台的发展，以论文为主的考核考评模式导致部分学生为完成课程论文作业，在学术论文数据库中查阅少量文献，然后将其进行机械式的复制粘贴且不加修改就拼凑成重复率很高的抄袭论文，对研究进展中的一些问题没有补充和阐述自我解读和认识，学生学术能力没有提高。总体上看，这种考核方式并没有真正考察出学生学习效果，同时对学生的能力没有任何提高，甚至起到相反的不良效果并影响学生终身。

二、课程教学过程中的改革初探

（一）课程教学内容的再建设

课程教学内容对教学质量提高影响很大，随着分子生物学发展、基因工程技术创新，现代兽医药理学发展日新月异，现有已出版的教材、参考书等其撰写的内容相对较为落后，其内容已不能彰显当代现代兽医药理学的研究进展状况，而且缺乏时代性和时效性，因此应从最新及高水平文献中归纳总结凝练最新研究进展及前沿性成果，及时对课程内容进行更新和补充。同时，授课教师可将他们的科研项目成果有机融入课程教学内容，在教学过程中纳入课堂教学，践行产学研融合教学策略，力求最大限度地调动学生学习积极性和听课态度。

在组织教学过程方面，探索分阶段渐进性进行课程内容教学，于课程教学前期给学生介绍一些参考书、课程内容相关文献等，指导学生预先学习，加强对课程的了解；于课程教学中期，主要是授课阶段，讲授课程主要内容；最后于课程教学后期，主要安排专题讲座及研讨等方式教学，如针对当前热点信号通路在药物作用研究方面的进展进行讲授，使学生从分子水平层面认识药物作用机理，鼓励学生以此为靶点寻找更新热点的其他信号通路在药物作用上的应用，使学生认识到信号通路是多种多样的，通过这种模式可极大地拓宽研究生的思维。

（二） 教学方式和手段多样化改革

如何能够将"现代兽医药理学"这门课程讲得更好是一项具有挑战性的教学任务，需在教学方式上采取多样性改革，在教学方法上将课堂教学、文献阅读汇报、专题研讨等有机结合起来，并充分利用多媒体教学手段，提高教学效率和教学效果。既要在理论教学过程中注重基本理论、基本概念和基本方法等内容的直接讲授，又要在实践教学过程中特别关注培养学生分析问题和解决问题的能力，激发学生创新思维，提高学生的研究兴趣，促进学生综合应用的能力。

教育教学技术及信息技术的发展，为现代教学提供更多教学技术和手段。现有教学技术主要通过 PPT 进行讲解，尽管通过 PPT 可以显示图画、大量照片等，但还是有些技术方法无法形象地展示出来以帮助学生深刻理解。目前，有些最新研究成果论文，其试验结果会以实验视频的形式上传到数据库中，这些视频就可以成为很好的教学辅助材料，使学生通过观看相应实验视频，对试验成果及现象有更加生动直接的领会，解决只通过文字或图片展示带来的不生动问题。此外，也可通过辅助视频技术手段展示部分教学内容，这样可以把枯燥的理论变得更加浅显易懂，提高学生的学习兴趣，达到很好的教学效果。

（三） 文献综述报告与专题讲座

研究生阶段学生应大量阅读中外文献，归纳总结文献中最新成果以及科学问题，提高问题思考能力和研究的认识深度。教师有责任和义务指导学生查阅文献，传授阅读技巧及捕捉研究亮点和新问题的方法，使学生及时了解研究性论文中的创新性和其解决的科学问题。安排学生讲解专题文献报告，提供机会给学生进行综述性的文献介绍工作，培养学生从文献中提炼出科学问题和解决方法，待学生汇报完后鼓励学生讨论并对其进行简短的提问，以引导学生进行二次思考和总结。总之，通过该项训练，使学生既加深对本课程相关知识的理解，同时也使学生科学研究的思维得到锻炼。"现代兽医药理学"是兽医专业的专业基础课程，动物科学技术学院一些教师的科研方向涉及中药提取物、昆虫提取物等药理作用、分子药理机理及兽医临床应用、饲料药物添加剂开发等热点研究，这些研究都涉及分子药理学，教学过程中邀请相关教师进行专题讲座，介绍相关研究背景、研究内容、研究成果，有助于学生对将来的研究方向有一定程度了解，激发学生对专业的兴趣，并对专业的重要性有更直观的认识。

（四） 建立新形式学习型的考核模式

研究生课程学习与教育是针对小众群体的教育活动，为建立公平的考核模式，探索将传统单一理论考试或综述论文考核模式转变成新形式学习型考核机制。学习型考核机制主要侧重考核充分调动学生的学习兴趣和综合能力的效果。课程开始学习阶段首先布置与课程相关的研究方向的内容，由学生根据自己的研究方向及兴趣组成 2 人组，给予 2～3 周准备时间，2 人首先在组内进行内部互相分工协作，查阅文献、搜集资料，进行问题探讨，最终形成演示 PPT；课程考核阶段通过让学生以专题报告形式进行公开 PPT 汇报，根据 PPT 制作水平、问题认知程度、讲解内容水平、答疑情况和团队成员协作情况进行综合评分。采取这种学习型考核模式可使学生文献查阅与利用、科学问题归纳和总结的能力，团队成员参与和团队协助大局掌控能力、合作意识和学术交流能力等全方位得到加强和提高。最终课程总成绩由学生平时出勤、课堂文献报告和小组汇报综合评定，其分别占比为 10%、40% 和 50%，力争公平地考核每位学生。

三、总结

稳步提高研究生教育质量是我国研究生高质量培养的重要前提，而课程建设和课程教学是关系到研究生成长成才的重要环节，是研究生培养的基础设置。本文结合北京农学院研究生"现代兽医药理学"课程的改革与建设，介绍该课程中的问题，如教学内容陈旧、实践和创新性思维培养不足、考核方式单一等，提出解决办法，初步建立一套适应北京农学院专业特色的"现代兽医药理学"课程教与学的方法，通过组建授课教师组队伍、丰富教学内容、改进教学和考核方式等措施，结合北京农学院兽医学学科的特色和研究生培养目标，积极完善和改进"现代兽医药理学"的教学方法和手段。通过改进，学生的知识面得到扩宽，建立起科研思维和创新意识，该课程教学质量有一定程度的提高，进一步提升"现代兽医药理学"专业课程的教学效果。研究生教学改革是个系统性、全面性的工程，新的教学理念的发展和新的教学资源、技术的开发，有助于都市特色的兽医学高层次人才培养与提高。

参考文献：

［1］梁济元.《材料制备新方法》研究生课程教学改革初探［J］.广州化工，2019，47（3）：127.

［2］黄亮亮，桂良英，李艳红，曾鸿."双一流"建设背景下地方高校研究生课程教学改革初探［J］.大学教育，2019（1）：174－176.

［3］刘文杰，杨秋，王旭，徐文娴.海南大学研究生课程《生态学研究方法》的建设实践与思考［J］.教育教学论坛，2019（6）：246－248.

[4] 崔士强，郑春红，潘守智. 基于创新实验的《波谱解析》课程建设与研究生创新能力的培养 [J]. 教育教学论坛，2019 (6)：122-124.

[5] 王社良. 基于一级学科下研究生课程体系改革研究 [J]. 中外企业家，2018 (18)：215.

[6] 吕淑霞，钟鸣，曹慧颖，于晓丹，张少斌，马镝. 研究生"现代分子生物学"课程有效教学的实践——以沈阳农业大学为例 [J]. 高等农业教育，2018，5 (5)：106-110.

[7] 张建设，朱爱意. 研究生海洋生态学专题课程建设 [J]. 安徽农业科学，2019，47 (4)：280-282.

[8] 舒常庆，杜克兵，叶要妹，汪念，王滑. 研究生课程案例教学的探讨 [J]. 高等农业教育，2018，5 (5)：111-114.

"动物遗传原理与育种方法"课程建设与实践[*]

北京农学院动物科学技术学院　盛熙晖　邢凯　郭勇

摘要："动物遗传原理与育种方法"课程是北京农学院动物科学技术学院开设的一门养殖领域专业硕士生的专业必修课程。经过教学团队的多年探索和经验积累，取得了较好的教学效果。本文着重在课程的教学团队和教学内容建设、教学方法和评价方式改革等方面进行阐述，以期为其他研究生课程建设提供参考。

关键词：动物遗传原理与育种方法；课程建设；研究生教育；内涵式发展

研究生教育是拔尖创新人才培养的主要途径和建设创新型国家的重要领域[1]。党的十九大明确提出实现研究生教育内涵式发展的新要求，坚持标准为先、质量为要，为全面建成小康社会提供高端人才支撑。研究生教育内涵式发展适应时代变化的战略任务，反映了我国经济与社会发展转型的客观需要，是高校研究生教育自身发展的必然结果。北京农学院积极贯彻国家教育精神，深化研究生教育教学改革，推动研究生教育内涵建设，不断提高本校的研究生培养质量。

"动物遗传原理与育种方法"课程，是北京农学院动物科学技术学院开设的一门养殖领域专业硕士生的专业必修课程，是一门理论与实践相结合的课程。该课程是在本科生课程"动物遗传学"和"动物育种学"基础上的延伸和深入，以期帮助学生掌握和提高动物遗传育种的相关基础理论和实践能力。为了完善课程的教学效果，提高研究生的学习收获，培养其专业兴趣以及实践能力，"动物遗传原理与育种方法"教师团队根据选课学生的知识水平和特点，围绕动物遗传

* 第一作者：盛熙晖，博士，副教授，北京农学院动物科学技术学院动物科学系副主任，主要研究方向：动物遗传育种，电子邮箱：shengxh03@163.com；通讯作者：郭勇，博士，教授，北京农学院动物科学技术学院院长，主要研究方向：动物育种与生殖生理，电子邮箱：y63guo@126.com。

育种领域的最新研究动态及行业发展特点，不断完善课程内容，优化教学方法和评价体系，取得了一定的教学效果。

一、教学团队建设

内涵式发展的本质就是要提高质量、优化结构。其中，优化结构指优化教师队伍结构，形成老中青结合、学校和社会结合的教师队伍[2]。"动物遗传原理与育种方法"课程的教学团队由三位授课教师组成，年龄结构合理，并均长期从事动物遗传育种的理论研究和育种实践，在该学科领域有着丰富的教学和科研经验，且热爱教育事业。在教学过程中，教师们将深奥、抽象的理论通俗易懂地传输给学生，同时结合最新的科研动态和育种案例，使得整个学习过程更加生动有趣、引人入胜。

为了更好地保障课程的专业性、先进性和实践性，授课团队积极邀请国内顶级的育种专家和教授为学生们做学术报告。这些专家和教授多数来自中国农业大学、中国农业科学院和顶级的动物育种企业，如长期从事动物遗传理论与育种实践研究的中国科学院院士吴常信院士、"国家级教学名师"张沅教授、首农食品集团峪口禽业公司党委书记周宝贵先生等。专家们的报告既有前沿的理论研究，又有丰富的实践案例，深入浅出、观点新颖，不仅开拓了学生的学术视野，拓展了科研思路，还极大地增强了学生的专业认同感。

二、教学内容建设

"动物遗传原理与育种方法"课程主要涉及两大部分内容，即动物遗传学原理和动物育种学方法，其中动物遗传学是动物育种学的理论基础，动物育种学是动物遗传学的应用和实践。因此，在教学内容布局方面，遗传学部分在前，育种学部分在后，而育种学部分是教学的重点内容。在育种学部分，教学内容分为传统的育种理论和近年来发展起来的分子育种方法，二者是不同的育种方式，互为补充，缺一不可。按照研究方向，育种学的教学内容又分为家禽育种、猪育种和反刍动物育种三大组成部分，三大畜种的育种理论既有联系又有区别，学生可以比较不同畜种的特点，更好地寻找自己的科研切入点。

在教学过程中，既要重视理论学习，也要着重育种实践的讲解，教学内容的每一部分都包括理论和应用两个学习模块。在理论知识的教授过程中，贯穿国内外优秀动物品种培育的典型案例，介绍育种工作者们长期以来的努力和取得的成绩，有效地促进了学生对育种理论的理解。同时，教学过程中教师也会针对现有品种存在的问题，鼓励学生们提出解决方案、展开讨论。

三、教学方法改革

对于专业学位研究生，要构建符合专业学位特点的课程，加强案例教学，培养专业岗位的专业素质[3]。"动物遗传原理与育种方法"课程以学生收获最大化为教学目标，通过借鉴其他优秀课程的宝贵经验、总结自身经验教训，逐步完善了本课程的教学方式。目前，本课程的教学过程主要包括三个环节：学生自主学习、教师讲解和案例讨论。

首先，根据每一章节的内容，教师提前设定学生的学习任务。教师会向学生推送相关内容的学习要点、重点和后续讨论用的案例资料、思考题。学生利用网络教学资源等进行自主学习。其次，教师通过课程讲解，帮助学生理解和掌握理论知识，并结合案例剖析和拓展，帮助学生把零散的理论知识串联、整合起来，构建完整的理论体系。最后，案例讨论是教学的核心环节，也是学习成果的提升过程。课堂讨论可以小组讨论，也可以分组辩论，形式多样。学生们针对教师前面布置的案例和思考题，根据理论学习的内容，提出不同解决方案，并经由讨论找出最佳方案；或者由教师提出不同方案，学生们进行不同方案的比较和讨论，最后评判哪个方案最好。该方法不仅可以较好地帮助学生掌握理论知识，进一步提高学生分析和解决问题的能力，还有效地激发了学生的学习积极性和学习兴趣。

同时，国内顶级专家的学术报告集专业知识和育种实践之精华，可谓是课堂教学的良性补充。学生们不仅享受了一幕幕精彩纷呈的学术盛宴，而且通过与顶级专家直接沟通、交流，更开拓了视野，深受启迪。

四、课程评价改革

优化考核评价体系，也是课程建设的重要环节。考核方式固化，不利于创新思维的培养。"动物遗传原理与育种方法"课程实行过程性评价方式，不单一以期末考试作为学生的学习考核方式。课程考核主要包括三部分：个人主题报告、平时成绩和期末考试。

主题报告方面，本着扩大学生的学术视野、提高文献阅读和撰写学术报告能力的理念，由学生根据个人兴趣自主选题，通过大量的文献阅读，形成个人关于某领域的研究综述，以学术报告的形式展现出来。平时成绩方面，课程学习过程中的出勤、小组讨论和交流、作业等均计入课程成绩，力争做到学生的每一点付出都可以在课程成绩中得以体现。期末考试着重考察学生对动物遗传育种领域理解的深度和广度，以开放式的试题为主。

五、结语

"动物遗传原理与育种方法"课程作为养殖领域专业硕士研究生的专业课程，是帮助学生构建专业知识架构的重要组成部分，也是培养动物遗传育种人才的重要载体。因此，教学团队的老师们在课程建设过程中不断探索、积累、优化升级，使得学生在学习中收获最大化，帮助研究生成长、成才。

参考文献：

［1］郭海燕，魏遵锋，石中英. 研究生课程与教学现状调查分析——以北京师范大学为例［J］. 中国大学教学，2012，10：85－89.

［2］吕向前，查振高. 关于我国研究生教育内涵式发展的哲学思考［J］. 学位与研究生教育，2014（4）：41－44.

［3］教育部 国家发展改革委 财政部关于深化研究生教育改革的意见［EB/OL］.（2013－03－29）［2020－05－16］. http：//www. moe. gov. cn/publicfiles/business/htmlfiles/moe/A22_zcwj/201307/154118. html.

"基因工程原理"课程教学方法的探析

北京农学院植物科学技术学院　　杨凯　史利玉

　　摘要："基因工程原理"是植物科学技术学院作物学、园艺学专业硕士研究生的选修课。基于课程特点和学生基础，为提高学生理论知识和学习能力，本文对合理安排教学内容突出课程建设目标和完善教学体系、课堂教学和课下作业安排进行了分析，对"基因工程原理"课程教学方法的实践尝试进行了总结。

　　关键词：基因工程原理；教学；实践

　　基因工程原理是对基因进行重组和修饰的技术，是20世纪70年代发展起来的分子生物学的一个分支学科，基因工程原理将分子生物学的最新研究成果和技术融合在一起，成为应用生物科学领域的前沿。"基因工程原理"是一门理论和实践紧密联系的课程，涉及分子生物学基本原理、研究方法、实验技术等内容，如何合理构筑学生理论知识结构，提高学生综合素质，使学生跟上学科的发展进程、具备前瞻性和开拓性，为学生在学习期间或继续深造奠定坚实的基础是本课程的重点和难点。面对该学科领域新技术、新理论蓬勃发展的现状，对该学科的教学内容、教学模式采用边实践、边完善、边提高的形式，教学过程注重对学生进行创新意识和创新能力的培养。

　　"基因工程原理"课程作为北京农学院植物科学技术学院作物、种业和园艺专业硕士学生的选修课程，由于研究生在课题研究实验工作中要涉及植物转基因技术，所以课程受到学院导师和学生的重视。随着高校研究生招生规模的持续扩张，跨专业研究生数量逐年增加，研究生生源质量有逐渐下降的趋势。同时，由于选课同学接受传统教育多年，导致学生结论性知识接受能力较强，而实验设计能力和实验技能较差，创新性思维不强。为了让学生在课堂的有限时间内，对所讲授的教学内容、实验技能，能够更好地理解和掌握，让学生意识到自己学习中存在的问题，更主动地进行思考、学习，在教学中将以学生为主导的自主学习的教育理念灌输给学生，让其提升自学能力是本课程教学实践的目的[1]。

一、合理安排教学内容突出课程建设目标

课程建设是学校教学基本建设的重要内容之一，包括教学内容建设和教学模式建设两部分内容。教学内容建设主要是根据专业和学生特点科学安排教学内容；教学模式建设主要是指为实现教学目标而采用的教学实践和行为[2]。

课程建设的主要目标是以构建"植物基因工程操作技术路线"为主线的教学内容体系，要求学生掌握植物基因工程常规的实验方案、技术路线和操作技能，具备在课题实验中独立工作的能力。期望通过本课程的学习，可以使学生了解和掌握植物基因工程研究的实验总体设计和操作技术，培养学生具备应用基因工程理论和技术，分析和解决实验工作中遇到的具体问题。

"基因工程原理"课程内容涉及分子生物学、生物化学、生物信息学等学科的基本原理、研究方法、实验技术等内容，需要教授的知识点、应用技术较多，由于课时仅有32学时，很难做到系统、全面、细致的讲解。如何能在有限的课时内，有效地提高课程的教学质量，改善教学效果，让不同专业的学生具有清晰的基因工程操作的基本思路，就必须对教学课程体系、教学内容、教学模式进行优化。由于选课学生在本科和研究生学习期间学习过"分子生物学""细胞遗传学""分子遗传学"等课程，这些课程在基因、基因表达调控、结构分子生物学和基因组、功能基因组与生物信息学等内容上在教学内容上有重复，如"基因的结构特点""复制、转录及翻译的过程""转座子"等内容，在课程讲授过程中在保证知识的系统性基础上淡化这些内容，安排学生自习，把重点放在这些内容研究过程中所涉及的技术，从而使得教学内容和教学时间向实验技术的应用上倾斜，避免交叉重复的教学内容。在授课时，内容上突出技术方法，将科学问题的提出、解决问题的研究过程、研究过程涉及的技术方法以及结论的获得作为授课重点，提高学生学习的兴趣。

二、课堂教学是提升学习兴趣的关键

课堂教学的使命是弥补学生认知水平与教学目标要求之间的差距。学习任务的完成是学生通过自身努力完成的个人学习能力增长的过程，是由学生作为行为主体的。而课堂教学任务是为了更好地帮助学生完成学习任务进行的教学行为，要让课堂教学充实、高效，教学行为就必须在学生基础知识、技能的学习、巩固上下足工夫。要让课堂教学变得踏实，老师们就得让学生在课堂教学中变得真实起来、主动起来[3]。

由于学生的本科专业背景不同、研究方向不同，很多选修本课程的学生在本

科学习期间没有学习过"分子生物学""遗传学"课程，没有相关的理论基础。学生知识背景的差异，导致教学过程中很难按照正常的教学目的、教学计划和教学内容安排进行，在教学中抽象的理论教学往往导致学生兴趣索然，不能调动其学习积极性，丧失自学的主动性。教学内容中个别知识点的讲解可能导致教学计划实施过程中教授内容知识链的断裂，从而使教学内容很难成为一个完整的体系。所以，直面学生的学习基础，通过对学生学习习惯、学习方法的分析，对学生背景知识的充实，才可能真正让学生的学习变得更加坚实。

学生对抽象、难懂、实践性强的基因工程原理理论兴趣不足，先入为主地认为基因工程原理学习困难较大，故要培养学生对课程的兴趣难度很大。课程教学是培养学生的自学能力、科研能力与创新思维的基础行为，是影响学生个人自学能力提升、培养良好的学习习惯、优秀的科研能力与创新能力的最佳初始过程。兴趣是学生主动学习的内在驱动力，是创新思维的基础。经过近年来的教学，我们发现学生对分子实验技术十分关注，在讲课过程中，可将相关实验技术的讲解引入课堂，同时将基因工程原理发展历史上的一些经典成就中的实验作为讲解重点，引导学生进行主动思考、提出问题。在教学过程中，以课程建设的主要目标"植物基因工程操作技术路线"为主线，将DNA提取、酶切、电泳、建库、染色体步行、克隆、测序等实验过程进行详细讲解，由于这些内容涉及学生的具体工作，引起学生极大的兴趣，师生互动效果较好。

教材和参考书的选用是学生课程教学的关键，也是体现科学合理的课程总体规划的关键。教材需对基因的复制、转录、表达和调节控制过程进行全面系统地讲解，还需内容紧凑、图文并茂、逻辑性强，具有鲜明的特色。在强调分子生物学基础知识对"基因工程原理"课程的重要性同时，根据课程特点和学生的基础，选用吴乃虎编著的《基因工程原理》作为课程教材，用以掌握基因工程原理理论基础；辅助以朱玉贤编著的《现代分子生物学》、郑伟娟编著的《现代分子生物学实验》为参考教材，教材内容从基础知识到近年来的研究前沿循序渐进地进行讲解。通过几年来的教学实践，这样的教材安排在难度上由浅入深，符合不同专业背景学生的学习需求。

三、课下作业是课堂教学的准备和延伸

由于研究生学生选课较多，用于完成课下作业的时间有限。通过几年的实践，发现学生将课下作业作为负担，往往都是敷衍了事，从网络上获取一些文章、资料进行截取、修改和重排作为提交的作业，没有取得很好的效果。

近3年的教学中，我们尝试从学生实验设计能力出发，将课下作业作为课程教学内容的准备和延伸。例如，"克隆载体"和"表达载体"内容是基因工程原

理教学的基础内容，同学们都认为这部分内容简单，从来没有全面深入地了解这部分内容的研究过程、技术细节，只是对结论性的结果十分熟悉。针对学生特点，课下作业要求以基因工程涉及的载体类型为主线，学习目前常用的 DNA 序列分析软件，对 DNA 序列进行分析，为载体元件分析、设计改造载体、构建载体进行必要的知识储备。由于学生课前阅读了相关的文献，了解了载体元件的特性和特点，授课时不但节省了授课时间，还让学生从一开始学习课程就把技术应用作为学习重点。

教学模式和方法的改进提升需要教师根据学生实际的理论知识水平去设计并不断完善，探究性的课后学习拓展是学生学习能力提升的重要途径，教师的职业素质和修养则是促进学生人才成长的重要保证，不断思考、实践和总结，必定会把基因工程原理的教学工作开展得更有成效。

参考文献：

[1] 张宝珠，陈德富. 培养学生综合能力的"分子生物学实验"课程体系的建立 [J]. 高等理科教育，2005（4）：90 - 92.

[2] 张辉，潘瑶，陈奇. 提高分子生物学教学效果的教改尝试 [J]. 安徽农学通报，2011，17（7）：203 - 204.

[3] 许崇波，彭凌，刘博婷. 基于应用型人才培养的基因工程课程建设与教学改革 [J]. 生物学杂志，2019，36（6）：115 - 118.

中级宏观经济学融入经济形势与政策的教学研究[*]

北京农学院经管学院　何忠伟　吕晓英　蒲应燕

摘要：本文总结了中级宏观经济学的理论体系，指出了将经济形势与政策融入中级宏观经济学教学的方式和方法：系统分析宏观经济形势与政策首先要熟练掌握宏观经济理论体系；观察经济生活并进行相应分析是对宏观经济形势与政策的直接体验，但结论可能会有误差；进行数据分析是分析宏观经济形势与政策的必要环节，能够弥补观察经济生活得出的结论误差；将经济事实和政策嵌入理论模型；展开校内专题研讨、校外实习、解读宏观经济时事、参与家庭经济决策等课内外实践。

关键词：中级宏观经济学；经济形势与政策；教学

宏观经济学是对经济整体的运行规律进行研究的一门学科。经济整体的运行和状况难以直接看见，经济整体的很多运行特点和规律也很难直接感知，或者能被感知到但被感知的仅仅是局部变化而不能对全局形势做出准确判断。学习宏观经济学有利于经济主体准确地判断宏观经济形势进而做出正确的决策。与初级宏观经济学相比，中级宏观经济学具有逻辑性更强、定量分析更多、范围更广、层次更深、变量更多、分析工具更复杂等特点[1,2]，这些特点决定了中级宏观经济学的教学难度也提高了。在教学难度提高的同时，如何有效地将经济形势与政策有机地融入教学，成为一件更为棘手的事情。中级宏观经济学的授课对象是本科生高年级学生或者硕士研究生。对于高年级本科生和硕士研究生教学而言，培养其正确观察经济形势和解读经济政策的能力是一项基本的要求。笔者所在的课程组在多年的教学实践中，总结出一些将经济政策形势融入中级宏观经济学教学的

---

　* 基金项目：2019年北京农学院学位与研究生教育改革与发展项目。第一作者：何忠伟，教授，博士后，研究方向：都市型现代农业、高等农业教育；通讯作者：蒲应燕，副教授，博士，研究方向：经济学。

模式：在内容讲授方面，形成了"经济生活＋课堂理论＋经济政策"的模式，将经济生活中所见到的、所用到的、所经历和体会到的内容与宏观经济学的课程理论内容挂钩，将经济政策与经济生活和理论内容挂钩，争取做到三方面的融合；在学生学习方面，形成"课外感悟＋课堂吸收＋课后实践"的模式，引导学生对课外的经济问题、现象、事件的感知、感想和体会总结出来，结合理论分析对课堂上的教学内容进行消化和吸收，课后通过对宏观数据、经济政策进行分析以及参与导师课题等方式进行实践。

一、把握宏观经济理论体系是系统分析经济形势与政策的前提

宏观经济内容庞杂，准确观察和分析宏观经济运行是一件难度较高的事情。系统的理论体系有助于提高学生的经济学素养[3]，从整体上把握宏观经济理论的体系、打好理论基础有助于学生系统地分析经济形势和政策。夯实教学是打好理论基础的入门之步，鉴于课时的有限性以及研究生自学能力比本科阶段更强，在教学中，应重点讲解教材主体内容的体系、各章节的体系和核心内容、具有代表性的理论和分析方法。

理清教材主体内容体系有助于学生理解宏观经济学的核心、构成和主要经济变量之间的关系。中级宏观经济学教材有不同的版本，各个版本有不同的特点。本文以杰弗里·萨克斯和费利普·拉雷恩的《全球视角的宏观经济学》为例说明中级宏观经济学的理论体系[4]，如图1所示。

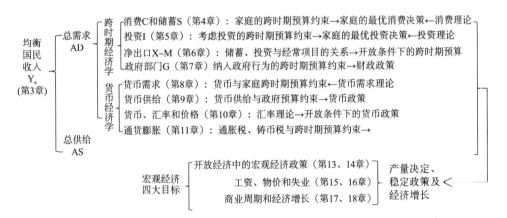

图1 《全球视角的宏观经济学》主体内容的体系

如图1所示，中级宏观经济学体系如下：

（1）宏观经济学的核心是国民收入，主要研究均衡国民收入的决定问题。均衡国民收入由总需求（AD）和总供给（AS）决定（第3章），中级宏观经济

学以此为核心系统阐述现代宏观经济理论[5]。

（2）跨时期预算约束是中级宏观经济学的主线，在经济主体的目标函数和预算约束下，分析经济主体的最优决策，这个分析过程体现了中级宏观经济学较强的微观基础。

（3）总需求主要由消费（C）、投资（I）、净出口（X－M）和政府购买（G）构成。这4个组成部分的分析分别在第4、5、6、7章。在这4章中，家庭的跨时期预算约束所包含的经济变量层层递进，进而依次推导了不同情形下经济主体的跨时期预算约束，并分析了一个国家或社会的最优消费决策、最优投资决策、一个国家的经常项目缺口的决策以及政府实施财政政策的决策。这几章是通过微观经济主体的经济行为和经济规律来推断宏观经济行为和规律，使得宏观经济理论具有很强的微观基础。但是这几章没有纳入货币因素。

（4）货币因素对经济主体的经济决策有较大且较重要的影响。第8~11章便是纳入货币因素的宏观经济分析。第8章分析了货币需求，推导了纳入货币因素的家庭跨时期预算约束和货币需求量。第9章分析了货币供给，推导了考虑货币因素的政府预算约束，进而引出货币政策的分析。第10章将货币、汇率和价格结合起来进行分析，进而分析了开放条件下的货币政策。第11章分析了通货膨胀问题，将通货膨胀税和铸币税纳入家庭的跨时期预算约束。

（5）开放经济下产量的决定、宏观经济政策的实施和效果、物价、失业以及经济增长问题是宏观经济所要研究的主要问题，这几大主要问题对应宏观经济的四大目标：经济持续稳定增长、物价稳定、充分就业和国际收支平衡。第13、14章分别分析固定汇率制下和浮动汇率制下的财政政策和货币政策，第15、16章分别分析工资、物价和失业，第17、18章分别分析经济周期和经济增长。

（6）关于总供给的分析，《全球视角的宏观经济学》描述较少，主要在第3章中进行了分析，分析的思路为：物价和名义工资决定了实际工资，劳动力的供求数量分别由实际工资决定；在利润最大化的目标和成本约束下推导出劳动力的需求曲线，在效用最大化目标以及劳动和闲暇的预算约束下推导出劳动力的供给曲线，劳动力的供求决定了劳动力的均衡使用量；将均衡劳动力数量代入短期生产函数就得到关于价格 P 和产量的函数，即短期供给函数。

图 1 的理论框架将庞杂的宏观经济学内容有条理、有逻辑地呈现出来，让学生在学习中能够做到由总到分再由分到总收放自如地学习，不会出现"不识庐山真面目，只缘身在此山中"这样无法整体把握理论内容的现象。对于每一章节，教师建议学生在预习时自己总结出该章的体系框架，然后在正式上课中对每章的体系框架进行正式讲解。

二、观察经济生活是分析经济形势与政策的直接体验

虽然宏观经济是看不见摸不着的，但是我们依然可以通过观察经济生活来判断经济形势和政策。一方面，宏观经济是有微观基础的，个体行为和总体行为并不相同，但是很多方面具有一致性[6]；另一方面，经济个体会根据自己获得的信息对经济指标的未来发展趋势做出预期，进而做出经济决策。观察经济现象并对其进行理论归纳是判断经济形势和预测经济政策的直接体验。通过观察和自身感受总结出经济理论，对理论的理解和记忆会更深刻，在这个过程中学生能够领悟到学习方法，形成学以致用的能力。

生活中可供观察并切身感受到的主要宏观经济现象很多，例如消费、投资、物价的变化、就业的难度、亲友收入的变化、换汇成本的变化等；能够从媒体了解到的最基本宏观经济指标有国民收入、消费率、储蓄率、投资率、物价指数、失业率、国际收支状况以及其他各种指数等。如此多的经济指标，它们之间的关系也比较复杂，学生往往会觉得无从入手进行宏观经济分析。因此，根据前述宏观经济学框架中的内容观察主要经济指标或者居民的代表性经济行为以及决策，进行经济形势和政策的分析与预测能够更直观地理解宏观经济学的内容。

最容易被观察到的经济行为和现象就是消费，消费的观察点（研究点）也很多，与中级宏观经济学密切相关的消费观察点主要包括：跨时期消费，消费支出额的变化，利率、税率、汇率等指标变化对消费的影响，等等。当我们观察到生活中的多数人的消费支出都持续增加了，那么我们可以做出"总消费呈增加趋势"的结论。但是观察消费支出的增加需要辨别仅仅是名义支出增加，还是实际消费支出增加了，如果仅仅是名义消费支出增加而实际消费支出下降了，则说明出现了较大幅度的通货膨胀，如果通货膨胀的幅度比较大，我们可以预期政府可能会采取紧缩性货币政策或财政政策。

另一个比较容易观察到的经济指标就是价格水平。我们可以从观察日常生活所购物品的价格变化来判断不同行业或产业（注意不是部分行业或产业）价格水平的变化，进而推断消费品总体价格水平的特点和变化趋势。例如，2019 年猪肉价格上涨一直持续到 11 月份依然居高不下，带动了猪肉相关产品，例如包子、饺子等产品价格较大幅度上升，也带动了其他相关产品价格的上升。但是，不能就此推断出现了通货膨胀，因为其他一些行业的产品，例如某些水果蔬菜价格下降，服装行业价格水平也处于趋稳状态。当猪肉价格持续高幅度增长时，我们就可以预测政府将会采取抑制猪肉价格水平的措施了。当然，很多经济问题都需要进行全面的观察和分析，否则容易出现判断失误和决策失误。

除了按照图 1 的体系观察经济生活以外，学生还可以根据自己的兴趣、参与

的课题或者其他需要重点考察和分析某一类或者某一组指标体系。例如，观察就业或失业状况、经济结构的变化、不同经济主体尤其是各种中介机构的预期、观察国际经济与政治状况，等等。教师在中级宏观经济学第一节课讲前言的时候可以将如何观察经济生活、在哪个教学环节观察哪些方面等要点布置给学生，也可在讲解具体章节之前将相关要点布置给学生。

三、经济数据分析是研究经济形势与政策的必要环节

学生自己直观判断的结论未必就是事实，或者自己观察得出的结论仅仅是局部区域或短期的现象。因此，运用可信经济数据对经济形势与政策进行分析更为重要。多样而巨大的数据集有助于准确了解宏观经济形势、正确预测经济发展、合理制定经济政策[7]。数据分析和运用能够使学生更充分融入教学中[8]。为了巩固教学效果，在教学中，建议学生在教材体系的框架下搜集并分析经济数据，归纳分析的结果所体现的结论并做出政策预期，将所得结论和政策预期与教材相关理论进行比较分析。

对学生来说，比较经济省时的数据获取途径是各数据库、统计部门的数据发布、主要政府管理机构的数据发布、各类统计年鉴等，当然有条件的情况下学生可以分工自行进行特定指标的数据搜集和整理。具体的分析内容同样跟着教学计划按照图1的框架进行。例如在讲解消费和储蓄理论前要求学生搜集中国和其他主要国家一定时间段内的国民收入、消费总量和储蓄总量的数据并进行计量分析，得出结论。为节约时间，减少学生的工作量，具体的数据处理可以分组进行不同方式的分析，例如分组进行线性分析和非线性分析，将不同分析方法得出的结论进行比较。

在分析的内容方面，既要进行总量分析也要进行结构分析。首先要进行总量分析，对 GDP、总消费、总储蓄、总投资等进行分析，分析各总量指标的变化趋势、增长率变动趋势，体现了什么样的经济现象，反应了什么经济问题，这些经济问题产生的原因以及解决对策等。然后进行结构分析，分别分析 GDP 的构成、GDP 的地区结构、产业结构、消费结构、储蓄构成、投资结构等。需要根据情况按照不同的标准进行不同类型的结构分析。

将通过观察经济现象归纳总结出的结论与课堂理论内容结合起来进行分析。分析的要点包括：对比自己总结的结论与课堂理论，分析二者的一致性和差异性；剖析一致性和差异性的原因，可能的原因主要包括自己的结论归纳错误、假设前提不一致、经济背景存在差异、微观经济基础存在差异，等等；对结论进行修正、补充和预测。

四、将经济事实和政策嵌入理论模型是经济形势与政策融入教学的主体环节

课堂教学是中级宏观经济学教学最基本、最主要的手段[9]，在课堂教学中，将中外典型的经济事实和政策融入教学，做到理论和事实相辅相成。在每一章讲授之前，教师提前将与该章相关的经济事实或政策以问题和案例等形式介绍给学生，提出相关的思考点让学生思考，同时也鼓励学生自己提出相关问题并进行讨论。将案例融入教学能够促进学生思维方式和学习方式的转变[10]，能够将学生学习从理论和实践分离的状态转变为理论实践融合的状态。在讲解理论模型的过程中或者讲授结束之后，将现实中典型的经济事实或政策纳入模型，分析为什么现实是这样的，哪些方面与理论内容吻合，哪些方面有差异，为什么有差异，等等。

从总需求的角度看，消费、投资和出口被喻为经济增长的"三驾马车"，这三驾马车的内容分别在跨时期经济学部分（第4~7章）进行讲解，这一部分讲解之前或者结束之后，要求学生对中国的消费、投资和出口与国民收入的关系进行分析。教师备课时将中国改革开放以来不同阶段的"三驾马车"的数据、特点（总量规模、结构、变化趋势）、形成这些特点的原因、相关的政策（政策实施的背景、内容、变化）等要点总结出来，在课堂上抽出时间结合理论内容进行讲解，请学生展示他们分析的结论并进行点评。

开放经济条件下，国际间的经济交往构成国民经济的重要组成部分，国与国之间最基本的经济交往——进口和出口的宏观分析在《全球视角的宏观经济学》中的第6章"储蓄、投资与经常项目"进行分析。在讲解这一章之前除要求学生对中国和主要经贸往来国如美国的储蓄、投资和经常项目余额的关系进行前述的数据分析和比较外，还要要求学生搜集相关经济事实并进行理论分析，然后将分析结果与教材相应的结论进行比较，比较结果会表明数据分析结果与教材中的结论是一致的。在分析中国的储蓄、投资与经常项目时，还可以进一步引申出中国国际收支双顺差的分析，分析中国国际收支双顺差形成的宏观原因、微观基础、影响、是否可逆转、逆转的经济影响，等等。

其他各章节都可以进行类似的或者不同形式的分析，具体的形势和政策嵌入形式根据各章节内容的具体特点和课时安排灵活设置。课堂教学结束之后，课外感悟课堂讲授的内容，对于没能观察和体会到的经济现象，学生在课堂之外再进行观察、体会和感悟，在这个过程中加强对理论知识的理解和吸收。

五、课内外实践是经济形势和政策融入教学的检验环节

理论来源于实践最终服务于实践，在宏观经济学教学中引入实践活动有利于提高学生的学习兴趣、学习质量和对经济现象的理解[11]。课内外实践是经济形势与政策融入教学的检验环节，实践包括多种形式：校内专题研讨、校外实习、解读宏观经济时事、参与家庭经济决策，等等。

校内专题研讨主要结合章节内容、重大宏观经济问题、时事或经济生活中的典型经济问题和现象展开。研讨式教学有利于提高学生学习的主动性，提升学生学习兴趣和专业综合能力[12]。笔者所在课程组将专题研讨分为两个部分：一是课堂专题讲授，主要议题是理论部分讲授没涉及的内容，例如供给侧改革问题、农村金融发展问题等；二是课外的专题讨论，讨论的时间和地点可以灵活确定，在课堂专题的基础上进行延伸讨论，教师在课堂上根据讲授情况和课程进度选择典型专题的讨论结果进行点评。

校外实习中的实践主要是学生在校外实习工作中可能涉及需要运用宏观经济学知识的工作内容，此时对宏观经济形势和政策的分析与运用就需要根据具体的工作内容灵活展开了。

解读宏观经济时事包括国内外宏观经济大事件、政府发布的涉及宏观经济方面的文件和经济政策，着重解读与宏观经济学教学主题密切相关的宏观时事，分析时事产生和形成的背景，对不同经济主体或行业产生的影响，不同经济主体应该如何应对或抓住机遇，等等。对于一些难于理解的时事，还需要用通俗的语言或者方式解释其内容。

参与家庭经济决策是学生学习中级宏观经济学后最为便捷的实践途径。虽然家庭属于微观经济主体，但是家庭的很多经济决策受宏观因素的影响。例如，家庭的储蓄和投资决策受利息率、通货膨胀率、工资率和宏观经济发展趋势等因素的影响，若某个学生的家庭在自有资金不足的情况下纠结是否买房，这个时候该家庭除了考虑房价的走势外，还要考虑贷款的负担（与利率高低直接相关）、未来收入增长趋势（直接决定贷款的偿还能力）、通货膨胀率（决定了贷款的实际利率）等因素。

六、结语

要做好经济形势和政策的分析和运用，首先需要掌握系统的宏观经济学理论体系。将宏观经济形势与政策融入中级宏观经济学教学，不仅是课堂上的事，还可以而且必须充分利用课前课后的各种条件和机会，包括生活中的经济事件和现

象、经济数据分析、课后实践，等等。鉴于教师和学生的时间和精力都有限，将宏观经济形势与政策融入教学的过程中要注意统筹教学内容、合理地在学生当中进行分工以及充分利用和把握课外的可利用时机，教师应根据课程内容的重要性，确定哪些经济形势与政策的分析是要求学生必须做的，哪些是建议学生完成的。对于建议学生完成的内容，学生可根据自身情况选择性地完成。

参考文献：

[1] 张运峰. 宏观经济学初级课程与中级课程的比较 [J]. 人力资源管理，2011（5）：168 – 169.

[2] 邓柏盛，田京艳. 本科生《中级宏观经济学》教学定位的思考 [J]. 教育教学论坛，2013（38）：127 – 129.

[3] 王晓川. 关于提高中级宏观经济学课程教学质量的思考 [J]. 学周刊，2019（5）：5 – 6.

[4] [美] 杰弗里·萨克斯等. 全球视角的宏观经济学 [M]. 贵方域，译. 上海人民出版社，2004.

[5] 寇津春，张赟. 中级宏观经济学教学理念与实践 [J]. 科协论坛（下半月），2007（12）：120.

[6] 王志伟. 关于宏观经济学的微观基础问题 [J]. 当代财经，2009（1）：22 – 27.

[7] 刘涛雄，徐晓飞. 大数据与宏观经济分析研究综述 [J]. 国外理论动态，2015（1）：57 – 64.

[8] 吴锦顺. 数据在宏观经济学原理课程教学中的应用 [J]. 高考，2018（22）：216 – 217.

[9] 喻晓东. 关于中级宏观经济学课程教学的几个问题 [J]. 新丝路，2018（24）：222.

[10] 陈师，王晓飞. 中级宏观经济学案例教学法探析 [J]. 发现（教育版），2017（2）：22 – 25.

[11] 刘蓉意娜. 宏观经济学课程实践探讨 [J]. 知识经济，2016（16）：92.

[12] 叶洪涛. 研讨式教学在《中级宏观经济学》中的探索与实践 [J]. 湖北经济学院学报（人文社会科学版），2014，11（12）：186 – 187.

"生物反应工程原理"研究生课程建设与实践*

北京农学院生物与资源环境学院　　陈青　薛飞燕　刘灿　常明明

摘要："生物反应工程原理"是生物工程专业学术型硕士研究生的一门专业必修课。本文从课程组建设、优化教学内容、改进教学方法三方面对研究生"生物反应工程原理"课程建设进行了探讨，为进一步提升教学水平提供参考。

关键词：生物反应工程原理；研究生课程；教学改革

"生物反应工程原理"是一门以生物、化学、工程学、计算机与信息技术等学科为基础，研究生物反应过程中带有共性的工程技术问题的交叉学科[1]。该课程运用多种工程学方法对生物反应过程进行工程化放大，其主要研究内容是生物反应动力学和生物反应器，在生物产品工业化过程中起重要作用[2,3]。

"生物反应工程原理"课程是很多高等院校生物工程专业的专业核心课程，但目前北京农学院生物工程专业本科阶段尚未开设该课程。为了提高学生的"工程思维能力"[4]，我们将"生物反应工程原理"作为专业必修课第一次面向生物工程专业学术型硕士研究生一年级开设。北京农学院办学一直以培养综合素质高、知识结构合理、实践能力强、具有创新精神和创业能力的复合应用型农林人才为目标。因此，该课程在介绍生物反应工程的基本概念、基本原理、基本操作、基本应用的基础上，重点培养学生从事生物工程相关科学研究时分析问题和解决问题的能力。以下为笔者在探讨研究生"生物反应工程原理"课程建设中的教学改革实践与思考。

* 基金项目：北京农学院2019年学位与研究生教育改革与发展项目—优秀课程建设（2019YJS005）。
第一作者：陈青，讲师，研究方向：生物农药与兽药工程，电话：010 - 80715686，电子邮箱：qingchen5110@163.com；通讯作者：常明明，讲师，研究方向：多肽设计与合成，电话：010 - 80765036，电子邮箱：changmingming@bua.edu.cn。

一、课程组建设

建设一个具有良好业务能力及高尚师德的优秀课程组是课程建设的基础。"生物反应工程原理"课程组由 4 名教师、1 名实验员组成，其中副教授 2 人、讲师 2 人、实验师 1 人，研究背景涵盖生物学、化学和工程学，形成了具有良好合作精神、知识结构合理的高素质教学团队。鉴于本课程是首次在我院开设，课程组在课程准备阶段前往天津科技大学等多个相关院校实地考察，与专家座谈，学习他们课程建设的宝贵经验。此外，课程组定期组织教学研讨和教学经验交流，不断提升课程组整体业务素质。

二、优化教学内容

首先针对本课程的特点和学生的实际情况，课程组制定了相应的教学大纲。课程围绕生物反应动力学和生物反应器这两个主要研究内容，从酶促反应动力学、微生物反应动力学、植物细胞培养和动物细胞培养等多角度展开，设计优化教学内容。此外，生物反应工程领域的研究发展迅速，内容日新月异，教学过程中还应及时注入新的研究成果，使教学内容体现前沿性以满足研究生课程教学的需要[3]。学生通过本课程的学习，应能够了解生物反应工程研究的目的和发展趋势，理解和掌握酶促反应动力学、微生物反应动力学、植物细胞培养和动物细胞培养等主干内容涉及的理论基础，掌握相关实验技术和操作原理。

研究生课程建设除了考虑学科特点，课程内容具有前沿性和专业性外，还应符合学生特点和知识背景，从而最大限度地提高研究生理论课授课效果。硕士研究生中存在跨专业报考的现象，知识结构差异很大，而且导师的研究方向不同，研究生所做的课题不同。因此，在了解学生的本科背景及课题研究方向基础上选择合适的教学内容并制订相应的教学计划可以更好地让学生掌握本课程[5]。例如，本届学生中有很多本科阶段没有学习过细胞生物学和细胞工程课程，因此在讲到动物细胞反应工程的内容时，增加了少量学时补充了动物细胞培养的相关知识，帮助跨专业学生学习的同时也带领本专业学生进行了回顾，为后面讲动物细胞大规模培养和动物细胞生物反应器奠定了基础。

"生物反应工程原理"是一门实践性和应用性很强的课程，实验教学是教学环节中的重要一环。大多数高校生物反应工程实验课都会开设发酵实验，但考虑到我院本科发酵工程课程中已经设置发酵实验，为避免重复，我们在研究生课程中没有设置此实验。作为一个农业院校生物工程专业，我们现有的资源更偏重于生物学基础[6]。因此，在生物反应工程实验课程建设过程中，我们将本课程的学科特点、学生今后的就业需要与实验室现有资源相结合，确定了酶学性质及酶促反应动力学参数测定实验、动物贴壁细胞生长曲线绘制及细胞存活率测定实验和动物悬浮细胞表达重组蛋白实验。学生在教师指导下，每个人独自完成实验并提交实验报告。

三、改进教学方法

通过实地考察和文献调研发现，教师反映这门课难教，学生觉得这门课枯燥难学，单纯讲授法教学方法的教学效果不佳[7]。因此，针对不同的课程内容采用不同教学方法，激发学生学习兴趣，帮助学生提高工程思维能力已经成为生物反应工程课程改革的共识[3,7-9]。

PBL（Problem-based Learning）是一种以问题为导向的教学方法，强调把学习设置到复杂、有意义的问题情境中，将抽象的理论知识和实际案例结合起来[10,11]。选择合适的授课内容设计问题，学生进行分组讨论，在讨论过程中，以学生为主，教师为辅，提高学生的参与度。例如，我们在讲完酶反应动力学这部分内容后，针对酶在高温下容易发生失活的现象，提出问题：如何增加酶的稳定性呢？学生分组讨论，教师适当引导，直至引出"固定化酶"的概念，即固定在载体上并在一定的空间范围内进行催化反应的酶。

案例法教学是利用以真实事件为基础撰写的案例进行课堂教学的过程，使学生通过对特殊事例的分析，掌握一般分析原理，并借助这一原理独立分析和解决问题的教学方法[12,13]。"生物反应工程原理"有许多教学内容适合案例法教学。实施过程中，考虑到生物工程专业学术型硕士研究生数量少（2019级7人），我们将学生按2~3人一组分组，课前一周布置案例，提出要讨论的问题，让组内成员预习相关知识点、合作准备资料、制作PPT，在课堂上汇报并且相互讨论。例如，在讲解"生产用动物细胞大规模培养"这个知识点时，案例选择了一个真实事件——2002年5月20日，美国FDA发表对以Vero细胞为基质的病毒性疫苗研制者的信，生物制品评价与研究中心（CBER）的意见认为Vero细胞作为病毒性疫苗的培养用细胞基质是可行的。根据教学内容提出讨论问题：目前生产中常用的动物细胞有哪些，Vero细胞在疫苗生产中的应用与质量控制。课前，学生按分组准备资料，制作汇报课件；课中，小组汇报并相互讨论，再由授课教师对课堂讨论进行总结。这种交互式教学使学生作为参与者积极参加到教学活动中来，激发了学生的学习兴趣，提高了教学效果。

无论是PBL法、案例法，还是我们正在筹备的"微课+翻转"课堂法，教学改革的目的都是为了激起学生对课程学习的积极性，提高学生的参与度和工程思维能力，最终获得良好的课堂效果。

四、小结

"生物反应工程原理"是一门工程类课程，实践性和应用性强，涉及知识体系广，教学难度大[7,14,15]。本文从课程组建设、优化教学内容、改进教学方法方面对研究生"生物反应工程原理"课程建设进行了探讨。实践证明，"生物反应工程原理"研究生课程建设初见成效，学生学习兴趣和积极性较高，工程思维能力有所提升，教学效果明显。下一步，我们还将鼓励教师在做好自己科研方向的同时，围绕教学内容寻找合适的切入点开展工作并让学生参与进来[5]。同时，我们还计划邀请一些校外专家或企业家进行学术讲座；建设一些教学实践基地，组织学生到基地实践学习，例如去生物制药公司实地参观新药研发与药品生产[16]。总之，通过多元化实践教学形式，激发学生的学习兴趣，培养学生的创新思维，提高学生的实践能力和科研素质，使"生物反应工程原理"课程满足人才培养需要，实现学校培养复合应用型人才的目标[17]。

参考文献：

[1] 贾士儒. 生物反应工程原理 [M]. 北京：科学出版社，2015.

[2] 钟成，贾士儒，谭之磊，王敏，邱强，乔长晟，韩培培. 国家级精品课——《生物反应工程》建设的探索与实践 [J]. 广州化工，2011，39（23）：148－150.

[3] 曾庆伟，王江川，罗洪镇，刘帅，赵玉萍. 基于工程教育专业认证下的生物反应工程课程教学改革 [J]. 教育教学论坛，2019（34）：123－124.

[4] 贾士儒，钟成，邱强，王敏，谭之磊，韩培培，乔长晟. 生物工程专业课程改革中加强工程能力培养的思考 [J]. 高校生物学教学研究，2015，5（1）：24－26.

[5] 李晓宇，柳志强，范咏梅. 研究生《基因工程原理与技术》教学改革初探 [J]. 教育现代化，2016，3（22）：89－90.

[6] 刘悦萍，刘遥，李奕松，刘宇博. 农业院校生物工程专业课程建设与教学发展对策 [J]. 安徽农业科学，2010，38（30）：17316－17318.

[7] 韩培培，贾士儒，乔长晟. 浅谈如何上好生物反应工程课 [J]. 广州化工，2012，40（3）：148，154.

[8] 刘建凤，董丽君，吴立柱，张书玲，杨柳青，刘浩然. 讨论式教学法在"生物反应工程"教学中的应用研究 [J]. 河北农业大学学报（农林教育版），2015，17（6）：72－75.

［9］孟涛，吴坚，李学如，茆灿泉．创新思维和工程观点在生物反应工程教学中的应用［J］．化工高等教育，2006（6）：91－92，98.

［10］吴杰．PBL教学法在生物技术专业课程教学中的应用［J］．生物技术世界，2016（3）：292－293.

［11］齐莉莉，王进波．PBL教学模式和传统教学模式在细胞工程教学中的比较［J］．安徽农业科学，2016，44（33）：254－255，258.

［12］刘琳璘．论大学素质教育与案例式教学［J］．教育与职业，2008（12）：131－133.

［13］朱劼，王利群，蔡志强，杨林松，壮子恒．《细胞工程》案例法教学设计与实践［J］．广州化工，2015，43（18）：168－169.

［14］韩培培，谭之磊，贾士儒，钟成，乔长晟．生物反应工程本科实践教学活动的改革和实践［J］．科技信息，2011（35）：286.

［15］王春，刘杰凤，周天．生物工程专业生物反应工程教学探究与实践［J］．南方论刊，2011（8）：105－106.

［16］陈云雨，刘晓平．基于创新能力提升的生物制药教学改革与实践［J］．基础医学教育，2018，20（8）：643－646.

［17］薛飞燕，刘京国，柳春梅，刘悦萍，赵晓萌．农业院校《生物分离技术与工程设备》的课程改革［J］．教育教学论坛，2014（46）：140－142.

关于非全日制研究生课程设置的思考*

北京农学院园林学院　戴智勇

摘要：自 2017 年起，在职人员攻读硕士专业学位全国联考开始纳入全国硕士研究生统一考试。"全日制研究生"和"非全日制研究生"由培养单位统一组织招录，培养单位对全日制和非全日制研究生实行同一标准，保证同等质量。本文以北京农学院为例，对非全日制研究生培养中课程设置的具体情况进行分析和思考，以求促进非全日制研究生的培养质量的提高。

关键词：课程设置；非全日制

一、引言

非全日制研究生教育与全日制研究生教育共同构成高层次人才可持续发展的终身教育体系。国家开展非全日制研究生教育的主要目的在于拓宽高层次专门人才的培养渠道，使之更好地服务于社会主义现代化建设的需要。非全日制研究生教育以在职人员为主要培养对象，通过全国研究生统一入学考试，采取"进校不离岗"的学习形式，在兼顾本职工作的同时进行在校学习。

2016 年 9 月，教育部发布《关于统筹全日制和非全日制研究生管理工作的通知》，明确 2016 年 12 月 1 日以后录取的研究生从培养方式上按全日制和非全日制形式区分，培养单位对全日制和非全日制研究生坚持同一标准，保证同等质量，全日制和非全日制研究生毕业的学历、学位证书具有同等法律地位和相同效力。该《通知》的出台将研究生培养推向了一个新的发展阶段。

本文以北京农学院为例，对非全日制研究生培养中课程设置的具体情况进行分析和思考，以求完善课程设置中的不足之处。

* 基金项目：2019 年北京农学院学位与研究生教育改革与发展项目（2019YJS079）。

二、非全日制研究生的培养

（一）课程设置

研究生的课程设置是研究生教学工作的基础，需根据研究生的专业发展以及高素质人才培养需要，适应学科的发展，根据培养目标的要求，突出实用性和综合性，制定出的具有科学化、合理化、操作性强的研究生课程结构。非全日制的研究生课程教学由高校中的各培养单位负责组织和安排，课程设置、课程考核、成绩评定与管理、教学检查和评估等工作都按照学校的相关规定执行。

2016 年 9 月，教育部发布《关于统筹全日制和非全日制研究生管理工作的通知》，要求培养单位对全日制和非全日制研究生坚持同一标准，保证同等质量。在制订非全日制研究生的培养方案时，大部分高校都参照全日制研究生的培养方案。培养方案中的课程安排按照学位公共课、领域主干课、选修课来设置，实行学分制，规定非全日制专业型研究生的课程总学分应不少于 23 学分，其中学位公共课 6 学分，领域主干课 10 学分，选修课 7 学分。非全日制研究生修完培养方案中规定的课程，达到规定的学分后才算成绩合格。在课程设置上，学位公共课和领域主干课的课程安排和学习内容都和全日制研究生相同，这样可以保证培养单位对非全日制研究生和全日制研究生坚持同一标准，保证同等质量，使二者具有同样的知识结构和理论水平。

（二）授课方式

由于大部分非全日制研究生来自在职人员，平时都要上班，学习时间一般都安排在周末或假期，课程教学主要采取周末授课和集中授课两种方式进行。非全日制的学位公共课程，像"公共英语""马克思主义与社会科学方法论""中国特色社会主义理论与实践研究"等课程，一般安排在每学期的前 10 周集中完成，把周六、周日的教学时间全部用于教授同一门课程，结束一门课程的教学后马上开始下一门课程。学位公共课程的授课结束后，各学院开始安排专业课程和选修课程的授课。各学院的课程教学在时间安排上也类似于公共课程，只是没有像公共课程一样把周六、周日的教学时间都用在同一门课程上，而是利用周六、周日的半天或全天时间，安排两到三门不同的课程分别进行教学。

在非全日制研究生的课程教学中，教师一般会采取以下几种授课方式：

1. 案例分析

在对非全日制研究生进行授课时，任课教师讲授理论知识的同时，通常会在课堂上提出与课程内容相关的案例，让大家进行讨论。由于非全日制研究生大部分是在职人员，来自不同的工作单位，实践经验和社会经历各不相同，通过同学间的相互讨论，大家可以学到很多课堂外的知识和经验，增强学生对课程的兴趣。

2. 专题讲座

有些专业课程，授课教师会邀请国内的知名学者或行业专家来学校进行专题讲座，讲座内容通常是介绍本学科最新发展动态或行业中的经典案例，这些课程一般都会采取集中授课的方式，安排非全日制研究生和全日制研究生一起上课，通过专题讲座，使学生扩大知识面，提高自身的理论和实践知识。

3. 实践环节

某些专业课程和选修课程包含理论部分和实践部分，而实践部分中比如绘图软件的使用，需要在计算机房上机操作完成。规划设计课程中的实践部分内容，授课教师一般会带领学生到校外实习，进行现场教学，或者带领学生去校外实践基地，由基地里面有实践经验的专家来进行教学。

（三）存在问题

1. 工作时间与学习时间冲突

由于非全日制研究生基本上都是在职人员，在单位都承担着一定的工作任务，学习时间容易和工作时间冲突，经常向单位请假不太现实，周末授课或集中授课时会出现有时这个学生请假，有时那个学生请假，课堂出勤率难以达到100%，由于工作原因，甚至有时学生的课程作业也不能按时提交。

2. 开设课程与本人需求不符

非全日制研究生学生来自不同的地区、不同的单位，具有不同的专业实践和社会经验以及知识基础，而每个人有不同的学习规律和学习期望，使用和全日制研究生相同的教学内容、教学方法，难以满足所有非全日制研究生的学习需求。比如在学期初进行选课时，有的学生认为培养单位设置的某些课程和自己的日常工作无关，提出想在其他培养单位的选修课程中自行选课，但是有的学生所选课程的选课人数未达到开课要求，或者所选课程和其他课程的上课时间冲突，他只能重新选课或选择下学期的课程，增加学生学习的时间成本。

三、建议

第一，非全日制研究生课程设置上要注意实用性，非全日制研究生大部分来自生产一线，通常具有丰富的实践经验，而欠缺理论知识，因此在课程内容的安排上应突出理论的深度，理论联系实际，授课内容的制定应充分考虑非全日制研究生教育的特点。

第二，非全日制研究生在完成培养方案中必修的课程后，可以选修其他培养单位的课程，培养单位应该增加可供选择的选修课程，让来自不同单位、不同岗位的学生，根据自己的对知识的不同需求进行选课，通过不同学科之间的交叉学习，开拓科研创新的视野，提高自身的综合能力。

第三，在非全日制研究生的培养环节中，要加强导师的作用，在入学时就由导师根据学生自身的职业特点进行有针对性的课程选择，避免学生盲目选课，反复退选课程。

第四，授课的方式可以采用多种形式，比如集中授课、周末授课、授课教师进行在线教学，学生在教学平台学习课程课件等授课方式。学生如果由于工作原因，不能到校上课，可以采取在教学平台自行完成课程课件学习的形式，完成线上课程学习后，学生在规定时间内提交课程作业，另外还要根据所学内容进行在线答题，通过后算一次平时成绩，使学生掌握扎实的基础理论知识。

总之，课程设置是非全日制研究生培养中的重要环节，对培养过程中存在的问题，我们必须积极应对，加以解决，使非全日制研究生的培养质量有进一步的提高。

参考文献：

[1] 黄建民，罗庆生，赵小川，等.强化研究生教学管理，提升研究生培养水平的研究与实践 [J].武汉科技学院学报，2010，(9)：71-75.

[2] 赵湘雯.浅谈高校教学管理改革与创新的必然性 [J].品牌，2015 (4)：246.

[3] 开可.全日制和非全日制研究生教育采用同一质量标准 学位证具相同效力 [EB/OL].(2016-09-14) [2020-06-11].http：//news. youth. cn/gn/201609/t20160914_865925. htm.

[4] 王琛，何忠伟，刘芳.农林类高校研究生教育管理研究 [J].教育现代化，2016，(9)：179-181.

[5] 陈闻，王现斌，李久东.非全日制研究生教育质量保障体系的完善——基于全面质量管理的思考 [J].广西师范大学学报：哲学社会科学版，2014，(12)：131-137.

[6] 陶桂香，衣淑娟.我国研究生培养模式探索 [J].中国成人教育，2017，(20)：37-39.

动物科学专业研究生培养基地建设探索与实践[*]

北京农学院动物科学技术学院　郭凯军　盛熙晖

李艳玲　齐晓龙　邢凯　郭勇

摘要：研究生教育在我国高等教育中占有重要的地位，研究生培养基地建设是研究生教育中重要的环节。北京农学院动物科学技术学院动物科学系在学校的统一部署下，通过"校校（院）合作、校政合作、校企合作"多模式相结合，构建多维度研究生联合培养模式，提出要从完善研究生培养基地建设制度、加强双导师双阶段合作、切实做好培养过程监督几个方面加强研究生联合培养基地建设，实现学校和培养基地双方合作共赢、协同发展。

关键词：研究生教育；基地建设；双导师双阶段合作

研究生教育是我国高等教育的最高级别，具有培养高素质人才、创新研究科技和科技社会服务的职责。研究生培养基地以服务研究生为目标，以训练创新思维和实践能力为核心；专业学位研究生培养基地以培养应用型、复合型人才为宗旨，以尽快适应本专业相关实际工作为动机，旨在实现人才培养、社会服务和科学研究的有机结合，对于提高大学教学质量，从而提升国家核心竞争力具有重要的战略意义。

一、充分认识研究生培养基地建设的必要性

发达国家一贯重视大力培养研究生创新能力，通过研究生基地建设培养研究

　* 基金项目：学位与学科建设能力提升工程——畜牧领域，学位与学科建设能力提升工程——畜牧学。第一作者：郭凯军，博士，教授，研究方向：国际动物记录委员会操作指南示范推广和反刍动物智能化管理，电子邮箱：kjguo126@126.com；通讯作者：郭勇，博士，教授，研究方向：动物辅助生殖，电子邮箱：yguo126@126.com。

生创新能力是一种共识，也是研究生培养重要的措施和手段。欧美国家学校非常注重与企业合作，校企联合培养实用型人才，日本则以政府为主体，带动研究生培养基地建设。这些办学模式的目的都在于寻求高校和企业的合作共赢。欧美国家通过如下模式开展研究生创新能力培养：在"政、产、学、研、推"五位一体的创新体系中，政府占引导地位，具有协调组织、管理推动的功能；高等院校和科研机构优势合作，选择不同的合作方式及途径，打造强强联合的平台；多种合作模式齐进，开辟高等院校与企业间合作共赢；通过专款资金或专项合作基金，鼓励研究生和师资队伍服务企业；政府制订完善的政策与措施推动"政、产、学、研、推"的"最佳结合点"，使各自发挥自身优势，合作培养出政府、企业和科研机构需要的应用型、复合型高端人才[1]。

我国教育部在 2009 年颁布的《关于做好全日制硕士专业学位研究生培养工作的若干意见》中要求，专业学位研究生的培养要注重利用各种社会资源，合作建设研究生联合培养基地。2013 年，教育部、国家发展和改革委员会等部委联合发文强调深化改革研究生教育，创新研究生培养模式，培养专业学位研究生解决实际问题的能力。2015 年教育部 1 号文件《关于加强专业学位研究生案例教学和联合培养基地建设的意见》指出，要加强基地建设，依托研究生培养基地开展专业实践教学，切实提高研究生的培养质量。为响应国家政策，北京农学院出台了一系列相关文件，鼓励发展研究生联合培养基地。在动物科技学院领导的带领下，动物科学系积极组织全系全体硕士生导师加强研究生培养基地建设，并取得了较大的进展。

二、多模式合作，创新建设研究生联合培养基地

为了更好地完成研究生的培养，动物科学系通过"校校（院）合作、校政合作、校企合作"多模式相结合，构建研究生实践教学的"一中心，多维度"联合培养模式。

（一）校校（院）合作提升研究生科研平台水平

北京农学院长期以来没有招收博士研究生的资格，给科研工作的连续性和先进性带来一定的限制，为了紧跟国内先进科研水平，力争在某一方面领先国内科研，动物科学系积极和中国农业大学动物科技学院、中国农业科学院饲料研究所、北京畜牧兽医研究所、北京市农林科学研究院开展校校（院）合作，联合打造较高水平的科研平台，提高硕士研究生科研水平。北京市奶牛营养重点实验室是动物科学系和中国农业科学院饲料研究所合作的重要平台，近年来无论是在科研项目还是论文发表上都有丰硕的成果。动物科学系多位老师参加中国农业大

学和西北农林科技大学主持的国家重大研发专项，为研究生提供了较高的科研平台和交流空间。另外，北京市农林科学研究院几位老师直接在北京农学院动物科学技术学院招生，直接指导研究生，进一步加强校院合作。

（二）校政合作提高研究生管理水平

北京农学院很多校友都在农业农村部或北京市畜牧管理部门工作，借助良好的资源优势，动物科学系和全国畜牧总站、北京畜牧总站、北京饲料监督所等单位合作，给学生创造直接参与行业管理的机会，使同学们能够从整个行业的角度把握畜牧业的发展，对于他们今后从事相关工作具有重要的意义。

（三）校企合作锻炼研究生实践能力

为了促进研究生将理论与实践相融合，实现学校和企业优势互补，动物科学系分别和华都峪口禽业育种公司、北京市奶牛中心、首农畜牧有限公司、北京中地畜牧科技有限公司、北京种猪育种中心、北京双银养殖户开展合作，给同学们提供接触行业内高端国家龙头企业的机会。校企合作的开展提高了研究生和指导老师理论结合实践的能力以及学术水平，扩大了学科群体和研究生培养的综合效能，积极推动了学校创新团队和创新基地的建设，更好地促进了学校社会服务职能的实现。动物科学系作为北京农学院主要牵头单位，和中国农业大学、华中农业大学等多所高校院所一起，以北京市华都峪口禽业公司为主体，成立了峪禽大学。北京市华都峪口禽业公司是跨行业、跨地区经营的农业产业化国家重点龙头企业，是亚洲排名第一、世界排名第三的现代化蛋种鸡企业。峪禽大学汇聚了一大批优秀的管理者和师资队伍，旨在培育蛋鸡行业精英、推广健康养殖技术。近年来，北京农学院动物科学系很多学生都到峪禽大学参加实践训练，和各个高等院校和企业员工一起进行学习、工作、实践，开展现场操作，将理论和实践紧密结合，使学生掌握实用技术，在毕业时具备为蛋鸡生产保驾护航的能力。

三、深层次思考、推动研究生基地学企双方深度合作

（一）完善研究生培养基地建设制度

在研究生联合培养基地的建设过程中，完善的培养体系和制度是研究生培养的关键，动物科学系严格执行学校规定，要求专业学位研究生在研究生基地进行不少于6个月的一线生产实践，对完成研究生培养任务起到了很好的保障作用。在此过程中，企业作为研究生培养基地建设主要执行者，起着关键的作用。如何解决好学校科研任务和企业生产的关系，搭好研究生联合培养成功的纽带和桥

梁？这需要学校进一步加强与行业企业的沟通交流，完善基地建设制度，增加相互之间的信任，尽可能通过合作项目研究，共同解决生产中出现的问题。为了更好地建设研究生培养基地，北京农学院动物科学技术学院制定了完善的管理制度，和意向企业充分协商，明确双方在合作培养研究生过程中各自担负的责任，不断制定完善了研究生教学实习基地建设与管理实施办法（暂行）、校外导师遴选聘任实施方案。作为校企联合培养研究生过程中的关键主体，动物科学系在企业遴选、校外导师选聘等环节严格把控；同时要求企业也制定相应的管理制度，保证研究生在企业培养基地顺利完成实习实践环节。对于专业学位研究生，校企双方共同为研究生学位论文质量把关，在学位论文开题、中期检查、毕业答辩等环节，邀请双方负责人参与。研究生科研成果双方共享，为校企双方长期合作发展奠定基础[2]。

（二）加强双导师双阶段合作

目前专业学位研究生培养推行双导师双阶段培养模式，执行这种培养模式，需要校内外导师明确双方对于培养研究生的责任，学校导师与行业专家互相合作，共同指导培养研究生。研究生在学校进行一学期的基础理论课程学习，然后到企业实践。这一培养模式中学校和企业、校内外导师的相互沟通和交流是研究生培养质量的保障[3]。由于传统研究生培养方式的惯性思维，很多老师的观念没有及时转变，忽视与行业合作导师的合作与沟通，致使校内外导师联合培养硕士研究生无法切实执行。动物科学系聘请了现代农业产业技术体系北京奶牛、家禽、生猪创新团队首席和岗位专家，首农集团、顺鑫集团等国家龙头企业的业务骨干为研究生培养基地校外指导教师，为研究生的培养创造了很好的平台。这很好地弥补了动物科学系缺少校内实践试验基地的不足，为动物科学系专业教师，特别是年轻导师提供了很好的科研基地。近年来动物科学系引进的师资队伍，都具有深厚的理论知识，熟练最新科研手段，但缺少一线生产的经验和亲身实践的经历，双导师双阶段培养模式通过整合企业优秀行业骨干，有效弥补高校实践条件和教师实践经验的不足，使研究生的实践创新能力和解决实际问题的能力得以提高，是比较理想的培养复合型、实用性、创新性人才的模式。

（三）切实做好培养过程监督

北京农学院有一套完善的研究生培养制度和跟踪监督制度。对于研究生在联合培养基地实践实习，除了要有完善的制度和双导师双阶段培养模式外，重要的是要对培养过程进行监督。研究生联合培养校外指导老师都是具有丰富实践经验的行业专家，对行业的发展现状和趋势都有很好的把握和较高的敏感性，要充分发挥校外指导老师的主观能动性和管理、实践能力，让他们充分参与研究生培养方案和培养目标的制定，实现从研究生课程的设置、实践环节的安排、研究生招生录取到开题报告、中期检查、论文预答辩和答辩全过程联合培养，每个研究生的实践计划和科研选题都有校内外指导老师联合指导，尽量避免研究生所学课程与实践训练、研究课题相脱节。同时校内指导老师要及时和校外指导老师保持沟通，了解学生的实习实践训练进展，研究生定期提交实习记录和总结，保证在校内指导老师的指导下开展实践学习。只有这样，才能保证培养研究生良好的实际动手能力和科研创新能力[4]。

四、结语

高等院校担负着人才培养、科学研究和服务社会的责任，研究生培养是北京农学院学生培养的一个重要部分，通过"校校（院）、校政、校企"多模式研究生培养基地建设，为人才培养、科研训练提供了很好的平台，也为服务社会提供了渠道和着力点。北京农学院动物科学系经过多年的努力，基本上构建了较为完善的研究生培养基地，为培养优秀的应用型、复合型研究生人才奠定了基础。通过一系列制度的完善和实施，顺利完成了研究生培养实践训练，并实现了研究生联合培养基地优势互补、合作共赢、协同发展。

参考文献：

[1] 郭永霞，梁春英. 现代化大农业研究生培养创新基地建设研究与实践 [J]. 大学教育，2013，4：6 - 71.

[2] 宋德武，戚英喜，李赫，解胜男. 校企共建研究生培养基地的探索与实践——以吉林大学畜牧兽医学院为例 [J]. 高教研究，2013，1：236 - 237.

[3] 陈秀锋，曲大义，邴其春，魏金丽. 全日制专业学位研究生培养基地建设现状及对策研究 [J]. 教育现代化，2019，5（39）：1 - 2.

[4] 时海霞. 研究生培养基地建设研究与实践 [J]. 大学教育，2013，10：9 - 10.

畜牧专业硕士校外研究生联合培养实践基地建设初探*

北京农学院动物科学技术学院 齐晓龙

摘要：校企合作共建校外联合培养实践基地是畜牧专业提高人才培养质量的重要途径之一。本文以校外联合培养基地的重要性及现状，引出高校与实践基地在培养高层次应用型专业人才过程中存在的一些问题，提出了加强师资队伍建设、强化实践课程体系、制定合理的实践基地管理模式及建立健全的联合培养基地运行保障机制等改革措施，以期为畜牧专业硕士校外研究生联合培养实践基地的建设提供可行的思路与参考。

关键词：畜牧专业硕士；实践基地建设；联合培养

随着畜牧业产业不断转型升级，对专业化人才的需求和要求也越来越高，尤其对毕业生的实践能力和创新能力提出了更高的要求。为满足畜牧业对高层次应用型人才的需要，专业硕士研究生的培养离不开社会实践，校外研究生联合培养实践基地的建设则有利于提升专业学位研究生的实践动手能力和理论结合实际的能力，同时也是提高专业硕士研究生培养质量的重要举措。自 2009 年教育部出台了《教育部关于做好全日制硕士专业学位研究生培养工作的若干意见》后，全国逐渐增加全日制专业硕士学位研究生的招生数量，提高其所占比例，不断创新全日制硕士专业学位研究生教育的培养模式，开启了全日制专业学位研究生教育的新局面[1]。

---

* 基金项目：2019 年学位与研究生教育改革与发展项目"北京双银养殖户研究生实践基地建设"（2019YJS016）。作者：齐晓龙，副教授，博士，研究方向：家禽营养调控与繁殖，电子邮箱：buaqxl@126.com。

一、畜牧专业硕士实践基地建设的重要意义

（一）提高畜牧专业硕士研究生培养质量

专业硕士研究生作为复合应用型人才，其特点在于有扎实的理论基础及较强的动手实践能力。而畜牧专业硕士更应注重专业实践能力的培养，这样才能将专业素养与知识能力运用到专业领域的实践中去，解决实际问题，更好地服务于生产需要。建立畜牧专业硕士校外联合培养实践基地既是高校学位与研究生教育工作的重要组成部分，也是培养高层次复合应用型人才的必要条件。当前，社会迫切需要大量高层次专门技术人才。创新能力、创业能力和实践能力是高层次应用型人才必不可少的，而实践能力的培养是造就高层次应用型人才的基础。畜牧专业硕士研究生培养应积极探索实践教学改革，努力提升专业硕士实践能力，为社会培养高层次创新型和应用型人才提供支撑和保障。

（二）有助于畜牧专业硕士研究生就业质量的提升

研究生实践教学基地是高校有效培养研究生的重要载体。高校可根据社会对专业人才的需求情况不断优化人才培养模式；同时面对企业棘手的各种技术问题，进行富有针对性地理论与实践教学探索，从而培养出更符合社会需求的专业人才[2]。对畜牧专业学位研究生而言，实践教学基地是必不可少的，实践基地教学可以为畜牧专业学位的研究生提供特有的锻炼实践的平台，有助于提升其就业竞争力。在校内外导师"双导师"的指导下，畜牧专业硕士可通过在实践基地亲身参与生产实践，在校外导师的指导下使其分析和解决实际问题的能力得到锻炼。同时与校内导师的理论知识相结合，实现了学生到职场人员的角色转换，不仅获得了实践经验，也有了接触社会的机会，就业质量得到提升，提高了人才培养与社会需求的契合度。

（三）有助于实践企业竞争力的提升

专业硕士实践基地的建设有利于加强高校与企业的联系。校企之间可以通过科技资源和人力资源整合，进行科研项目合作和平台建设合作，可将企业生产过程中的"瓶颈"问题凝练成科学问题，并以之为科研的切入点，形成高校与企业开展合作研究的横向课题；同时可以有效地缩短企业研发和生产的周期，提升企业的技术创新能力和人才储备能力，从而提升企业的行业竞争力。

二、畜牧专业硕士校外实践基地建设的现状与存在的问题

（一）实践基地数量缺乏

为培养优秀畜牧专业硕士研究生，高校应为研究生提供优质实践场所。但由于北京周边养殖场、饲料厂数量较少，很难满足首都涉农高校畜牧专业硕士的培养需求，因此实践基地一般多由导师利用自身的社会资源独立安排，并非是校企长期稳定合作的校外实践基地平台，一定程度上制约了研究生参与生产实践环节，不能形成稳定的培养模式和运行机制。除此之外，畜牧专业学位研究生招生人数逐渐增加，校外实践基地的建设无论从数量上还是质量上都不能较好地满足培养需求，学生实践效果不明显。

（二）校、企管理信息不对称

在基地日常的生活管理中，校企交流不够密切，出现对学生"两不管"的状况。有些自控能力较低的学生不管是在校内还是在校外实践，都得不到很好的学习与锻炼。这样，联合培养实践基地就如同虚设。

（三）企业与高校共建实践基地的积极性不高

当前，企业作为高校的实践基地更看中的是经济效益。大多数企业会认为与高校合作并不能解决生产中面临的问题，同时也没有实际的科研项目合作。在校外培养专业硕士研究生时，还要额外安排研究生的学习和生活，同时还要付出更多的时间与精力在生产实践过程中进行教学，导致投入大于产出。因此，企业积极性不高。

（四）培养年限短

专业硕士的培养年限为两年，大部分全日制专业硕士的课程教学时间为两个学期[3]，第一学期和第二学期主要是理论学习时期，在此时期还要安排学位论文的实施和撰写，在最后一学期要准备毕业答辩和找工作，时间安排比较紧张，留给实习实践的时间有限，难以保证实践教学的效果和质量。

三、思考与对策

（一）加强师资教育队伍建设

专业硕士研究生需要配备高校导师和企业导师。采取"引进来"和"走出

去"相结合的方式建设双导师机制。可加大校外导师的评聘力度，把实践基地中具有高学历、高职称，同时具有一定学术指导能力、能解决实际问题和实践技术能力强的人才引入校外导师队伍中，扩大校外兼职导师的比例。加强对校内担任专业学位研究生教育的导师的培训与考核。既要注重理论研究水平和科技研究成果，又要积极到校外实践基地的生产一线进行参观和课题研究，提升其专业实践能力，突破制约专业实践基地建设的"瓶颈"。

校内导师与校外导师对专业硕士研究生所提供的指导应各有侧重并相辅相成。双导师要明确自己的职责与权力。校内导师要注重基础理论知识的传授，提高研究生分析与写作的能力，减少校内导师因自己专业经历不够，面对突发事件不知怎样解决的问题；校外导师则侧重于传授与专业相关的实践与操作技能，增强研究生动手操作及解决实际问题的能力。以学校为平台，规范双导师制度建设，使得校内外导师合作更加方便，降低相互间交流的困难，以合作的项目为纽带，共同为专业硕士制订培养方案，保证实践与专业学位硕士研究生培养的质量。除此之外，还需要建立双导师考核机制，实现真正意义上的双导师指导，为专业硕士研究生培养提供必要的保障。

（二）强化实践课程体系

畜牧专业硕士学位研究生的培养更侧重于应用，更加需要使学生具备较强的管理、动手能力，为现代畜牧业生产提供综合素质较为全面优秀的高水平专业技术人才[4]。因此，在设置畜牧专业硕士学位研究生的课程时，应贴近实际生产的应用需求以增强学生的应变能力。

基地的建设提供了良好的平台，实现了很多课程内容与实践的关联，要多收集来自各方面的建议和要求，制订更符合社会发展需要的专业硕士培养大纲，开设较为合理的专业实践课程。在减少必修课程的同时增加专业操作性强的与跨学科综合选修课程。加强学生的动手操作能力以及发现问题、解决问题的能力，真正提高学生的实践操作应用技能。与此同时在课程考核方面，校内外导师需要彼此了解各自的研究方向和内容，通过沟通协商，共同设计和指导学生的毕业论文及相关课程的考核内容。全日制专业学位的课程考核，除了基本的理论外，应结合具体案例及实践经验进行分析，始终坚持畜牧专业硕士学位的培养目标。在实习考核方面，需要严格按照课程的规范进行，使学生在有限的时间收获更多的知识，并与校内导师商讨制订完善的专业实习与考核制度，减少因为制度不全面、学生偷懒而导致的在基地实践课程效果甚微的情况。通过制度规范，实时掌握学生在实习中的表现，增加基地实践的时效性。另外，在最终的论文评判中，应将论文具有较高的实践应用价值作为评判标准之一。

（三）制定合理的实践基地管理模式

实践基地管理模式应符合社会当下的需求，可以通过相关教育部门的考量[5]，并且可以实现全日制专业硕士学位研究生的培养理念，通过复合型应用实践的培养管理体系，提升人才的质量。虽然全日制专业学位改革实践时间短，但可通过基地相关的管理模式满足社会市场的需求，推动产业发展。

在研究生进入基地实践时，学校依据企业的相关情况，将学生分配给不同专业方向技能的基地去安排实践，施行学生满意、学有动力的举措。由于实践时间一般安排在研究生二年级，这段时间的教学很有意义，所以学校应与基地沟通科学安排时间，建立合理的时间管理。学校还应检查并评估实践基地，从实践教学环境、管理体制、培养目标、实践基地的效益方面，促进实践基地的建设和规范管理，使学生们在短暂的实践中获得更多。

（四）建立健全联合培养基地建设的运行保障机制

在校企联合培养中，"双向投入"要持续增加，真正建立起学生各种权益的保障机制，落实双方责任制、基地条件建设、新型人才培养的机制。校外实习基地应为研究生实习期间提供良好的工作环境。同时，学校应根据自身条件提供经费用于联合培养基地建设，包括实践基地研究生住宿条件、饮食条件以及试验条件的改善，减轻企业压力，同时可通过多渠道合作实现共赢，确保研究生在校外实践过程中有所收获。

逐步完善评价机制，依据目前我国农业类硕士的培养方案与高校关于实践的要求构建一个有质量保障的实践体系。高校与实践基地沟通构建一套独立的培养制度和评价体系，在保障学生的根本利益的条件下，激发学生的主观能动性，让学生学有所成。

四、小结

校外实践基地是人才培养基地，学校借助校外联合培养实践基地建设让学生提前感受到真实的社会工作环境，培养和锻炼学生的实践技能，提高学生的综合素质。企业则通过和学校的合作，进行人才的储备，借助高校教师及实验条件推动企业技术升级，提升企业的行业竞争力，校企双方最终实现共赢。但当前畜牧专业硕士的培养模式中仍存一些问题，如实践基地数量不足、双导师队伍欠缺、管理机制不健全等。因此，无论校方还是企业实践基地，都应不断探索研究生联合培养的新举措和新模式，为培养适应行业发展需求的高层次应用型人才提供强有力的保障。

参考文献：

［1］韦光辉，刘保国，谢红兵，等．畜牧兽医类全日制专业学位培养模式的探究［J］．河南科技学院学报，2018，38（12）：67－69．

［2］张林平，刘苑秋，赖晓莲，等．基于实践教学模式的林业专业硕士实践教学基地建设的研究——以江西农业大学为例［J］．中国林业教育，2019，37（1）：57－62．

［3］卢其威，王聪．提高全日制专业硕士实践教学效果的探讨［J］．教育教学论坛，2015（23）：58－59．

［4］陈阳，吴信生，陈国宏．畜牧专业硕士学位研究生培养的问题与对策［J］．课程教育研究，2017（40）：6．

［5］周德红，龚爱蓉．全日制专业学位研究生实践基地管理模式［J］．价值工程，2018，37（12）：52－54．

食品农产品质量与安全专业研究生实践基地建设对策研究*

北京农学院食品科学与工程学院　　孙运金　马挺军

摘要： 专业实践基地建设对于专业学位研究生的培养来说至关重要。研究生实践基地以及管理模式的优化是实现食品农产品质量与安全专业硕士人才培养的保障。本文就北京农学院食品学院的食品农产品质量与安全专业的人才培养现状、存在的问题和建设对策进行了分析，形成一套适用于现代市场需求的人才培养管理体系。培养出一批理论与实践相结合的专业性、创新性、综合性人才，才能促进食品农产品质量与安全行业的发展。

关键词： 食品农产品质量与安全；人才培养；专业实践基地；培养模式

《国家中长期人才发展规划纲要（2010—2020年)》要求，实施研究生教育创新计划，建立高等学校、科研院所、企业高层次人才双向交流制度，推行产学研联合培养研究生的"双导师制"。通过将实践和教育相结合，有效对接社会和行业需求，提高研究生的实践与创新能力，使之成为高层次、应用型和复合型人才[1]。为了更好地适应社会需求的变化，北京农学院作为北京市都市型现代农业人才培养的重要基地和国家现代农业示范区技术服务中心，将专业学位研究生培养和科研能力与技术实践应用并重，积极探索和完善了产学研教育方案，给予了与企业共建校外联合培养实践基地项目极大的支持。例如，开拓校外研究生培养基地，形成校企长期共建合作机制。

食品农产品质量与安全专业学位研究生培养与学术型研究生培养存在较大不

---

* 基金项目：2019年北京农学院学位与研究生教育改革与发展项目（2019YJS018）。第一作者：孙运金，副教授，主要研究方向：研究生培养体制及实践基地培养模式，电子邮箱：aosdf2@163.com。

同，是以实践为导向，偏重实践应用和技术开发能力培养，目标是培养在专业技术上研发能力强的高水平应用复合型人才。随着我国食品行业的快速发展和科学技术进步，企业对于高层次应用型、创新型专业人才的需求快速增长，食品农产品质量与安全专业研究生的就业方向已从原来的科研、教学岗位转向实际工作岗位。自 20 世纪 90 年代开始，我国农业发展已由单一的数量型发展向数量、质量、效益并重发展的方向转变，即向高产、优质、高效农业发展。随着农产品供求关系的根本性变化，我国农业进入了一个新的发展阶段——全面提高农产品质量安全水平成为一项全局性的战略任务。抓好农产品质量安全工作，对于满足城乡居民对安全优质农产品快速增长的需求，发展优质、高产、高效、生态、安全农业，实现农业增效、农民增收、农产品竞争力增强的目标，具有十分重大的意义。2013 年中央农村工作会议上，习近平总书记强调，能不能在食品安全上给老百姓一个满意的交代，是对党的执政能力的重大考验，并指出，确保农产品质量安全，既是食品安全的重要内容和基础保障，也是建设现代农业的重要任务，要坚持源头治理、标本兼治，用最严谨的标准、最严格的监管、最严厉的处罚、最严肃的问责，确保广大人民群众"舌尖上的安全"。由此可看出，食品农产品安全已经上升到国家层面，成为衡量一个国家综合实力的标尺。

一、专业背景及教学方案

北京农学院的食品农产品质量与安全专业自 2010 年开始招收专业学位研究生以来，每年保证招收 20 人以上的研究生，生源的专业主要包含：食品科学与工程、食品质量与安全、包装工程、生物工程、食品营养与检测等专业，其中食品科学与工程专业生源占比高达 50%，其次为食品质量与安全，其他专业占比低于 10%。在就业方面，学生毕业率较高，除了少部分考取了公务员岗位，大部分毕业学生都选择了北京市相关的事业单位和大型国有企业，工作认真踏实，公司评价较好，这与学院对专业学位的精心培养和相关教学体系建设分不开。近年来，在专业学位培养方面，已形成了一套有效的培养体系，教学方案是以农业种植、养殖产品为"原料"，以工学、农学、理学和医学作为主要科学基础，研究食品原料生产与加工过程及质量安全等相关专业领域实际问题，主要培养食品生产的研究、开发、推广、应用和教育等企事业单位及管理部门的高层次、应用型和复合型的专门人才。专业学位教育以服务现代化农业、食品工业及其他相关产业为宗旨，是培养具有较高专业水平人才的途径之一。在解析食品原材料生产及食品加工的内在各种变化规律的同时，重点关注食品安全和食品营养问题。通过研究食品原材料品质控制、食品加工贮藏与流通过程中生产技术及安全的理论和技术，在农业种植（养殖）、加工、运输直至销售的全产业链实施食品质量和安全控制，为促进"农田到餐桌"全产业链食品水平提供科学与技术支撑。

专业实践基地建设对于专业学位研究生的培养来说至关重要。研究生实践基地以及管理模式的形成是否符合社会市场的需求，能否经得住教育规律的考量，归根结底是如何实现食品农产品专业硕士人才的培养理念，旨在提升人才培养质量。例如，人才培养是否有一套适用于现代市场需求的复合型实践类人才培养管理体系，基地管理模式是否基于食品农产品质量与安全专业硕士人才培养目标，培养模式是否具备先进性，校企联合培养是否见成效，综合素质能力是否得到提升等多方面循环管理与反馈的结果[4]。

二、食品农产品质量与安全专业实践基地建设的意义

构建研究生实习实践教学培训体系，实施联合培养研究生的双导师制，可承担食品科学与工程相关专业研究生教学实习、生产实习、毕业实习等实践教学环节，学生在基地进行科研能力、技术技能、生产经营等综合能力锻炼，有助于提高学生的工程实践能力、应用能力和创新能力，培养食品科学与工程领域技术型、应用型和创新型的卓越人才，主要表现在如下几个方面：

（一）构建专业研究生实习实践教学培训体系

食品农产品质量与安全专业培养具有化学、生物学、食品工程和食品技术知识，能在食品领域内从事食品生产技术管理、品质控制、产品开发、科学研究、工程设计等方面工作的食品科学与工程学科的高级工程技术人才。建设校外研究生联合培养实践基地为食品农产品质量与安全专业高层次人才培养提供了良好的培养和实践基地，加强了学校与企业的联系，有利于根据食品科学与工程专业研究生培养的需求，充分利用联合单位的人才、资源和条件优势，从根本上突破传统的封闭办学的研究生培养模式，促进北京农学院高层次人才培养和社会实际经济建设的紧密有机结合，推进产学研结合高层次人才培养模式的创新，达到"校企共赢，为产业服务"的目标。

（二）开展科学研究

科研既可以带动教学，又可促进产业的发展。研究生教学培养和自身素质提高离不开科学研究工作。实践基地具有建设规范的科研平台以及培养高素质技术人员和生产者等特点，具备承担服务科研的功能。高校与研究生联合培养实践基地，可为食品农产品质量与安全专业研究生培养提供科研平台，开展食品环境领域科学研究工作。

（三）开展食品农产品质量安全检测分析新技术、新方法开发

校外研究生联合培养实践基地可为食品农产品质量与安全专业研究生培养提供产学研平台，开展食品农产品质量安全检测分析新技术、新方法开发工作。

（四）为企业培养后备人才

实践基地的目标就是让学生赴企业基地实习，促使学生在组织、联络、管理、协调等各方面能力的提高能得到质的飞跃，让学生体验社会各个阶层的不同岗位，以至于刚从学校毕业到企业的学生工作更加轻松，企业也不用每次新招一批成员就要培训一次。不仅缩短了实习生入职时间，还避免了企业某个岗位人才流失严重的情况。

三、实践基地建设存在的问题

北京农学院食品学院全面开展专业学位硕士研究生的培养仅十年时间，在此方面虽然取得了一些成效，但还存在不少问题。专业学位研究生培养体系并不完善，不同程度地存在学术研究生培养模式的烙印，尤其是专业实践方面，有些条件不具备的专业或研究方向，专业实践活动开展得不扎实，甚至个别专业实践活动流于形式，形同虚设。

（一）实习基地与学校距离较远

大多数食品企业的实习基地都位于城市边缘的郊区或山区，因此就给学生返校带来了一系列困扰，如距离较远、交通工具少、乘车不便、时间消耗长、乘车安全性等问题。因此，如何实现学生不去实习基地现场就能进行实践活动，并能在另一端接收到现场老师或专业人员的解说，还能与基地这一端进行互动，成为一个需要解决的问题。

（二）企业与学校对实习生的评分制度与标准不够完善

一般来说，学校注重理论成绩，而企业更加看重实践能力。从这一方面来看，二者之间就存在着分歧。为了给硕士专业研究生一个更加合理、有效、全面的综合成绩，需要学校与企业双方达成共识，共建一个有效的评判标准，既有对学生掌握理论知识的检测，也有对学生实际操作能力的考察。一方面，企业可参与高校的教学课程建设，给学校提供富有经验的专业人士，进行讲座、学习经验交流，让学生提前认识到企业的管理体制和专业工作内容及性质；另一方面，学校可为企业培养出一批又一批理论与实践相结合的专业人才，帮助企业提高员工

专业水平及创新能力，从而提升企业在整个行业的竞争能力。

（三）学校师资力量不够

学院招收的教师都是从应届的博士后或者由研究所进站的博士后引进，这些年轻的老师具有较强的科研能力，在教学方面也能独当一面，但没有在企业的工作经历，缺少对研究生的岗位和企业用人方面的培养经验。同时，学院没有重视年轻老师的企业实践需要，没有及时应聘企业人员来校进行技术交流和岗位培训，学校和企业的联系较少。

四、专业实践基地建设对策探讨

基于研究生实践基地存在的问题，北京农学院一直致力于培育高质量的研究生实践基地，进一步丰富专业学位的培养体系，提高学生的就业素质和创新水平。以与河南检通生物技术有限公司共建"校外研究生联合培养实践基地"为例来说明研究生实习实践基地培养方面的经验，以期建设食品科学与工程专业研究生培养产学研平台，构建食品科学与工程相关专业研究生实习实践教学培训体系，开展食品农产品质量安全检测分析新技术、新方法开发。河南检通生物技术有限公司坐落于河南省郑州市高新区，是一家从事食品安全检测分析技术创新、产品开发、销售和技术服务的高新技术企业，员工本科学历占60%以上，从事领域属于省重点支持领域，主要致力于为国内外各级检测机构、食品企业及大中型农产品交易平台等提供基于"快速检测产品 + 分析测试服务 + 技术咨询"的全方位食品安全综合解决方案，具有良好的科研基础设施和创新发展前景。

第一，形成人才培养模式。坚持以培养高素质技能型人才为主线，依托校企合作开放性办学平台，积极探索"校企合作、工学结合、顶岗实习"的人才培养模式改革，从办学实践出发，按照食品农产品质量与安全专业培养目的，以相对稳定的实践内容和培养体系、管理制度和评估方式，实现人才培养目标。

第二，建立双导师制，责任划分明确。确定培养人才是由学校和企业联合培养，学校与企业共同对研究生负责。研究生培养不仅要通过学校的专业考试，还要通过企业的岗位测试，成绩同样计入学生毕业档案中对之后求职也有一定的借鉴作用。

第三，实习基地双选原则，为企业储备人才。学生可结合自身喜好和路程远近等其他因素来选择实习基地。实习基地附属企业也有权利选择学生进入到公司实习基地实习。通过双向选择，学生便进入自己选择的公司，公司也能引进一批符合公司的职能要求的员工。学校作为第三方可对公司进行客观评价，为学生选择企业时提供建议起到一定的辅助作用。

第四，建立校企联络机制。双方定期针对培养内容进行互动，定期对学生的表现进行评价，对存在的潜在问题及时判断，特别是研究生的心理，要及时关注，解决工作中可能遇到的各类问题。

五、实践基地对人才培养的意义

实践基地的建设直接关系到实习教学质量，对于毕业实习人才的实践能力和创新能力、创业能力的培养有着重要的作用。研究生进到企业实习，可以让学生巩固所学知识、吸收新知识，可以使学生做到理论与实践的结合，从而提高学生的实际动手能力和思维拓展能力，丰富学生的视野。通过在实习基地实习给学生提供能充分展现自己的舞台，让他们将自己所学运用到实际工作中去，充分调动他们的积极性和创造性，还能够培养学生的沟通能力与协调能力。通过在实习基地实习，与企业人员密切接触，还能让学生明确自己专业上的不足，以及今后自己的发展方向和奋斗目标，给自己一个清晰的人生规划。就学校来说，学校教学质量也会有一定的改善，学校学生专业认识度和专业技术水平提高了，从而提升了学校毕业生的就业率。就企业来说，从技术上吸收了课本上的新技术，促进公司技术上的改进和创新，提高企业在行业上的竞争力。

六、总结

总而言之，无论是哪个行业，人才培养都是尤为重要。少年强，则国强；少年智，则国智。人才培养是推动民族复兴、国家繁荣昌盛、社会经济和科技创新向前发展的第一动力。因此，实践基地的建立对大学生综合素质的提高起到了直接推动作用，培养出一批理论与实践相结合的专业性、创新性、综合性人才，促进食品农产品质量与安全行业的发展。

参考文献：

[1] 国家中长期教育改革和发展规划纲要（2010—2020 年）[EB/OL].（2010 - 07 - 29）[2020 - 04 - 15]. http：//old. moe. gov. cn/publicfiles/business/htmlfiles/moe/info_list/201407/xxgk_171904. html.

[2] 许斌，汤爱军，马海龙. 校企联合的专业学位研究生培养模式研究[J]. 当代教育科学，2013（7）：60 - 62.

[3] 周德红，奇曼卿，李文. 安全工程专业硕士研究生实践基地绩效评价体系研究 [J]. 工业安全与环保，2018 (44)：45 – 47.

[4] 尤悦，许安涛，李尚升，宿太超，胡美华. 材料工程专业学位研究生专业实践基地建设探索 [J]. 教育现代化，2019，7 (58)：81 – 83.

高等农业院校专业学位研究生校外实践教学基地建设探析*

北京农学院植物科学技术学院　吴春霞　张杰

摘要：本文以北京农学院农业硕士农艺与种业领域现有的研究生校外实践教学基地为例，总结了高等农业院校专业学位研究生校外实践教学基地建设的经验，分析了研究生校外实践教学基地建设中存在的问题，并针对现有问题提出相应的对策。

关键词：专业学位研究生；农业硕士；实践教学；基地建设

实践教学基地是培养高等农业院校专业学位研究生的科研、实践以及创新能力的重要场所。产学研结合模式能够加强学校和企业的合作与交流，增加农业院校研究生的人才培养途径。探索当前高校专业学位研究生实践教学基地的建设水平，并针对当前存在的问题寻求解决思路，对加强高校专业学位研究生实践教学基地的建设、提升研究生的综合实践能力具有重要意义。本文以北京农学院农业硕士农艺与种业领域为例，对高等农业院校专业学位研究生的实践教学基地建设进行了探索。

一、专业学位研究生实践教学基地的历史与现状

进入 21 世纪后，特别是 2011 年国家推行将硕士研究生教育从以培养学术型人才为主向以培养应用型人才为主的政策转变，教育部对研究生招生计划数做了两次调整，逐步增加专业学位硕士研究生的数量[1]，北京农学院在读的专业学位

* 基金项目：2019 年北京农学院学位与研究生教育改革与发展项目（2019YJS074）。

硕士研究生也从 2009 年的几十人增长到 2019 年的五百余人。随着专业学位研究生数量的增多，学校也越来越重视专业学位研究生的实践教学。随着各种实践教学模式的提出，各高校和科研院所为满足研究生实践教学的需求，开始广泛联系建立研究生校外实践教学基地，专业学位研究生的校外实践教学基地建设得到了蓬勃的发展。目前，北京农学院农艺与种业领域已与密云农业技术推广站、北京金六环农业园、北京新锐恒丰种子科技有限公司、承德兴春和农业股份有限公司、北京川府菜缘农业专业合作社等单位签订了协议，建立了 15 个校外实践教学基地。

校外实践教学是专业学位研究生教育教学工作的重要组成部分，校外实践教学基地是保证校外实践教学效果的重要保障。校外实践教学是对校内理论教学的重要补充，做好研究生校外实践教学基地建设，能够丰富教学手段和教学内容，弥补教学条件和教学设施的不足，显著提高学生的动手能力。2009 年之前的研究生以学术学位研究生为主，研究生课程也多以学术型的课程为主，学生实践机会较少，用人单位普遍反映研究生专业技能差。设立研究生校外实践教学基地后，专业学位研究生实践能力和专业技能显著提高，用人单位的欢迎度也明显提高。学生在实践教学基地不仅能够熟悉相关行业先进的设备，掌握相关技术路线和生产工艺，而且能培养团队精神，提高沟通技巧、实践创新能力和组织协调能力等综合素质，使就业率和社会适应能力进一步提升。实践基地的建设有利于培养社会急需的高学历技术型短缺人才[2]。

二、存在的问题

目前，农业与种业领域专业学位研究生校外实践教学基地建设由于受到诸多因素的影响，存在着基地建设不稳定、基地管理困难、实践内容随意性大等问题，使校外实践教学质量不高，不能满足研究生校外实践教学的需求。

（一）校企合作稳定性及连续性问题

校外实践教学是研究生教育的延伸，而校外实践教学基地是实践教学的平台，其建设结果直接影响研究生校外实践教学的质量。就农业与种业领域研究生实践教学基地的建设情况来看，15 个基地的运行情况并不令人满意。从国家层面来看，目前我国尚未出台保障高校研究生校外实践基地可持续建设的系列政策，也无基地建成后后期维护发展的资金保障。在以校企合作为基础的研究生培养工作中涉及的学生安全、利益分配、知识产权保护、核心技术保护等方面均无立法，对进行校企合作共建的企事业单位缺乏鼓励措施和倾向性政策[3]。

从企事业单位的角度看，部分企事业单位出于人情与高校开展校企合作，但因学校建设实践基地的目标定位与企业的发展诉求对接不够,使得基地在建成后实际使用和后期发展存在问题,在负责人变动后校企合作可能就此中断。一些实践基地只是签了一纸协议书,很少有学生前往该基地实习,即只挂牌无实际投入使用更无后续延伸建设;一些实践基地在与校方合作之初是符合研究生实践教学基地的条件要求的,但随着企业发展、项目变更、人员流动等变化不再符合研究生实践教学基地的条件,这部分实践基地虽与校方无实际合作却仍然挂着校外实践基地的招牌。高校在基地建设过程中首先顾及自身培养人才的需求,未能充分考虑企业的利益,不能实现在开展科研项目合作过程中培养企业需要的人才,科研成果推广助力企事业单位的发展[4]。校外实践教学基地是校企合作的载体,校外实践应由校方制订详细的实践计划、安排实践课程和相应的带队教师,企业提供实践场地、设备和资金及先进技术等,这样才能形成一个完整的实践教学体系,在促进实践教学基地建设发展的同时满足研究生校外实践教学的需求。但在实际操作过程中由于校企双方责权不清,对签署的协议条款执行不到位、校内外导师缺乏沟通等问题,使校企合作面临较大阻碍,严重制约了研究生校外实践教学基地建设的连续性。

(二) 企事业单位申请高校共建教学基地积极性不高

因联合建设研究生实践教学基地不能给企事业单位带来直接的经济利益,有时反而需要企事业单位额外投入财力、物力支持,加上应试教育下学生的实践能力差,不能马上进入工作状态,需要企事业单位花费一定的时间精力进行培训,这些使得企事业单位对申请高校研究生校外实践教学基地的积极性不高[5]。

以农艺与种业领域为例,目前所建设的 15 个研究生校外实践教学基地中绝大部分是研究生导师通过个人关系与企事业单位个别工作人员联系才得以建立。基地建成后也只接收作为联系人的个别研究生导师的学生,基本是“谁申请、谁使用”的单一合作模式,尚未形成研究生实践教学基地向相关学科开放的共享模式。

(三) 校内外导师缺乏沟通,实践过程缺乏指导

校内外导师缺乏沟通、实践过程缺乏指导成为影响研究生校外实践教学效果的“瓶颈”。目前高校教师在教学和科研方面任务繁重,加上部分导师带的研究生人数多,研究方向各不相同,研究生在基地进行实践学习过程中未能经常和校外导师进行沟通交流,导师因时间等问题不能时常到实践基地对学生实践进行指导,严重影响了校外实践教学的质量。

三、对策

针对目前专业学位研究生校外实践教学基地建设存在的基地建设不稳定、基地管理困难、实践内容随意性大等问题，应从完善国家的政策法规、加强校企沟通等方面入手，不断加强研究生校外实践教学基地的建设。

（一）加大资金投入，完善政策法规

专业学位研究生校外实践教学基地建设的有关政策法规相对滞后，应借鉴国外针对教学基地建设立法的经验，完善相关法律法规，出台有关政策，协调校企矛盾，为校企合作提供法律保障。对以校外实践基地为载体的实践教学中涉及的成果共享、利益分配、学生安全、知识产权保护、核心技术保密等方面予以立法保护，可通过一系列明确的倾向性政策，对积极进行校企合作的企事业单位予以鼓励和支持。同时出台相应的鼓励措施，调动各行业领域投身研究生校外实践教学基地建设的积极性。

（二）统筹校企关系，完善管理制度

针对研究生校外实践教学基地建设过程中校企双方的诉求不同，校企双方在签订合同前应充分沟通，明确各自的诉求，对基地建设和人才共同培养过程中涉及的利益分配、知识产权归属等问题进行协商达成一致。对此，学院出台了《农艺与种业领域专业学位研究生校外实践教学基地管理办法》，建立工作小组，定期到实践基地考查基地建设情况，听取基地负责人和带队教师在学生实践过程中遇到的问题及对基地建设的意见和建议，更好地促进校企合作，进一步完善研究生校外实践教学基地的建设。企事业单位在基地建设过程中，加强对学生的管理，努力将基地建设、人才培养和自身发展需求挂钩，进一步深化校企合作。校企双方共同制订管理制度，使各项管理规范化、科学化，确保学生按规定参与校外实践，保障师生安全[6]。

（三）细化实践方案，规范考核标准

在实践教学方案制订过程中与企业充分沟通，明确校外实践的目的，细化校外实践方案，对专业学位研究生在校外实践基地实习的内容、需取得的成效、人才培养的目标等要有明文规定，校内外导师在学生校外实践过程中要加强沟通，确保教学任务一一落实。完善考核制度，明确考核标准，增加考核方式，量化考核指标，确保实践教学落到实处，不做表面文章，不走过场。

四、小结

农艺与种业领域专业学位研究生校外实践教学基地是对校内实践教学设施的重要补充，是专业学位研究生实践教学的重要支撑，对培养高学历专业型人才及农业成果转化都有重要意义。农艺与种业领域校外实践教学基地的建设应充分考虑高校培养人才的需要和企事业单位发展的需求，建设适合专业特点和企事业单位需求的综合教学实践基地，创新专业学位研究生实践形式，使实践基地在为学生提供高质量的实践服务的同时，又能成为企事业单位农产品新品种研发、推广的重要载体[7]。

参考文献：

[1] 刘正远，段玉玺，吕杰，等. 农业院校农科教合作校外教学实习基地建设实践 [J]. 沈阳农业大学学报（社会科学版），2012，15（1）：42-45.

[2] 董正春. 高职院校金融保险专业加强校外实践教学基地建设的几点思考 [J]. 湖北函授大学学报，2011，8（24）：95-96.

[3] 郑晓倩，陈娟，林玉玲，等. 园艺专业学位研究生校外实践教学基地建设探索——以福建农林大学为例 [J]. 园艺与种苗，2017（4）：35-38，45.

[4] 管军军，杨国浩，王金水，等. 高素质应用型人才校外实践基地建设模式现状分析 [J]. 中国电力教育，2013（3）：110-111.

[5] 成协设. 国家大学生校外实践教育基地建设：问题与对策 [J]. 中国电力教育，2015（3）：74-77.

[6] 王秀平，王胜辉，曲春雨. 全日制工程硕士专业学位研究生实践基地建设研究 [J]. 中国电力教育，2013，20（279）：104-105.

[7] 张芮，成自勇，汪精海，等. 农业院校工科类专业校外实践教学基地建设 [J]. 实验室研究与探索，2014，9（33）：223-226.

中英研究生人才联合培养模式探析

——以北京农学院为例

北京农学院经济管理学院　　徐雅雯

摘要：党的十九大提出：中国特色社会主义进入新时代，我国社会主要矛盾已经转化为人民日益增长的美好生活需要和不平衡不充分的发展之间的矛盾。社会矛盾的变化促使我们关注和了解不同行业领域的需求和潜在变化。研究生人才培养早已不再局限于国内单一的教育规范体制，中外联合办学成为社会培养高质量人才中不可缺少的环节之一。当前，中外两校合作联合培养研究生人才是高等教育领域中不可忽视的一部分，联合培养模式也从最初的稳中求进发展到内涵建设期。

关键词：联合培养；研究生管理；问题；对策

中外联合合作办学模式是我国改革开放以来开辟新型教学模式的创举，是推进高校教学模式国际化，培养高质量、高标准国际化人才的途径之一。2013 年11 月，教育部、人力资源和社会保障部联合出台《关于深入推进专业学位研究生培养模式改革的意见》，针对研究生的培养模式提出了具体意见和执行准则（教育部，2013）；2016 年，中共中央办公厅、国务院办公厅联合印发《关于做好新时期教育对外开放工作的若干意见》，着重提出持续推进国内留学事业的发展，提升国内高效国际化教育水平，完善教育教学体制，加快培养创新型实用人才（中共中央办公厅等，2016）；2019 年"两会"期间，教育部再次提出：加快"一流大学和一流学科"高校"双一流"的建设是我国高等教育由大向强推进的必要措施。高等教育内涵式发展也作为重要发展战略写入党的十九大报告。在各高校的"双一流"建设中，中外联合合作办学是国际人才培养、人才引进和教育教学不可或缺的重要组成部分。此外，"一带一路"的建设进一步为中外联合合作培养研究生人才提供更大、更宽、更广的培养平台。本文将以北京农学院经济管理学院为例分析研究生人才联合培养模式中出现的问题和解决对策。

一、中外联合合作培养研究生发展现状及存在问题

北京农学院与英国哈伯亚当斯大学在 2000 年签订研究生中英联合合作培养协议，依据专业学制完成时间的不同，规定接受联合合作培养的北京农学院的研究生的最后一学年需在英国哈伯亚当斯大学完成相关课程，通过考试，最终取得中英两校毕业证书并获取北京农学院与英国哈伯亚当斯大学的双学位。目前，完成本次联合合作培养项目总人数 1 人。经调查，导致中英联合合作培养研究生人数过低的原因主要有四个：第一，学生不清楚联合合作培养的概念。不知道什么是联合合作培养？联合合作培养的教学培养过程是什么？通过联合合作培养能够获取哪些利处？第二，获取联合合作培养教学的渠道不清晰。多数学生存在"只知其然不知其所以然"的情况，只是浅浅地了解有联合合作培养的教学模式，但对于其真正的内涵却似懂非懂。第三，中英联合合作培养研究生体系固化，并没有根据当下教育教学新背景、新政策、新思想进行系统化、体系化改革。据文献综述了解到，多数高校在制订研究生培养体系中存在共有问题——联合合作培养研究生模式由学校顶层管理者决策，相关部门人员规划构建符合本学校（院所）基本发展方向和与人才定位战略相配套的培养方案、培养目标和培养计划，由具体负责研究生培养的职能部门牵头制订可实行的符合各个专业特点的具体培养目标和培养计划，方案制订完成后，在很长一段时间内二级学院在不同届的研究生培养过程中便一成不变地使用该方案，不再考虑方案是否需要更新，是否需要依照新政策的颁布、学生的变化来制订新的可行性方案。第四，中英联合合作培养研究生招生宣传力度单薄，影响范围受局限，学生参与度低。以北京农学院经济管理学院为例，50% 以上的研究生不知道中英联合合作办学培养研究生项目的具体情况和信息获取渠道。同时，因为多数研究生对于项目的认识情况不清晰，无法实现学生间的自传播，在很大限度上导致项目止步不前，培养人数无法实现突破。

二、中外联合合作培养研究生项目后期发展建议

（一）加大项目招生宣传力度，采取多种形式并存的招生宣传方法

多数研究生存在对于中英联合合作培养研究生项目的认知度低的问题，学校和二级学院应加强对于联合合作培养研究生项目的宣传力度。随着互联网信息技

术的高速发展，智能通信设备和部分软件的使用早已成为生活中必不可少的重要部分之一，学校和学院可以利用各类手机软件，加快招生宣传速度，拓宽宣传范围（高婵等，2018）。手机软件微信中的公众号是目前各高校宣传的重要媒介。学校可通过微信公众号组建中英联合合作培养研究生的模块，定期由相关人员发布关于联合合作培养模式的文章、宣传动画、小视频等，介绍项目的基本情况，学生也可在线留言，以一问一答的形式让学生清晰、便捷、快速地了解联合培养模式的运行流程。

（二）定期举办项目招生宣讲会，增加学生了解项目的渠道和机会

学校对项目的招生宣讲工作的方法和方式有待改善。学校可以邀请英方项目对接老师或者受英方委托在国内招生的负责人到学校为有意愿参加中英联合合作培养项目的学生进行宣讲，让有意愿的学生对英方学校的基本情况、学费金额、住宿情况等一系列情况有初步的认识。之后利用建立微信群的方式收集有意愿加入培养项目的学生并拉进更多想要了解项目情况的学生，方便日后在微信群中进行答疑解惑。微信群应定期发布宣传材料和招生通知方便未能参加现场宣讲会的学生查看，同时也能够让学生与项目负责人、项目老师随时沟通。

（三）完善中英联合合作培养方案，制订可行性规章与执行内容

调查研究过程中发现，中英联合合作培养研究生体系固化，并没有依据当下教育教学新背景、新政策、新思想进行系统化、体系化完善现有两院校合作办学协议内容。这一问题导致两校在合作办学过程中制订的规章制度，已不能满足当下学生修学要求和发展方向；此外，现有的联合合作培养规章制度和当前各学院学生培养方案不吻合，导致学生在学分问题、课程考试、成绩转换等方面无可参照条例。建议学校相关职能部门计划和构建新中英联合合作培养研究生体系，与英方洽商协议各项具体执行内容，在培养方案、培养计划、培养目标等细则下制订符合当下学生发展的培养协议和执行说明。

（四）提升联合合作培养项目中专业教师师资力量

教师是"立教之本，兴教之源"，教育的发展离不开优良的师资队伍，有了这些"先知者"才能保障教育事业的平稳运行、有效发展和不断提升（李晓延，2018）。中英联合合作培养研究生是在国际化教育的舞台为社会培养高质量、高标准的国际化人才，优秀的师资队伍是必不可少的重要组成环节。优良的师资队伍能够全面培养教育人才，对于学校的校风塑造起到重要作用；优良的师资队伍在提高自身教育教学水平的同时能够很大程度提升学校整体学生的受教水平（陈娟娟，2016）。

三、对中英联合合作培养项目的展望

中外联合合作办学模式已经成为高校培育人才、获取良好教育资源共享的有效渠道，在双方合作过程中，不仅能够取长补短，了解两校教育教学模式的差异，学生在联合合作培养过程中还能感受两国之间在教育教学、日常生活中存在的差异，在相同的完成学业的时间内全方面、多层次、多元化体验高质量教育模式。

参考文献：

［1］中华人民共和国教育部．人力资源社会保障部关于深入推进专业学位研究生培养模式改革的意见［EB/OL］．（2013 – 11 – 13）［2020 – 04 – 20］．http：//old. moe. gov. cn/publicfiles/business/htmlfiles/moe/moe_823/201311/xxgk_159870. html.

［2］中华人民共和国中共中央办公厅，中华人民共和国国务院办公厅．关于做好新时期教育对外开放工作的若干意见［EB/OL］．（2013 – 04 – 29）［2020 – 04 – 20］．http：//www. gov. cn/home/2016 – 04/29/content_5069311. htm.

［3］高婵，周孜，赵晨．微信公众平台在高校研究生招生中的实践与思考——以南京大学为例［J］．中国农业教育，2018，144（4）：42 – 46，100.

［4］李晓延．新时代教师队伍建设的重要意义［EB/OL］．（2018 – 12 – 20）［2020 – 04 – 20］．http：//www. rmlt. com. cn/2018/1220/535684. shtml.

［5］陈娟娟．关于我国高校师资建设的思考［J］．科教导刊（上旬刊），2016（8）：75 – 76.

对研究生综合素养提高的再思考[*]

北京农学院　杨为民

摘要： 研究生教育是高等教育的重要组成部分，是相对于本科"大众教育"而言的"精英教育"。国家发展和社会进步，对研究生教育提出越来越高的要求。本文结合指导研究生实际工作、以问题为导向、人文精神培养等多个角度对提高研究生综合素质进行探讨，提出强化研究生责任意识、担当意识和独立人格培育等对策建议。

关键词： 研究生；综合素养；责任；独立

教育部相关负责人曾明确，将扩大 2020 年硕士研究生招生规模，较 2019 年同比或增加 18.9 万人，规模或将达 110 万人。2019 年全国高考报名人数 1031 万（不含高职扩招补报名人数），本科的录取人数是 433.33 万人，乐观估计录取人数能达到 500 万人。因此，2019 年研究生和本科生的录取比例基本上是 20.78％。从数量上来看，研究生在众多学子中所占比例比较低，相对于本科的"大众化"教育，研究生教育属于"精英教育"范畴。这意味着每个研究生在培养过程中会占有更多的国家教育资源，从师资、教学、科研等各个方面都会受到"关照"。而社会对于研究生的诉求也是较高层次的，在社会发展中，研究生所面临的择业机会和晋升空间也与本科生有较大差异。

尽管在严谨的研究生培养体系下，许多研究生刻苦努力，积极参与科研项目研究，将所学知识应用到社会服务中，为推动经济社会发展起到重要的促进作用，在步入社会后也成为各个行业和单位的骨干，回报社会，这些都是值得肯定的。但这并不意味着研究生教育就完美无瑕，在研究生培养中不断地反思，恰恰是为了更加完善研究生培养环节，使之更加符合世界潮流的发展，更加符合国家发展的需要。

＊ 本文是北京农学院教改农业经济课程群教学团队项目的部分成果。

一、独立与健全的人格是首要塑造

研究生作为未来社会精英之一，怎样算培养成功？这是一个难以一言以蔽之的问题，因为一个人的成长与成功以及社会的认可是多元化的，不同的人有不同的标准，对于什么是成功，是仁者见仁、智者见智。但有一点应该是公理，即有助于社会进步、有助于国家进步、有助于人民幸福！以小我而书大爱，这是一个基本的人格诉求。

然而，有一个不争的事实摆在我们面前，正如北京大学教授钱理群先生所言："实用主义、实利主义、虚无主义的教育，正在培养出一批我所概括的'绝对的、精致的利己主义者'，所谓'绝对'，是指一己利益成为他们言行的唯一的绝对的直接驱动力，为他人做事，全部是一种投资。所谓'精致'指什么呢？他们有很高的智商，很高的教养，所做的一切都合理合法无可挑剔，他们惊人地世故、老到、老成，故意做出忠诚姿态，很懂得配合、表演，很懂得利用体制的力量来达成自己的目的。"① 这是一个使人警醒的命题。曾几何时，我们的学习逐渐脱离了本源，学习知识和本领的目的渐渐被功利化。从小到大，逐渐被灌输了这样的学习目标："不能输在起跑线"、超前教育、上好幼儿园、上好小学、上好中学、上好大学、找好工作。一切都是为了"自己的好"，于是有了"大排名"，有了"竞争"（非贬义）。上了大学，又有了"评优""奖学金"等机会，甚至诱惑。我们也在反思，一直在问一个问题：为什么上大学？为什么考研究生？不要简单地回答：为了提高综合素质。那几乎是一句非常正确而没用的话。

教育，教什么？育什么？有的学生在学习中总在问："对升学有用吗？""对考试有用吗？""对找工作有用吗？"于是，实用主义哲学在一定程度上主宰了学习目的。正是这种思想根源导致了学习过程中难免表现出一些"利己主义"倾向，做点事情，总要问"我能得到什么"，甚至以金钱来计算，似乎教育也变成了交易市场。凡此种种，无不在从根基上侵蚀着我们社会的肌体，尤其是对于世界观、人生观、价值观、生活观处于形成阶段的学生，这种处世哲学不得不引起我们的警觉。其实，真正的教育精神在于独立人格、自由思想以及做人的尊严。这是一个人得以立世的基础。

独立人格首先是一种对自我独立的认知，一种独立的、冷静的思考，一种不简单等同于别人的"差异化"，一种个性鲜明和思想奔放的自由状态。就像一个新生儿，第一声啼哭是与世界沟通，宣告"我来了"，睁眼看世界，满目的新

---

① 钱理群：《大学的利己主义者》，https://cul.qq.com/a/20150517/011881.htm，访问日期：2020年3月9日。

鲜，那时的自己是没有任何"桎梏"的，是一种自己本能的探索。这种状态是生来具有的一种潜能。独立性是我们有别于他人的重要标志。独立的人格也是一个人魅力的基石。

自由思想不能简单地进行字面理解，而是在正确的世界观、价值观、人生观前提下，放飞自己的思想，不唯上、不唯书，这是创新的思想基础，是人类不断进步的阶梯。自由思想尤其是做研究生时对学术的孜孜以求，是一个学子所必备的学术积淀。永托旷怀，痴且不畏，怀着一颗好奇求索的心，在学海里畅游，不管是哲学方面，还是自然科学、社会科学，一切人类发展所积累和传承与发展的知识领域、生活领域都是我们探寻的方向。自由思想是研究生要着力培养的专业性素养。

由于社会的复杂性，在一定程度上或者某一时期，人们会屈服于种种压力，甚至特殊情况下，屈服变成了盲从。在盲从中失去了自我，失去了独立的人格，也就失去了思想的自由，因为思想被禁锢，进而也就没有了尊严。我们常说：人不可有傲气，但不可无傲骨。说的就是做人的尊严！而做人的尊严首先来自于坚定的信仰和坚守那份忠诚，来自对民族的大爱、对国家的忠诚和对事业的坚守！这里，我要引用改革开放后第一位登上美国《时代》周刊封面的中国女性张曼菱女士的对"国立西南联大"的研究感悟：西南联合大学诞生在战火纷飞的年代，在极其艰苦的办学条件下，在短短9年时间，培养出8位两弹元勋，172位中国科学院和中国工程院院士，2位诺贝尔奖得主。西南联合大学成为中国教育的传奇，那些青年学子和一代先生（教师）不惧战火，本着科学救国而发奋读书，他们是民族精神与自我觉醒的一代精英。

二、严谨扎实的作风是学风之本

研究生与本科生最大的区别在于"研究"二字，如果说本科强调的是"宽口径，厚基础"，只是一个学识和本领基础的铸造，在一定程度上是某专业领域的"通才"，解决的是专业认知问题。那么研究生才是对专业领域中的专业问题进行研究，是"专门人才"。这就涉及一个严谨的研究范式，按照科学发展规律去研究问题，进而发现或完善科学规律，是一个知识生产的过程，而知识就是我们所说的自然规律。发现问题、分析问题和解决问题是一个科学的"流程"，是一个研究生要遵循的"天条"。

（一）心要静

我们常把专心、专注研究学问比喻成"坐冷板凳"，为什么这样讲？因为实验室外面的世界很精彩、吸引力大、机会多。有些研究生自己没有学到什么，也没有两把刷子，就忙不迭地对外面探头探脑，认为在实践中更能"锻炼"自己，于是到处兼职，将两年或三年的学习时间"划分"出去三分之一以上，到头来，研究生阶段只是成为找工作的"跳板"。这样是很难做好研究工作的。做学问搞研究首先要心静，要去掉杂念，要尽可能地心无旁骛，尽管在浮躁的社会风气中，这很难，但作为研究生要培养这种心理素养。只有心静，才能专注，只有专注，才能瞄准某一问题钻研下去，有些像悟道，心静才能看云卷云舒。

（二）心要专

研究生的特性之一就在于"专"。一些著名的学者在学生期间就逐渐了解了自己的未来发展方向，就将自己的兴趣和钻研渐渐密切地联系在一起，然后一以贯之，长期坚持，终于成为影响国家甚至世界的一代"鸿儒"。正如著名学者华生所分享的：人生是一场终身接力赛，有的人一直在路上，有的人则半路停下来。目前，在某些研究领域有一个现象值得关注，就是"蹦跶"，这个词只是对这种现象的一种比喻，并非完全贬义。由于我国经济发展太快，农业又是一个长期发展才见成效的产业，这是由于农业自然发展规律所造成的。但"繁花渐欲迷人眼"，正因为太多问题需要研究，于是有的人今天研究这个，明天又研究那个，甚至上面一有"风吹草动"，研究也就随之"跟风"，表面上紧跟形势，有时候为政策做一些注解，长此以往，自己都不清楚自己在研究什么，或者主攻什么，以至于从"专家"沦落为"杂家"，什么都会，成了万金油，但没有"杀手锏"，发表文章成堆，甚至也是著作等身，但哪些是自己真正的学术观点？更不要说形成自己的学术思想了。这些现象是一种学术浮躁的反映。研究生的研究领域和方向要相对聚焦，要根据国家和社会发展的需要明确自己要做什么！

（三）心要正

为人要正，做学问也要正。研究生要树立严谨的、科学的学习态度，不唯上，不唯书。如果书上面说什么不加分析地就照搬实施，表面上是一种"尊重"，实际上是一种不负责任的"偷懒"。如果对书上所说的只是一味地遵从，那么我们的科学也就停滞不前了。其实，每一点进步都是站在"巨人的肩膀上"，我们要在学好知识和应用规律的基础上，密切关注世界和社会的发展，以人类发展需要为导向，不断地解决前进中的问题，解决问题才是我们真正的价值体现！

（四）心要纯

做学问是要怀着一种敬畏之心的，这种敬畏来自于对所研究问题对人类贡献的一种敬仰之心，正是这种心境，使我们要"谨言慎行"，以严谨之行，躬耕于研究领域。心底纯净，似玉洁冰心，在研究中，要极力避免这些现象：用一种常用的、最稳妥的方法去解决不同问题，好像用一把钥匙可以开不同的锁，而完全忽视了公式或模型的应用条件，这是一种不求甚解的"懒政"行为；对同类问题换汤不换药的研究，由于这方面有现成的"案例"或"模板"，于是把猪的数据换成羊的数据，模型一样，这是一种糊弄；过分追名逐利，为了"得优"或其他目的，"热衷于"发表所谓的"文章"，用一堆大概只有自己半懂不懂的模型，去证明一个类似"太阳从东面出来"的谁都知道的东西，所提出来的对策建议泛泛而谈，放之四海而皆准，这也是一种恶劣的"伪善"。所以，研究生要心底无私，只有这样，才能铁肩担道义。

研究生教育既是一个教育界的话题，也是一个社会话题，毕竟高校不是在真空中生存，面对生存和发展的环境，人是要不断做出调整以适应环境的，是为适者生存。所以，我们要真正地以国家需要和民族发展之大义来营造一个培养研究的环境。2020年初的一场瘟疫，使我们似乎明白了一些道理，在国家蒙难之时，真正挺身而出的和赢得全社会信赖的不是那些"光鲜的小鲜肉"，不是那些漫天要价、片酬动辄千万的"大明星"，而是那些用知识武装头脑、以科学为武器、以舍我其谁的气概而砥砺前行的"逆行者"，这些人才是真正的中国的脊梁！研究生能不能成为社会精英，那就要看我们能不能培养出具有傲骨的中国脊梁！

我劝天公重抖擞，不拘一格降人才。

2017—2019 年《北京农学院学报》研究生论文刊发分析[*]

《北京农学院学报》编辑部　陈艳芬

摘要：为了解《北京农学院学报》论文刊发群体情况，不断提高刊物发文质量，收集北京农学院本校研究生 2017—2019 年在《北京农学院学报》发表论文的基本情况，根据论文刊发情况分析近三年研究生发表论文的特点与特色，提出关于提高研究生论文刊发以及学报发展的建议。

关键词：研究生；学术论文；发表；学报

北京农学院本校现有 11 个一级学科硕士学位授权点，覆盖 21 个二级学科硕士学位授权点；7 个专业学位类别（包括 7 个招生领域）。随着北京农学院硕士研究生培养工作日趋成熟，硕士研究生教育培养成效显著。就此，通过分析北京农学院硕士研究生在本校学报刊发学术论文和研究报告的情况，挖掘发现刊发论文的特点，提出既有利于提高研究生论文学术水平，又有助于提升学报办刊影响力的建议。

一、硕士研究生论文刊发基本状况

（一）论文刊发总量

《北京农学院学报》2017—2019 年总共刊发学术论文、研究报告等共计 266 篇（见图 1），其中硕士研究生文献贡献量为 164 篇，硕士研究生文献贡献量在

---

　*　作者：陈艳芬，《北京农学院学报》编辑部副编审，主要从事期刊编辑工作。

整个学报总文献中占比为 61.65%，说明硕士研究生为学报论文刊发的主力军。硕士研究生的学术论文是《北京农学院学报》刊发的主体，可见硕士研究生的学术水平也很大程度上决定该刊的学术质量。

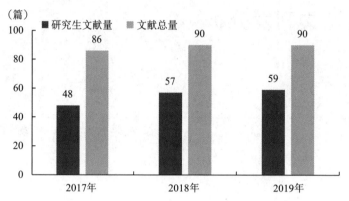

图1　2017—2019 年硕士研究生在《北京农学院学报》
发表的文献量及该刊所发总文献量

如图 2 所示，近三年北京农学院硕士研究生在学报发表论文的比例呈递增趋势，可能与北京农学院近几年硕士研究生教育培养工作日趋成熟有相关性，进一步表明学校研究生科研实践能力和科学研究水平得到了有效提升。

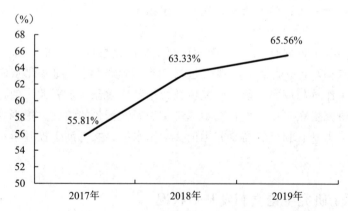

图2　2017—2019 年硕士研究生在《北京农学院学报》
发表文章比例及趋势

（二）论文刊发的学科和专业分布

从 2017—2019 年《北京农学院学报》刊发的研究生发表论文中（见图 3）可以发现，园艺学占比最高，占到了将近四分之一的比例；处于第二梯队的是兽医学和生物科学，分别占比 16.46%、15.85%；占比接近一成的是农林经济管理、农作物、园林，占比分别为 9.15%、10.37%、9.15%。这充分说明北京农学院传统学科园艺学、兽医学的厚实，这几个学科的发文水平与该学科在学校的科研实力对等，也充分凸显了新型学科生物科学在现代科学研究体系中的重要地位，也体现了北京农学院多学科融合的特点。

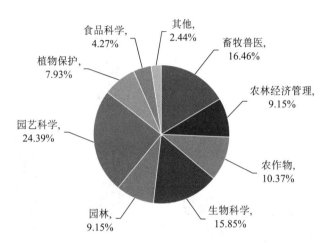

图 3　2017—2019 年硕士研究生发表文章学科和专业分布情况

（三）论文刊发种类

在近三年硕士研究生刊发的 164 篇论文中，学术论文 91 篇，研究报告 69 篇，具体见表 1。其中 2017 年学术论文占比 100%，2019 年学术论文占比 55.49%，2018 年学术论文占比 19.30%，而 2018 年研究报告的占比高达 77.19%。这说明，硕士研究生在学报刊发的论文主要以学术论文为主。2018 年刊发研究报告比例陡增，表明当年刊发论文的支持基金、项目阶段性研究成果较多，后续项目整体研究结果未在学报刊登。

表 1　　　　　　　　2017—2019 年硕士研究生刊发论文类别情况

年份	论文总量	学术论文总量	当年总数占比（%）	研究报告总量	当年总数占比（%）
2017	48	48	100		
2018	57	11	19.30	44	77.19
2019	59	32	54.23	25	42.37
合计	164	91	55.49	69	42.07

（四）论文刊发引用与下载情况

如图 4、图 5 所示，虽然北京农学院硕士研究生撰写的论文下载量总体可观，但是论文研究成果和观点被引用的次数却不高，有 2 篇论文被引用次数较高的分别为 15 次和 14 次。这充分说明，北京农学院科研项目主要适应北京市区域发展需要，根本出发点是适应北京市都市型现代农业的发展需求。在充分研究首都区域性特点的基础上，适时拓宽京津冀协同以及国家战略层级。

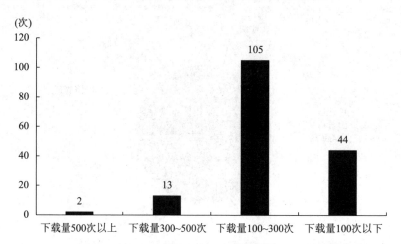

图 4　2017—2019 年硕士研究生发表文章下载量

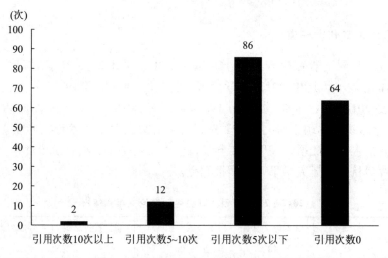

图 5　2017—2019 年硕士研究生发表的论文被引次数

二、所发的论文学科分布体现学校主要特色

（一）主干学科突出，多学科融合发展

经过 60 余载的发展，北京农学院已经发展成为一所以农为特色，农、工、

管为主要学科门类，兼有理、经、法、文等学科的高等农林院校。形成了都市型现代农林特色的办学体系，以园艺学和兽医学为代表的硬学科和以农林经济管理为代表的软学科等主干学科的协同发展，为首都"三农"发展做出了实质性的贡献。食品科学、生物技术、农业发展和管理等其他学科的融合发展，为首都区域食品质量与安全、生态环境、乡村振兴等国民经济和社会发展的关键领域提供智力支持和技术保障。本文作者统计的学校学报发表的论文学科分布（图3）也体现了本校学科特色。

（二）以首都区域发展需求为出发点，辐射京津冀及国家级战略需求

论文研究的项目支持情况和研究成果充分凸显了学校"立足首都、服务三农、辐射全国"的办学定位。学校的研究生切实将论文和成果写在了京华大地上，他们履行以服务都市型现代农业为宗旨，以农产品和农林生态环境质量安全为切入点，在学校学习期间针对北京都市型现代农业调转节的要求，重点开展了现代种业、生态环境、食物安全、产业规划等领域研究。本次统计的硕士研究生发表的学术论文也体现了这一特点，可以说研究生是学校研究人员的主力军之一，是《北京农学院学报》的作者主体（表1），他们在导师的引领下围绕学校办学方向和定位进行的学术研究，论文发表也是这一科研成果的体现。

（三）为学生学术成果展示提供平台，契合学校硕士研究生科研需求

实际上，在校硕士研究生面临学制限制，科研任务工作量，就业压力大，考学压力大等多重压力；政策上，国家与社会对研究生培养质量要求越来越高，硕士研究生毕业在论文方面有硬指标要求，研究成果发表审核周期长，外刊采纳率有限。基于此，《北京农学院学报》作为学校科研成果交流展示的重要平台，为推动研究生科学研究和教学培养工作提供了有效的保障。硕士研究生要有机地结合学科培养计划和导师科研平台，加大科研人力、精力的投入力度，合理规划、有序安排、潜心研究，提升科研成果的水平和质量。从他们在学校学报上的发文数量、学科分布、引文情况等都能够得到体现。

三、提高研究生论文水平及《北京农学院学报》发展的建议

（一）立足新时代需求，彰显首都乡村振兴与都市型现代农业特色

《北京农学院学报》选题组稿立应立足新时代的需求，彰显北京首都乡村振兴与都市型现代农业特色。近几年，首都深入实施乡村振兴战略和都市型现代农业提质增效。通过实施美丽乡村建设工程和"百村示范、千村整治"工程，改

善农村生产生活条件，增强京郊发展活力。围绕农业供给侧结构性改革，实施都市型现代农业高质量发展策略，打造北京农产品绿色优质安全示范区。紧扣绿色需求推进休闲农业与乡村旅游、林下经济等绿色产业发展，帮助农民生态增收。学校硕士研究生要围绕首都这些重要任务开展科研，力争取得一批高质量成果，彰显首都乡村振兴与都市型现代农业特色。

（二）立足科研强校，提高重大项目整体成果的刊发

《北京农学院学报》应立足科研强校，提高重大项目整体成果的学术论文的刊发比例。学校以高水平应用大学的办学特色为基本点，以博士点申报为契机，以高精尖学科与林木分子设计育种高精尖中心建设为抓手，提高学校整体科学研发水平。要重视国家级、省部级重点项目的实施，切实提升教师主持国家级重大项目的能力，重点引导和培育研究生参与重大科研项目，适时在学校学报上刊发阶段性重大成果和项目整体成果。同时要加强项目成果的转化，切实提升科研成果的社会面影响力，让研究成果在行业内甚至全社会面形成有效影响。提高学校学报本校学术窗口的作用，为首都经济社会效益服务。

（三）立足学生发展，有效提高研究生科研能力

《北京农学院学报》根据学生发展需要，有效提高硕士研究生科研能力。近三年学校研究生科研实力和科研水平不断提升，得益于学校科研别项目支持，尤其是在国家级项目的支持下，研究生的热情和科研视野得到了空前释放。学校可以加大研究生的科研投入比，以内涵发展为契机，持续推进学位与研究生教育改革，在研究生科研方面的培育力度，为在校生创造良好的科研场所和环境；导师要加强与国内外高水平研究生培养单位的交流合作，支持研究生参加国内外学术合作交流；研究生要充分利用好学校和导师搭建的科研平台，坚持正确的科研导向，钻坚研微、深稽博考，创作出优秀的科研成果，同时要做好优质研究生的储备工作，探索鼓励学院、学科选拔具有多学科知识背景和突出科研潜质的本科生考取本校研究生。

（四）加强科技论文写作，提升研究生论文写作能力

《北京农学院学报》刊发研究生论文的类别主要集中在科技论文，为了切实提升研究生科技论文的撰写能力，研究生要着重从文献综述、写作水平、学术素养和创新意识等方面下功夫。研究生科技论文写作不仅仅是试验数据和表述文字简单的物理堆积，更重要的是要依托基金项目选好立题角度和重点研究对象，而后围绕研究点认真做好文献综述。文献综述是科技论文写作的基础，好论文的创新和成稿离不开扎实、翔实、全面的文献检索和综述。强化科技写作实训课程的

教学效果，有效地提升研究生科技写作水平。坚持"走出去"，鼓励并支持研究生参加国内外高水平学术研究和项目培训会；坚持"请进来"，搭建平台为研究生聘请高水平专家开展学术指导，综合提升研究生的科研视野和学术素养。引导研究生以首都"三农"发展为基础，广泛涉猎新农科、新领域重大课题的研究成果和信息，提高国内外前沿科学思维意识，有效提升自身科技论文写作的创新意识。

参考文献：

[1] 张宏康，李蔼琪，林小可，赵向华，黄育杭. 仲恺农业工程学院硕士研究生发表论文现状及其影响因素研究 [J]. 轻工科技，2017，33（2）：173 - 176.

[2] 谢炜，路平安. 科技写作训练与硕士研究生创新能力培养 [J]. 教育教学论坛，2019（21）：258 - 259.

[3] 王荣，刘重阳，王洪林，李享. 学报编辑视角下我院研究生学术研究能力的培养 [J]. 空军预警学院学报，2019，33（6）：455 - 458.

对研究生就业创业职业素养培养的思考*

北京农学院园林学院　史雅然　武丽　杨刚　张明婧　李国政

摘要：研究生作为一个特殊的、不断壮大的高学历群体，有其独有的特点，在面临竞争越来越激烈的就业创业环境中也存在相应的问题。本文针对研究生群体的现实特点和研究生职业素养培养的现状，进行研究生就业创业职业素养培养的思考，分析社会和用人单位需求，探索提高研究生就业创业能力和职业素养培养的路径，为实现研究生自我价值和社会的全面发展提供人才保障。

关键词：研究生；就业创业；职业素养；培养

随着高校毕业生人数每年较大幅度增长，毕业生就业创业的竞争力越来越大。同时，伴随着我国经济的发展和社会的进步，行业分工和职业定位也在逐渐细化，专业化程度越来越高，不同的行业、部门和职位对人才的要求也随之高度细化、精确。研究生作为高学历群体之一，有其独有的特点和优势，然而在其就业创业过程中也存在着相应的现实问题，研究生群体的学历、年龄、经历均处于本科生和博士研究生之间。因此，研究生要如何在本、专科生和博士研究生之中合理定位、充分发挥自身优势、提高自身职业素养，成功就业和创业，是需要思考和探讨的问题。对研究生就业创业过程中职业素养培养的探索，不仅关乎研究生是否能顺利就业创业，实现自我价值，还关乎国家、社会和高校的和谐稳定、建设发展，而且对科学合理的引导研究生开展面向世界、面向未来、面向现代化的核心竞争力培养和塑造工程具有重要的指导作用[1]。

职业素养是一个人的内在修养，是研究生技能学习以及创新能力培养的基

* 基金支持：北京农学院学位与研究生教育改革与发展项目。第一作者：史雅然，讲师，辅导员，主要从事学生教育管理工作，电子邮箱：shiyaran@bua.edu.cn；通讯作者：李国政，副教授，副书记、副院长，主要从事学生教育管理工作，电子邮箱：lgz_78@bua.edu.cn。

础，是影响其职业发展的重要因素，也决定了研究生未来成就的高度。职业素养良好与否是研究生就业创业成败的关键因素，职业素养的具备往往会成为成功就业的必要因素。因此，在竞争日益激烈的环境中，研究生要不断提高自己的职业素养，发现并解决问题的根本，从而找到通往成功的路径。

一、职业素养概念与内涵

职业素养是指职业内在的规范和要求，是在职业过程中表现出来的综合品质，包含职业道德、职业技能、职业行为、职业作风和职业意识等方面。

职业素养是一个综合性的概念，涉及个人职业道德、职业修养、职业技能、从业观念以及职业习惯等方面，职业素养是个人执业内在转化的具体需求，是职场人在其履职过程中综合素质的集中体现[2]。既要具有专业性，也要具有敬业和道德。职业素养可以通过个体在工作中的行为来表现，而这些行为以个体的知识、技能、价值观、态度、意志等为基础。良好的职业素养是企业必需的，也是个人事业成功的基础。

二、研究生职业素养培养的现状

受传统教育思维和我国教育体制的影响，社会、家庭与学校较多的关注学生的知识学习与教育，认为学生的主要任务是学习。这种现象使得很多学生无法顺利完成学习方式与自我成才方式的转换，待到毕业之时才发现自己所学与社会需求存在一定的差异。工作岗位除了要求相应的专业技能外，还要求有其他职业素养，如人际交往、职业理想等。因此，加强研究生职业素养的培养与教育应当引起高度重视。

（一）研究生缺乏自我进行职业素养培养的意识

职业意识不强，职业目标不明确，缺乏对未来职业的规划等，都是缺乏职业素养自我培养意识的体现。同学们选择继续深造读研的原因有很多，其中有些研究生之所以读研是因为其择业定位不明确，受外部影响较大，对自己的择业目标不能做出明确的定位，对自己能干什么、应该干什么缺乏清醒的认识，受家庭、同学的影响较大，出现"跟风"考研的现象。缺乏对职业的认知和自身的认知，或者不能切合实际地制订未来职业规划。因此，当面临就业创业的时候就处于被动状态，降低了就业质量，影响了未来职业的发展[4]。

（二）学校缺乏对职业素养培养的重视

学校教育的主要方向还是集中在学生专业知识理论的学习和实验室科学研究

等方面，对于研究生职业素养的培养较少，很少针对研究生开设有关就业创业的课程；针对研究生的就业指导路径主要为毕业指导时的就业创业指导和能力培养，突击式地培养研究生的就业创业能力，平时的就业创业教育不足；职业素养培养体系不健全，培养措施的针对性不强[4,5]。同时，由于研究生培养要求的特殊性，使研究生很少能够进行实践教育，缺乏对用人单位需求的认知。因而使研究生职业素养和就业创业能力培养的效果不理想。

（三）缺乏针对研究生的思想政治和职业道德教育

思想政治素养指在政治立场、政治观点、政治信念和理想信仰等方面的素养。思想政治素养不仅要求研究生应该具有正确的政治取向，拥护社会主义道路，拥护中国共产党，切实维护祖国和集体的荣誉。同时，还要求研究生必须具有基本的法律常识，具有遵纪守法的意识，要懂得通过法律来维护自己的合法权益。

职业道德素养是指在职业活动中应该遵循的行为准则，是一定范围内的特殊道德要求，是一般社会道德在职业生活领域中的具体体现。职业道德素养要求研究生将社会所共同认同的对职业的道德要求内化为自身的行为规范并自觉遵守。

目前多数研究生教育主要以理论学习和科学研究为主，对思想道德和法律方面的教育容易忽视，既没有有效利用思政教育等德育载体培养研究生的职业道德，也没有在职业教育中加入道德教育的内容。因而，会使研究生忽略自身职业素养和综合素质的提高，不具备良好的职业道德素养，难以满足企业与市场需求。

三、就业创业能力的用人单位及社会需求

就业创业能力是研究生基本能力的重要组成部分。就业能力是研究生毕业后参加工作，服务用人单位的能力，是研究生学以致用，创造社会价值的能力；创业能力是研究生立足市场需求，分析市场行情，从而自主创业的能力[5]。当今社会和用人单位除了要求研究生有相应的专业技能外，还要求有职业道德素养、心理素养、社会交往素养等。

（一）专业素养

专业素养是企业用人基本的标准，企业的发展需要依靠强有力的专业技术团队。专业素养是为从事某种职业活动而掌握和运用的专业知识、专业技术和专业能力，是研究生在职业活动中赖以生存的必备素养。知识和技能是素养形成或提高的基础，专业素养是研究生把外在获得的知识、技能内化于身心并升华形成的

稳定的品质和素养。高的专业素养一方面可以使知识和能力更好地发挥作用，另一方面可以促进知识和能力的进一步扩展和增长。

（二）职业道德素养

企业是一个团队，团队成员各司其职、共同协作，有效完成工作任务。因此，企业在招聘人才时，对应聘者的职业意识、团队意识、执行力等多方面进行考察。职业道德素养是在职业活动中应该遵循的行为准则，是一定范围内的特殊道德要求，是一般社会道德在职业生活领域中的具体体现。职业道德素养包括职业观念、职业态度、职业纪律和职业作风等方面的行为标准和要求。职业道德素养要求研究生将社会所共同认同的对职业的道德要求内化为自身的行为规范并自觉遵守。

（三）心理素养

当今社会中的竞争较为激烈，企业员工如果抗击压力的能力不足，则无法在社会中良好立足，因此，企业会倾向于选择抗压能力强且吃苦耐劳的员工。心理素养是研究生在认知、感知、记忆、想象、情感、意志、态度和个性特征等方面具有的素养。良好的心理素养能够保证研究生以积极的心态、旺盛的精力投身于职业生涯中，处理好各种关系，主动适应环境的变化。

（四）社会交往素养

社会交往素养包括团队合作意识、人际交往能力等能力。企业内部的人员较多，需要各部门、各人员之间团结一致，共同进步，不敬业、不负责、频繁跳槽的员工，会严重影响企业的效益。社会交往素养是研究生应具备的语言表达能力、沟通交流能力、社会适应能力、应变力、竞争力等。社会交往是人类特有的一种高级活动形式，又是人类共同活动的一种特殊形式。社会交往素养是后天培养的个人能力，是当代研究生立足社会的重要素养之一，是研究生社会化的一项重要内容[6]。良好的自主学习能力、社会参与能力以及优良的身体素质将会在企业人才选拔中更加出色。

四、研究生就业创业职业素养的培养

职业素养的培养是使学生形成良好的职业素养，提升职业能力，将职业要求成为习惯。职业素养的养成可为研究生毕业后的求职就业和职场生涯打下坚实的基础。

（一） 加强研究生开展职业生涯规划

提高研究生的自我规划和自我管理的能力，加强研究生生涯规划教育。科学、合理、充实的研究生学习生活使研究生职业生涯发展旅途上的良好开端。在研究生学习阶段，要继续鼓励他们在老师指导下，尽早进行生涯规划的设计。可积极利用网络资源等现代媒体手段，明晰自己对职业规划的理解，从而制定明确的职业发展规划，尽早筹谋适合自己的职业发展道路，树立努力目标。

开展多样性的职业生涯规划活动，如定期开展知识讲座职业生涯规划主题讲座和演讲等活动，在此过程中，对研究生的职业生涯规划意识进行提升，也为提升学生就业和创业能力提供准备。同时，可从不同年级的学生出发，帮助研究生一年级的学生明确自己的职业定向，开展讲座形成正确的职业价值观；从技能、心态和知识等层面着手，开展演讲。帮助研究生二年级和研究生三年级的同学做好职业选择，开展关于如何就业、如何创业等活动，加强不同学生的职业匹配，并提升学生的就业创业水平[7]。

（二） 加强研究生职业素养培养的思政教育

在进行研究生职业素养培养的过程中，充分利用思政教育平台，丰富思政教育中职业道德教育、职业素养培育的内容，将职业道德培养作为研究生品德培养的重要内容，提升研究生的职业素养与职业荣誉感。可通过形式多样、丰富多彩的校园文化活动，引导研究生树立诚实守信、遵纪守法、爱岗敬业的职业道德观。通过校企结合，请企业员工现身说法，将自身对待职业的态度，工作的心得与研究生进行分享，发挥良好的示范教育作用，引导学生爱岗敬业。通过建立多维度的职业素养评价体系，将学生的诚实守信、人际交往、校内外表现、参与实践活动的主动性和积极性等作为评价学生职业素养的重要指标，使学生通过评价明确自身不足，也使教师有针对性地对学生展开教育，提升研究生职业素养培养实效[5]。

（三） 加强研究生职业素养自我培养意识

加强研究生对自身职业素养的培养意识，使研究生有意识地开展职业素养的自我培养，对其自我的身心素养、思想政治和道德素养、专业和科技文化素养以及其他方面的素养进行积极主动的自我培养。

1. 身心素养的自我培养

积极引导研究生在开展学习和科研的同时，注意养成良好的生活习惯，科学合理地分配学习和休息时间，充分开展锻炼，提高身体素质。同时，引导研究生要学会正确地认识自我，全面了解和正视自己的性格品质、兴趣爱好等个性，克服自卑和自负的心理，敢于改正自身个性上的缺点，切实提高自身的自信心。敢于竞争，保持积极心态，不骄不馁，从而培养良好的心理素养，为应对激烈的就业创业竞争做好心理准备。

2. 思想政治和道德素养的自我培养

加强马克思主义理论学习，培养研究生树立科学的世界观、人生观、价值观是培养良好的思想政治素养的必要途径。马克思主义、毛泽东思想、邓小平理论、"三个代表"重要思想、科学发展观和习近平新时代中国特色社会主义思想是改造当代研究生思想、提高思想政治素养的重要武器。因此，研究生要加强思想政治理论学习和自身修养，不断提高自身的思想政治素养。

加强研究生职业道德修养理论知识的学习，引导研究生积极地参加社会实践活动，在生活中注意自身的言行举止和道德修养，做到知行统一。同时，引导研究生多向道德模范学习，敢于自我批评，纠正自己的缺点，切实提高个人修养。

3. 专业和科技文化素养的自我培养

扎实的专业素养和科技文化素养是求职者胜任某项职业的基本素养，也是在日益激烈的就业形势下取得成功的前提条件。研究生要在扎实掌握专业知识和专业技能的基础上，了解本专业的最新动态和前沿知识，尽可能地丰富和扩展自己的专业知识。同时，可有针对性地进行科学素养、人文素养的培养，积极参加科技文化素质教育等方面的讲座和学术交流活动，拓展自己的科技文化视野，促进自身科技文化素养的提高。

总之，研究生就业创业职业素养的培养是一个系统工程，需要学生本人、高校、社会，三位一体，形成合力，共同努力开展研究生就业创业能力提升和职业素养的培养，从而引导研究生逐步实现自我价值，促进社会人才的培养，推动社会主义现代化建设和社会的全面进步。

参考文献：

[1] 杨勤. 硕士研究生核心竞争力研究 [D]. 浙江理工大学，2009.

[2] 温馨，郭文娟. "互联网 +"背景下高职生职业素养培养现状与提升途径 [J]. 通讯世界，2020 (1)：259 - 260.

[3] 敖四，张娜. 大学生职业生涯规划 [M]. 武汉：武汉大学出版社，2017.

[4] 徐佳. 高职院校学生职业核心素养培育路径研究 [J]. 科教论坛，2019 (12)：42 - 44.

[5] 贾岱. 基于企业需求的大学生就业创业能力培养 [J]. 开封教育学院学报，2018，38 (2)：118 - 119.

［6］王丽娟，等．大学生职业生涯规划与发展［M］．南京：南京大学出版社，2011.

［7］刘夏辉，董敏．职业生涯规划下提高高职学生就业创业能力［J］．才智，2019（1）：63.

［8］张智强，等．大学生职业规划与人生发展［M］．北京：北京大学出版社，2011.

提高研究生综合素养的教育理念初探

北京农学院文法与城乡发展学院　于淼

摘要： 研究生是国家建设的重要人才基础，全面提高研究生的综合素养是促进我国经济建设、社会发展以及国家科技竞争力的重要手段。本文采用文献归纳法和实证分析法，通过借鉴欧洲、英国、美国人才培养的教育理念，分析我国研究生培养过程中的普遍问题，有针对性地总结出提高研究生综合素养的教育理念改革建议，以期为我国培养高素质研究生提供参考。

关键词： 研究生培养；品德修养；终身学习能力；价值观；科研兴趣

一、背景与现状

教育部发布《2018 年全国教育事业发展统计公报》显示，2018 年，研究生招生 85.80 万人，其中，全日制 73.93 万人；招收博士生 9.55 万人，招收硕士生 76.25 万人。我国硕士研究生报名人数屡创新高，2019 年达到 290 万人之后，2020 年首次突破 300 万人，达到 341 万人[1]。

2018 年 9 月 10 日，习近平总书记在全国教育大会上强调："教育是民族振兴、社会进步的重要基石，是功在当代、利在千秋的德政工程，对提高人民综合素质、促进人的全面发展、增强中华民族创新创造活力、实现中华民族伟大复兴具有决定性意义。教育是国之大计、党之大计。"[2]研究生是国家建设的重要人才基础，全面提高研究生的品德修养、终身学习能力、正确的价值观和科研兴趣等综合素养将是促进我国经济建设、社会发展以及国家科技竞争力的重要手段。研究生作为高层次专门人才培养对象，是全面推进我国小康社会建设和社会主义现代化建设的生力军。研究生教育是高等教育的最高层次，不再是单一素质的培养。国际新形势对不断提高研究生的综合素养提出了新的课题和要求[3]。

本文采用文献归纳法和实证分析法，通过借鉴欧洲、英国、美国人才培养的教育理念，分析我国研究生培养过程中的普遍问题，并提出提高研究生综合素养的教育理念改革建议，以期为我国培养高素质研究生提供参考。

二、研究生培养过程中普遍存在的问题

（一）只考核科研成果，轻视品德修养

20 世纪 90 年代，我国部分大学提出科研工作以 SCI 论文为主的评价机制，后来发展到导师对研究生的衡量标准往往是发表论文数量、期刊影响因子大小、引用次数等，这也同时作为学校对研究生的考核标准。但是在学生未来发展中，品德修养必将成为其核心素养。成就越大，品德修养影响越大，试想一个特别有成就的研究生最后一旦走向犯罪的道路，是不是他职位越高、影响力越大对社会造成的危害越大？

（二）只注重"有用知识"，轻视终身学习能力培养

我国研究生培养过程中，轻视"无用知识"，安于"确定性知识"；局限"思维定势"，依赖"维持性学习"；追求"高深理论"，习惯"被动实践"[4]。考试分数、科研成果已经根深蒂固地成为大多数导师、学校、用人单位对研究生的考核评价标准。人才培养不能拘泥于现状，眼光要放长远，研究生终身学习能力的强弱直接影响我国科研发展的未来。

（三）过度关注"物质世界"，轻视"精神食粮"的重要性

当前高校过度关注"物质世界"，引导学生更多地考虑社会竞争，激励学生不断提高自身就业竞争力，越发重视培养学生在日益竞争的社会环境中的生存能力。在很大程度上忽视了学生内心意义世界的探索和建构，促使学生踏上一条"为个人的、物质的、现实的功利去拼搏的狭窄道路"[5]。

（四）习惯"被动实践"，忽视科研兴趣的培养

我国长期以来的教学模式，使得学生习惯于被动接受老师传授知识，缺乏质疑与探索精神。同时忽视了自己对科研的真正兴趣点，在导师规定的框架范围内，沿着导师制定的路线和方法去完成任务。过于繁重的试验成为抹杀学生创造性思维的罪魁祸首，继而使得一部分适合从事科研工作的研究生丧失了科研兴趣[6]。

三、提高研究生综合素养的改革建议

（一）注重研究生品德修养

司马光在《资治通鉴》里专门写道："才者，德之资也；德者，才之帅也。"2018 年 5 月 2 日，习近平总书记到北京大学和师生座谈的时候，引用了这句典故，并强调人才培养一定是育人和育才相统一的过程，而育人是本，人无德不立，育人的根本在于立德，这是人才培养的辩证法。"德才兼备，以德为先"一直以来都是选拔人才的重要标准[7]。

《国家中长期教育改革和发展规划纲要（2010—2020 年）》明确提出，大力推进研究生培养机制改革，建立以科学与工程技术研究为主导的导师责任制和导师项目资助制。在我国已有众多研究生培养单位施行了导师责任制和导师资助制，这已经明确了导师在研究生培养中的责任[8]。要通过搭建落实导师责任制度平台，加强导师队伍建设，学习贯彻习近平总书记对教师的殷切希望和要求，将其作为导师师德教育的首要任务和重点内容，将"四有"好老师标准、四个"引路人"、四个"相统一"和四个"服务"等要求细化落实到教师培养全过程。以便导师在科学知识传授以及理想信念、科学精神等方面对学生严格要求与悉心指导。这种影响将会是伴随学生一生的科研工作，甚至是日常生活。

2016 年 8 月，习近平总书记在全国高校思想政治工作会议上强调："要用好课堂教学这个主渠道，思想政治理论课要坚持在改进中加强，提升思想政治教育亲和力和针对性，满足学生成长发展需求和期待，其他各门课都要守好一段渠、种好责任田，使各类课程与思想政治理论课同向同行，形成协同效应。"课堂是"课程思政"的主要阵地，教师可借助心理学相关知识在教学内容上辅助感性事例进行感染，延伸更多的实践感悟进行教育。

（二）培养研究生终身学习能力

知识经济、终身教育时代对学者提出了更高的要求，终身学习能力变得尤为重要[9]。2002 年，欧盟管理者提出要实现终身学习，使欧洲成为世界上最具竞争力的经济体[10,11]。2016 年 11 月，英国大学联盟发布《终身学习宣言：让终身学习成为现实》[12]，其主要目的是鼓励学生在人生不同阶段以不同学习方式互动，提升自我能力与雇主资源要求匹配度，以应对老龄化社会、科技迅速发展、劳动力市场变化、经济全球化等机遇与挑战。研究生获得相应学位并不意味着学习生涯终结，研究生在校期间，学校应为学生提供终身学习技巧，将终身学习能力视为促进个人应对环境变化不可或缺的能力[13]。设立学习目标是终身学习的动力源泉，研究生导师要设定课程教学目标、全局性考虑学科的基本方向，还要培养学生设置自身的职业目标和定位以及目标分解的能力。

终身学习能力的培养比学习课程内容更加重要。马云曾在演讲中预测，随着科学技术的不断发展，30年后机器将取代人工，77％的人面临失业[14]。现今学习的知识与技能在未来很有可能被机器所取代，但是具备终身学习能力的研究生在未来将会不断拓展自己的知识面，学习前沿技术，不断将自己打造成合格的社会主义事业接班人。

（三）培养研究生形成正确的价值观

习近平总书记在党的十九大报告中指出："青年兴则国家兴，青年强则国家强。青年一代有理想、有本领、有担当，国家就有前途，民族就有希望。"青年的价值观作为人生的"第一粒扣子"，不仅影响到青年人的成长成才，还会影响未来整个社会价值取向。当今世界影响力比较高的大学排名，其评价指标体系主要以科研为主。政府和社会对大学学术声誉的评价重点也是科研水平。在此社会压力下，通过科研成果评价大学价值偏向把名号、荣誉、地位和谋求政府认可变成组织和个人的追求[15]。

作为科研人员的接班人，研究生不应该将找到一份丰厚报酬的工作、住上豪宅作为自己人生的终极目标。随着社会的不断进步，全国人民的生活水平会日益提高，奔向小康生活也会成为大多数人的未来。如果把自己的人生规划成拜金主义者或者物质享受者，对研究生未来职业生涯的发展将会产生巨大的抑制作用。

（四）指导研究生发掘科研兴趣

兴趣是最好的老师。据美国心理学家迈尔的研究成果显示，工作成绩是工作态度（兴趣）和工作能力的共同表现，与年纪大的技工相比，年轻技工对技术决策能力受工作兴趣的影响更大[16]。如果将学习视为一种工作，大多数人的学习能力往往处于相对稳定的常数状态，因而学习成绩大多数由学习者的态度（兴趣）决定[17]。相关数据指出，对专业课的兴趣会直接影响学生自主学习能力的提升。无论处于哪个学习阶段，兴趣对学习成绩的提升均具有关键作用。

一味地从事自己不感兴趣的工作，做重复性劳动，会影响研究生的创造力。导师隐形知识对研究生科研兴趣的形成与提升具有正向促进作用。在研究生培养过程中，导师应充分利用自身已有科研经验和人生阅历，引领学生认知本领域前沿理论与实践，拓展学生知识范围，提高研究生科学研究的积极性[18]，最终找到适合自己的研究方向，引导学生逐步完成自己设定的科研目标和人生目标。

四、结论

本文针对我国研究生培养过程中的普遍问题,有针对性地总结出提高研究生综合素养的教育理念改革建议:首先,将以科研成果作为单一考核机制转变为注重研究生品德修养的综合考核机制;其次,将偏重"有用知识"积累转变为同时注重研究生终身学习能力培养的教育理念;再次,将过度关注外在"物质世界"转变为注重培养研究生形成正确价值观的教育理念;最后,将习惯"被动实践"转变为注重指导研究生发掘科研兴趣的教育理念,以期为我国培养高素质研究生提供参考。

参考文献:

[1] 中华人民共和国教育部. 考研报名人数屡创新高,今年突破三百万 [DB/OL]. (2019 – 12 – 19) [2019 – 12 – 19]. http://www. moe. gov. cn/jyb_xwfb/s5147/201912/t20191219_ 412639. html.

[2] 习近平:坚持中国特色社会主义教育发展道路培养德智体美劳全面发展的社会主义建设者和接班人 [DB/OL]. (2018 – 09 – 10) [2020 – 05 – 20]. http://www. xinhuanet. com//2018 – 09/10/c_ 1123408400. htm.

[3] 王勋,李钰. 以研究生会为平台提升研究生综合素质 [J]. 教育教学论坛,2013 (14):255 – 256.

[4] 徐凯,徐洁,王宏刚. 研究生创新能力培养面临三大障碍的审视与思考 [J]. 研究生教育研究,2015 (6):46 – 49.

[5] 李辉,赵丽欣. 异化与超越:新时期我国高校德育的功利主义倾向研究 [J]. 当代教育科学,2017 (9):48 – 52.

[6] 姚开虎. 要重视对研究生科研兴趣的培养和保护 [J]. 中国医师杂志,2012,2 (z2):137 – 138.

[7] 潘宛莹,张澍军. 新时代研究生公民层面社会主义核心价值观培育研究 [J]. 黑龙江高教研究,2019 (5):113 – 116.

[8] 杨维明. 谈正确处理五种关系,完善导师责任制 [J]. 教育探索,2013 (2):20 – 22.

[9] 张迪. 高校学术型硕士研究生自主学习能力调查与分析 [J]. 兰州教育学院学报,2019,35 (2):101 – 103.

[10] Make lifelong learning a daily reality, say European managers [J]. Journal of European Industrial Training, 2002, 26 (8). https://doi. org/10. 1108/

jeit. 2002. 00326hab. 002.

[11] Dehmel A. Making a European area of lifelong learning a reality? Some critical reflections on the European Union's lifelong learning policies [J]. Comparative education, 2006, 42 (1): 49 – 62.

[12] Volles N. Lifelong learning in the EU: Changing conceptualisations, actors, and policies [J]. Studies in higher education, 2016, 41 (2): 343 – 363.

[13] 鲍嵘，朱华伟. 硕士研究生能力图景及发展研究——来自英国精英大学的实践经验 [J]. 研究生教育研究，2018 (6): 83 – 90.

[14] 马云预测未来：30 年后机器将全面取代人工，77% 的人面临失业 [DB/OL]. (2018 – 06 – 19) [2020 – 05 – 20]. http://www.sohu.com/a/236579360_100172889.

[15] 郑世良，李丹. 专业学位研究生教育的学术漂移：表征，成因及治理 [J]. 研究生教育研究，2019 (6): 54 – 60.

[16] Morris M. G., Venkatesh V. Age differences in technology adoption decisions: Implications for a changing work force [J]. Personnel psychology, 2000, 53 (2): 375 – 403.

[17] 郭元源，池仁勇，汤临佳，等. 兴趣培养在硕士研究生教学中的作用与实现路径——以技术经济学教学为例 [J]. 技术经济，2018, 37 (9): 124 – 127.

[18] 孙金花，代言阁，胡健. 导师隐性知识对研究生科研兴趣的影响——基于不同主体主导互动方式的调节效应 [J]. 研究生教育研究，2019 (5): 38 – 45.

全日制专业学位硕士研究生双导师制建设与实践*

——以北京农学院农业工程与信息技术专业领域为例

北京农学院计算机与信息工程学院　　王彬

摘要： 本文通过对北京农学院农业工程与信息技术专业领域研究生双导师制管理现状研究，分析了双导师制在实施过程中存在的问题，基于项目的双导师制建设给出了引入产学研合作机制的双导师制培养模式实践经验，提出实现全日制专业学位硕士研究生双导师制建设和管理建议。

关键词： 专业学位；研究生；双导师制；校外导师

教育部《关于做好全日制硕士专业学位研究生培养工作的若干意见》（教研〔2009〕1号）明确了专业学位硕士研究生培养中的双导师制。根据教育部与人力资源社会保障部共同发布的《关于深入推进专业学位研究生培养模式改革的意见》，专业学位研究生将实行校内外双导师制，专业学位研究生将以职业需求为导向，以实践能力培养为重点，以产学结合为途径培养高层次应用型人才。在改革方向上，以校内导师指导为主，校外导师参与实践过程、项目研究、课程与论文等多个环节的指导工作。虽然历经多年发展，双导师培养模式在国内施行过程中仍存在一定问题，其优势未得到充分发挥。因此，高校在研究生培养过程中要切合实际实行双导师制，应由相关学科领域专家和行（企）业专家组成团队，在实践中对团队双导师培养制度和教师队伍进行建设和不断完善，充分发挥校外高水平技术专家在高层次专业人才培养工作中的作用。

* 基金项目：2019年北京农学院学位与研究生教育改革与发展项目（2019YJS083）。

一、双导师制实践现状及过程中存在的问题

自 2009 年起专业学位研究生的培养越来越受重视，对于导师队伍的建设也有学者提出了诸多看法，其中，最为显著的问题有以下几个方面：校内外导师协同度不高、校外导师存在挂名现象、双导师制流于形式问题；专业学位研究生实践应用培养不足、尚未引入企业实际需求；双导师制落实不到位、学校产学研结合不够紧密、校内导师的课程内容和教学方法不能适应专硕的需求、校外导师缺乏教学经验，致使行业对人才的要求与培养目标存在一定差距；双导师的选聘制度和管理制度不健全；缺乏完善的校外导师考核与激励机制；高校缺乏对专业学位研究生校外实习实践过程的管理。

二、双导师制培养模式初步建设

（一）校外导师资格遴选、聘任

为确保校内导师与校外导师的交流和合作研究，可通过校内导师推荐行业专家，由校内导师推荐负责合作指导研究生的校外导师人选，从而更有利于双方合作沟通。明确校外导师工作职责，由校内外导师协商具体分工。

（二）构建导师队伍，创新激励机制

增进行（企）业专家与学院的交流，积极探索建立校外实践导师合作平台。按照自愿原则，遴选一批责任心强、积极性高、热爱教学的校企人员作为双导师组合。一方面，通过合作项目为纽带将校内外导师紧密联系起来，另一方面，真正让校外导师参与到研究生培养的全过程，开展专业实践。研究制订切实可行的校内外导师激励举措，将导师学年考核结果和企业科研项目合作任务以及研究生在实践单位考核成绩挂钩；加大校外导师对于社会责任的认可度和荣誉感，与企业共同商议采取激励措施，在聘书级别设定、荣誉称号评选、进修学习和出国访学机会等方面给予相应回报。

（三）推进联合培养机制改革，增强校企合作

专业学位培养的内在核心要求在于有效提高专业学位研究生职业能力的素质和水平。双导师制应从招生开始制订科学合理的培养方案，共同协助研究生培养环节中的选题、论文设计、实践实训等各项环节考核，学位论文选题以联合研究项目为依托，强化硕士论文的质量和创新意义。让行业专家真正参与到研究生的

培养中来，邀请校外导师以及行（企）业专家走进课堂，到校就培养实际需要增开专业技术知识讲座，为专业硕士进行个人职业规划等专题报告。这样做一方面在人才培养过程中更有针对性，另一方面通过行业专家以及企业对联合培养研究生的投入，让研究生在实践实训培养过程中得到最大程度的锻炼，为今后求职就业提供专业技术基础。确保学生参与校外导师承担项目，合作单位安排挂职锻炼。让专业学位研究生在实践中提高专业知识技能，更加明确自身职业规划的同时真正实现职场历练。设立负责小组对合作单位进行动态管理，及时反映研究生在工作岗位上独立解决实践问题的能力和职业素养。逐步规范管理制度并制定有效激励政策，对校内外导师的合作培养及相关行业部门的协同进行建设。

（四）加强对专业学位研究生校外实践环节管理，建立校外导师指导效果的统筹管理

加强对专业学位研究生校外教学实践环节管理，从基本的校企联合培养基地的设置、校外导师库建立与管理、校外实践成绩等各个环节管理，形成具体可操作的校外教学实践环节管理模式。落实校外导师的考核评价机制，从制度上为专业学位研究生校外导师指导效果提供根本保障。强化校外导师是专业学位研究生校外导师指导效果的责任主体，校外导师应对指导项目等内容的实践性切实发挥作用。

三、北京农学院农业工程与信息技术专业学位硕士研究生双导师制培养模式的实践

结合梳理 2018 年硕士学位点自评估中专业学位自我评估指标体系要求，北京农学院对农业工程与信息技术领域的校外导师管理制度、校企合作模式以及校外导师评价几个方面进行研究与建设，主要内容如下：

（一）建立健全校外导师制度

建立和健全既能体现学院发展特色也能指导校外导师发展的相关制度，涵盖导师资格选聘、导师职责与权力、实践基地建设、实践教学体系、导师管理、双导师培训等内容。制度明确农业工程与信息技术领域专业学位研究生培养双导师制的内涵，强调分工各有侧重。一方面，强调校内导师主要负责理论学习监督和全过程指导，校外导师主要承担专业学位研究生实践教学任务；另一方面，侧重交叉培养，双导师各自选取所属农业和计算机应用技术不同学科领域进行互补，达到高效融合培养、合作共赢等方面的工作交流和协调配合。在实践中不断完善管理制度，充分发挥校外导师和校内导师相融合的力量，在教学和实践就业方面

进行全方位、多角度、深层次的合作。

（二）扩增校聘校外导师遴选，提升科研团队师资力量

根据学校相关导师遴选政策要求，2019 年北京农学院农业工程与信息技术硕士点外聘北京农业信息技术研究中心导师 6 名、北京农业智能装备技术研究所中心导师 2 名、北京农业质量标准与检测技术研究中心导师 1 名。9 名外聘导师全部为科研院所具有副高级职称的研究员且均具有博士学位。这些校外导师根据校外导师研究方向分别纳入学院 3 个科研团队。增强学院科研团队师资力量的同时，加强与校外导师交流联系，努力创建学院与科研院所科研项目合作机会，为提高研究生培养奠定基础。

（三）遴选院聘校外导师，进一步构建新型校企合作模式

根据《北京农学院计算机与信息工程学院硕士生校外导师管理办法》，采用个人申请、校内导师推荐或合作单位推荐等方式，由学院学术委员会审批后，聘任院聘校外导师。2019 年新增院聘校外导师 10 名，来自北京市优质农产品产销服务站、北京远桥科技有限公司、北京守朴科技有限公司、中建材信息技术股份有限公司、安博教育集团、北京工业大学、首都师范大学、北京航空航天大学、北京市农林科学院农业信息与经济研究所等相关研究领域实践单位、高校和科研院所，均为具有副高及以上职称的副教授、研究员或高级工程师。充分吸纳企业和科研院所中实践能力强、工程技术水平高的专家技术人员成为校外导师，优化双师队伍。以促进专业学位研究生校外导师发展为契机，努力构建以服务专业学位研究生人才培养为中心的新型校企合作关系，为招生资源和就业指导提供行之有效的发展道路。邀请校外导师真正走进学校，通过为本学院研究生开设相关课题、举办专题讲座、指导职场规划、带领参加学科竞赛以及与校内导师联合开设专业技能培训等工作，促进校内外导师深度融合，及时调整人才培养目标并全面提升研究生培养质量。通过促进科研成果转化，引导研究生创新创业，推动高校与企业、科研院所之间的无障碍合作。

（四）完善各项管理制度和校外导师考核评价

通过对校内外调研、相关培养单位进行走访，通过学习和借鉴成功经验和做法，结合北京农学院实际在实践中进行不断调整和优化各项管理制度和探索创建校外导师考核评价机制。不断吸纳优质资源扩充校外导师队伍建设，构建校内外双导师的合作模式，将实践教学与相关行业紧密联系并突出锻炼研究生的职业能力，切实发挥校外导师对研究生培养教育的有效作用。

参考文献:

[1] 教育部关于做好全日制硕士专业学位研究生培养工作的若干意见（教研〔2009〕1 号）[Z].

[2] 教育部，国家发展改革委，财政部 . 关于深化研究生教育改革的意见 [EB/OL]. (2013 – 07 – 30) [2018 – 08 – 24]. http：//old. moe. gov. cn//publicfiles/ business/htmlfiles/moe/A22_zcwj/201307/154118. html.

[3] 林立洪，刘刚 . 全日制专业学位研究生双导师协同培养机制研究 [J]. 吉林省教育学院学报，2018（11）.

[4] 张媛媛 . 全日制专业学位硕士研究生双导师制建设对策与实践初探 [J]. 教育现代化，2018（7）.

[5] 李明磊，黄雨恒，周文辉，蓝文婷 . 校外导师、实践基地与培养成效——基于 2013—2017 年专业学位硕士调查的实证分析 [J]. 中国高教研究，2019（11）.

[6] 金立乔，郭文刚，江琪熙 . 全日制专业学位研究生校外导师指导效果研究 [J]. 黑龙江教育（高教研究与评估），2019（9）.

"三全育人"视角下对在职研究生管理的探讨

北京农学院文法与城乡发展学院　　王雪坤

摘要：在职研究生逐渐成为研究生队伍中的一个重要群体，如何培养健康、主动、全面协调发展的高层次继续教育人才，是研究生教育管理工作者的重要任务。本文明确了"三全育人"理念指导下的在职研究生培养目标，深入探讨"三全育人"在高校在职研究生教育实施过程中存在的问题，进而构建在职研究生"三全育人"教育管理体系。

关键词：三全育人；在职研究生；高校管理

自从在职研究生招生工作开展以来，我国在职研究生教育迅猛发展，招生类型日益增多，培养制度和培养机制也不断完善，为国家培养出了一大批适应社会发展和经济需要的高层次专门人才。然而，在职研究生教育也呈现入学年龄参差不齐、生源结构多元化、就读目的多样性等现象，给研究生管理工作带来了新的挑战。2017 年中共中央、国务院印发了《关于加强和改进新形势下高校思想政治工作的意见》，提出"坚持全员全过程全方位育人"。习近平总书记在全国高校思想政治工作会议上强调："要坚持把立德树人作为中心环节，把思想政治工作贯穿教育教学全过程，实现全程育人、全方位育人，努力开创我国高等教育事业发展新局面。"[1]。本文以"三全育人"理念为基础，探索在职研究生教育管理体系的建设，旨在为高校在职研究生教育管理提供借鉴和参考。

一、"三全育人"理念的内涵

"三全育人"是"全员育人、全程育人、全方位育人"的简称，即整体动员将教育贯穿高校教育的全过程和全方位，形成育人合力。具体来讲：全员育人，是指由学校、家庭、社会和学生组成"四位一体"的育人机制[2]。学校成员包括党政管理干部、辅导员、专业教师、图书馆工作人员和后勤服务人员等；家庭成员主要是指父母及具有影响力与感召力的其他亲人；社会成员主要是指校外知名人士和优秀校友等；学生成员主要是指学生中的先进分子。全员育人强调高校教育的普及性与整体性，全体教职工都要有育人意识，立足本职工作，相互配合，形成精诚团结和力量强大的育人团队。同时，高校要主动作为，积极发挥学生家庭及社会活动在教育中的应有作用，做到学生教育无缺位和全覆盖。全程育人是指学生一进入大学校门就开始系统地接受教育，教育要贯穿始终，务求实效，关注学生在校学习生活的全过程。全方位育人是指充分利用各种教育载体，将教育贯穿其中，包括课堂教学、科学研究、实践和社会服务等，形成教书育人、科研育人、管理育人、服务育人等长效机制。

二、"三全育人"视角下的在职研究生培养目标

根据社会和行业对人才素质的要求，结合新时代在职研究生教育的特点和学校、学科的实际，形成"全员育人、全程育人、全方位育人"的在职研究生素质教育体系，创新素质教育内容和方法体系，充分发挥党组织的政治保障功能和组织优势[3]。通过导师带领学生，发挥在职研究生的作用，挖掘学院、教学、科研、管理、服务等方面的育人功能，将教育工作融入对在职研究生培养各环节，形成育人合力，多管齐下。将教育渗透到在职研究生成长成才的方方面面，全程跟进，贯穿到研究生在校学习的每个阶段，确保研究生群体的健康、主动、全面协调发展，提高在职研究生培养质量，达到在职研究生教育工作长足发展的目标。

三、高校在职研究生教育管理中存在的问题

（一）高校对在职研究生思想政治工作重视程度不够

在职研究生的专业文化知识与思想道德素质是学习的两个重要方面，两者相辅相成，任何一方都不可偏废。然而，在实际工作中，高校大都将专业成绩作为评判研究生是否优秀的主要标准，并未充分重视思想政治教育对学生发展的重要作用；德育工作者对在职研究生德育的内涵认识不清，教育方法单一，主要集中于德育工作的表层形式，大大降低了德育工作的效率和成效。同时，高校思想政治工作体制机制不尽完善。在传统的高校，在职研究生思想政治工作主要依靠辅导员和专业教师队伍，部分专业教师自身并未经过严格的思想政治教学培训，面对研究生德育方面的新问题，根本不能选择合适的方式、方法开展教育。例如，

频繁爆出的高校学术造假问题，其原因就是研究生为了顺利毕业而采取的错误行为，指导教师未能很好地进行处理，究其根源就是导师忽略了研究生的德育。其他部门和非专业教师的作用发挥不明显，学生家庭和社会的参与度低，并未形成齐抓共管的局面。

（二）全员育人对在职研究生教育的协作效应欠缺，横向力量协调不够

高校的育人资源分布在教学、科研、管理、服务等部门和领域，但在开展协同育人时，部门之间缺乏信息沟通和有效互动，对在职研究生的重视程度更低。在职研究生自身存在很大的特殊性，比如档案或者党组织关系等不在学校，造成管理上的巨大困难，而且大部分在职研究生存在"能毕业就行"的想法，对学术研究不够重视，和全日制研究生相比，缺乏统一的监督和评估机制。更突出的是，高校缺乏有效的激励机制和保障机制来保证协同育人的开展，各部门在协同育人上内在动力不足，积极性、主动性有待激发，难以实现育人的协作效应。导师与学生在学习、思想、情感、家庭和就业方面沟通较少，对学生普遍关心的实际问题回答不够，释疑解惑做得也不到位[4]。

（三）生源差异较大，难以形成统一的教学管理体系

高校在职研究生年龄差距较大，导致在接受和理解知识的能力上差异显著。在职研究生的职业身份和专业背景不同，他们来自不同的工作岗位，承担不同的职务，身处不同的行业，拥有不同的专业背景，甚至受教育程度也不同，因此他们学习的目的及其投入程度也大相径庭。大多数在职研究生是为了更新理论知识、提高业务能力、扩展人脉，为今后的事业发展奠定坚实的基础，但也有少数学生仅仅出于身份和升迁的需要。在学习投入方面，有些在职研究生的工作和家庭压力较小，能够专心上课学习，但相当一部分在职研究生工作繁忙、家庭负担较重、工作应酬多，投入学习的精力显然不够。所有这些因素都会影响到在职研究生的教育培养效果。在职研究生有着稳定的工作和收入，处于事业上升阶段，虽有较强的学习欲望，但对于上课又力不从心，经常由于工作而不能按时参加课程学习，学习效果大大降低了。也有部分在职研究生的知识基础相对较差，听课效果不佳，或对教学内容不感兴趣，学习积极性不高。

四、在职研究生"三全育人"教育管理体系的构建

（一）积极发挥在职研究生导师负责制

高校大多实行导师负责制，即导师承担研究生教育培养的主要责任，其综合

素质在很大程度上决定了能否造就高质量的专业人才。在职研究生导师首先要有明确的认识,由于在职研究生的特殊性,同时兼顾学习、工作和生活,和全日制研究生比承担了更多的压力,这就要求在职研究生导师既要培养懂专业知识的人才,又要培养全面的人才;既要做研究生的专业导师,又要做研究生的人生导师;既要培养和提高在职研究生的学术能力,又要培养提高他们的社会能力,同时还要关注其思想动态和把握其政治方向。这就要充分发挥导师在全员育人、全过程育人、全方位育人中的重要作用。导师在向在职研究生传授广博的专业知识和坚实的专业理论的同时,还应积极做到当好在职研究生在工作中的指引者以及在职研究生与行业、社会之间的桥梁。

(二) 加强在职研究生管理团队建设

在职研究生作为研究生的一个群体,相对而言,教育层次高、管理难度大,需要更严格的要求。因此,管理队伍应具有相应的素质和水平,各司其职,各负其责,团结协作。其中,辅导员是培养单位和学生联系的桥梁,是对在职研究生开展思想政治教育的重要组成部分,在研究生管理中起着举足轻重的作用。当在职研究生遇到思想、心理、工作冲突等各种问题时,这就需要辅导员运用自己的岗位优势、扎实的业务知识和工作经验对他们进行帮助、指导和关心。由于在职研究生的特殊性,大多是在周末或节假日来学校上课、交材料或答辩等,这必然需要相应的管理人员在非工作日为其服务。学院应选聘有良好的敬业精神、开拓创新的意识、有较强的组织协调能力的同志担任在职研究生的管理人员。管理人员不是简单的日常管理者,而是要树立服务的意识,一方面严格按照各项规章制度办事,做在职研究生的影响者和协助者,另一方面要以人为本,营造有热情、有艺术的和谐氛围,方便各培养环节工作的顺利进行。

(三) 发挥在职研究生所在单位的协助管理作用

在职研究生具有学校学生和工作单位职工的双重身份,这种特殊性就要求学校与所在单位有共同对他们进行管理的责任。双方应经常进行沟通和交流,取得互相的支持和理解,来尽最大努力提高在职研究生的培养质量。在职研究生所在单位不能只考虑学习影响了眼前工作,更应该从长远培养人才的角度和大局出发,将其作为单位人才发展建设、人才竞争及职工素质提高的一项保障措施;在工作中应尽量提供软硬件的培养条件,为在职研究生提供尽可能大的支持,尤其是在学习阶段尽量在工作量上给予减免和帮助,确保在职研究生有相对多的精力完成学校交给的各项学习科研任务并能顺利完成学业;在党建、思想政治教育等方面要经常对其教育和关心,让他们感受到集体的温暖和爱护。目前,校校合作、校企合作作为在职研究生教育较为普遍的培养模式,即根据高校专业发展和企业所需要的人才情况，签订互相合作培养协议，以共同培养在职研究生达到双赢的目的。同时，在职研究生结合本单位的资料和工作内容进行科学研究和论文撰写，这样既可以将学到的知识用于实际工作中，理论和实践相结合，又能解决单位运行和发展中的一些问题，使单位的效益更大化。这种方式能够使在职研究生完成好毕业论文又完成好工作任务，起到事半功倍的效果。

（四）强化第一课堂在培养中的作用

为突破课程教学的局限，锻炼在职研究生的社会能力，一方面要积极推进在职研究生兼任助教、助研、助管等工作，调动在职研究生参与实践教学、行政管理工作的积极性[5]。另一方面，要带领在职研究生一起进行社会服务工作，将为企业服务等体现在职研究生的培养方案中，增加在职研究生社会实践环节，建议他们通过参加社会服务进一步提高科学研究的创新精神和创新能力，使其自身综合素质提升更快。同时，在培养过程中尽量争取校外一些优质企业资源进行实践教学，丰富在职研究生的教学内容，努力培养在职研究生的社会实践能力和创新精神。

（五）制订科学的培养方案，加强考勤管理

当务之急，要改革现行的教学体系使之符合在职研究生的特点。当前在职研究生教育中，很大一部分教师仍采用与全日制研究生教育基本相同的教学方法，没有更多的关注在职研究生本身的特殊性。要使培养方案更符合培养目标的需求，使在职研究生教学运行更具有合理性和科学性，就需要建设符合在研究生教育的教师队伍。针对他们平时上班的实际情况，在教学时间上尽量灵活，如双休日课程、节假日课程等，还可以利用现代教育技术手段和网络平台开设远程教学课程。在课程设置上，可利用"五一"和"国庆"长假课程、晚间课程等，供他们自由选择。条件允许的情况下，可以通过慕课、雨课堂等在线授课中师生互动和互相讨论的方式，将基础知识的传授和前沿问题的探索结合起来，拓宽在职研究生的思维及知识面，提高他们发现问题、分析问题、解决问题的能力，激发其创新性。在这种培养模式下一定要加强考核管理，制订适合在职研究生的管理方法和考核机制，对于缺课较多者不允许参加该门课程的考试，在考核环节不送人情分，考前答疑不划范围及做重点辅导等。

参考文献：

[1] 高玉亭，郝慧琴. 基于"三全育人"理念研究生导师和辅导员协同育人的路径探索 [J]. 校园心理，2019（8）.

［2］杨坦，高苏蒂，蒋亚龙．新时期高校"三全育人"运行机制研究［J］．淮南职业技术学院学报，2019（6）．

［3］周卫琪，陈龙，蔡英凤．"三全育人"视角下研究生培养长效机制探析［J］．科教导刊，2019（11）．

［4］赵永丰，孙泽洋，曲晓丽．在职研究生教育的问题与对策［J］．航海教育研究，2014（3）．

［5］在职硕士社会能力培养与提高的途径［EB/OL］．（2014 - 09 - 30）［2019 - 12 - 28］．https：//www.eduei.com/zzyis/7928.html．

关于教师、研究生、本科生党建工作一体化推进的思考[*]

——以北京农学院经济管理学院为例

北京农学院经济管理学院　邬津　王成

摘要：高校党的建设关乎"培养什么人、如何培养人、为谁培养人"的根本，在全面从严治党形势下，全面从严治教、全面从严治学、全面从严治研成为高校围绕中心工作开展党建的关键。本文以北京农学院经济管理学院教师、研究生和本科生党建工作现状为研究点，通过研究思考、探索提出教师、研究生、本科生党建一体化的思路，以党建统领人才培养，带动教学、科研等教育事业，进而有效提高学院党建工作的成效。

关键词：教师；研究生；本科生党建工作；一体化

党的十九大把全面从严治党写入党章，纳入习近平新时代中国特色社会主义思想，成为党建的根本遵循。与此同时也进一步丰富和发展了中国化马克思主义的党建理论，为新时代党的建设，尤其是高校党的建设提供了重要依据。按照新时代党建工作的要求，全面从严治党逐渐向基层延伸，现学院整体党建工作第一责任人为党总支书记，各基层党支部党建工作第一责任人为各基层党支部书记。针对高校的育人功能，教师、研究生、本科生党建工作一体化的意义日益凸显。

---

* 作者：邬津，北京农学院经济管理学院，硕士研究生，主要研究方向：思政教育和党建；王成，北京农学院学生工作部，硕士研究生，学生思想政治教育科科长。

一、教师党建工作现状

（一）教师党建工作组织结构的设置

学院现有农林经济管理、经济、会计、工商管理 4 个系，按照行政系对应设置教师党支部 4 个，分别为农经系教师党支部、经济系教师党支部、会计系教师党支部、工商管理系教师党支部。现有 4 个党支部书记均为教师，支委成员为各系教师。

（二）教师党建工作现状

教师党支部建设的第一责任人均为教师，且均为各系的专任教师，基于教师党支部建设的特殊要求，教师党建工作呈现以下特点：

一是党建责任主体责任意识强烈，党建成效显著。教师党支部支委成员均为教师，推进工作的责任意识较为强烈。尤其是党支部书记均为各系的中青年骨干教师，各支部可以结合本支部实际情况有效推动党建工作，"两学一做""三会一课"、组织生活会、主题党日活动等都能够按照上级要求有序开展，且党建成效显著。其中会计系教师党支部入选首批"全国党建工作样板支部"培育创建单位，农经系教师党支部被评为校级优秀基层党组织。

二是开展工作保障措施到位，能够形成有效激励。教师党支部的个人思想政治素质、党性修养、服务意识、党务工作以及教学科研水平，直接影响到基层党组织的创造力、战斗力、组织力。根据上级部署，学校专门制订了教师党支部"双带头人"（党建带头人、学术带头人）培育计划，充分发挥教师党支部的教育、管理、监督和服务功能，发挥联系师生的桥梁、纽带作用，且针对"双带头人"培育计划有专门的激励措施。

三是党建工作相对独立，融合发展效应不显著。教师党支部的党建工作目前仅局限于支部，参与活动的主体仅为系部的教师党员，对群众的带动不够，对学生的引领不够。教师党员针对党的理论知识学习停留在支部组织时学，不组织就不做更多的延伸，更无法将思想政治教育与课程教学、科研实训、社会服务等有效的融合起来。

二、研究生党建工作现状

（一）研究生党建工作组织结构的设置

学院现有农业经济管理、工商管理 2 个一级学科硕士学位授予点，农业硕士

（农业管理）、国际商务硕士 2 个专业学位硕士，按照学科及专业，共设置研究生党支部 4 个，分别为农经工商学术型硕士研究生党支部、农业管理专业硕士研究生第一党支部、农业管理专业硕士研究生第二党支部、国际商务专业硕士研究生党支部。现有 4 个党支部书记均为学生，支委成员也均为学生。

（二）研究生党建工作现状

一是党支部委员呈流动状态，工作成效有待提升。研究生基于本科学习阶段的知识累积和思维习惯，到了研究生阶段履职支部书记很难有效推动党建工作，尤其是在本校研究生比例较大的情况下，"学生管学生"略显乏力。受学制影响，研究生党支部支委成员履职时间往往较短，少则一年半载，多则不到两年，党建工作基本要求和程序刚熟知即面临毕业。较大的流动性致使以研究生学生为支委成员的研究生党支部的工作成效有较大的提升空间。

二是研究生党员教育管理成效不显著。在工作过程中发现党员有思想、工作、生活、作风和纪律方面苗头性倾向性问题的，以及群众对其有不良反应的，研究生党支部书记不敢正面面对。针对研究生培养要求日趋提高，研究生的学业和科研压力较大，导致研究生参加党支部活动及考察培养的热情不高。

三是党建工作相对独立，融合发展的效应不显著。研究生在高校中是介于本科生和青年教师之间的一个特殊群体，他们虽然具有良好的专业素养和明显的学术优势，但导师制管理、学习科研任务重等压力，无论支委成员还是普通党员都仅限于参与规定动作之内的党建工作，在学术、科研、社会服务等方面很难实现以研带本的融合发展效应。

三、本科生党建工作现状

（一）本科生党建组织结构的设置

学院现有农林经济管理、经济、会计、工商管理 4 个系，共设置农林经济管理、国际经济与贸易、会计学、工商管理、市场营销（2020 年停招）、投资学（2019 年停招）6 个专业。按照专业纵向设置本科生党支部 5 个，分别为农经系本科党支部、经济系本科生党支部、会计系本科生党支部、工商专业本科党支部、营销专业本科生党支部。现有 5 个党支部书记均为教师，支委成员为学生。

（二）本科生党建工作现状

本科生党支部书记均为教师党员，其中 1 人为实验室教师，3 人为专职辅导员，1 人为专任教师。基于教师对党的建设要求和组织运行条例的熟知，本科生党建工作呈现以下特点：

一是党支部书记相对稳定，参与党支部建设的队伍相对齐整。本科生党支部的支部书记均为教师，并且履职较为稳定，参与支部建设的人员除了支委之外，还有学生党建工作小组成员。支委成员负责支部年度工作的研讨、决策、报告，充分发挥基层党组织的民主性；学生党建工作小组成员为各支部支委成员的后备梯队力量，在党支部书记及学院党务秘书的带领下推动党建日常工作。

二是党员教育管理形式相对丰富，党员易于教育管理。本科生党支部在教师党支部书记的带领下，有理、有力、有节地推动着党建工作，并且能够保证工作成效。在本科生党团班协同发展机制下，以本科生专业特点为出发点，各支部党员教育管理形式呈现多样性。由于教师党支部书记的威慑力，支部绝大多数党员在列为发展对象阶段进行了严格的考核和选拔，到后期教育管理阶段相对容易。

三是党建工作相对独立，融合发展的效应不显著。本科生党员绝大多数都是各团支部选拔出来的优秀分子，同时也是各行政班学习成绩的佼佼者，在经过个人积极向组织靠拢，经由培养联系人教育培养，党支部选拔吸收后成为预备党员。被组织接收之后，绝大多数党员犹如"爬山爬到顶"一样，在认真参加好党支部活动和做好基础知识学习之外，很难在其他领域发展先锋模范作用。尤其是在积极参与专业教师科研实训、社会服务、学科竞赛等方面出现了懈怠的现象，导致支部整体融合发展效应不突出。

四、教、研、本党建一体化的必要性

（一）有利于实现学院"大党建"工作格局

党的十九大将"全面从严治党"写入党章，随着全面从严治党主体责任层层压实、引入纵深，高校基层党组织建设成效直接影响着高校的党建成效，并且关乎着"培养什么人、如何培养人、为谁培养人"的教育根本。现在教师党支部、研究生党支部、本科生党支部各自为政，按照组织要求在本支部内部按照《中国共产党支部工作条例（试行）》和《中国共产党党员教育管理工作条例》等党内条例有序推动工作。二级基层党组织没有把党建的各个要素、各个领域、各个方面的工作作为一个整体全面推进，科学谋划。因此，在高校推进"大党建"工作格局符合大形势要求，也切合高校基层党建的实际需求。

（二）有利于夯实学院"课程思政"的基础

习近平总书记在全国思想政治工作会议上强调"要实现思想政治理论课和其他课程的同向同行，形成协同效应"。这要求高校要更新传统的专业教育格局，打破原有课程之间由于所谓专业差异产生的"育人壁垒"，打通高校各门课程的育人点，形成全员、全要素育人氛围。[1]在教、研、本党建工作一体化后，教师可以在党组织层面率先植入"课程思政"的理念，有针对性的激发学生党员、入党积极分子对于"课程思政"认知程度。凝聚在各党支部的学生党员、入党积极分子返回到各团支部、行政班带动团员、群众有效认识"课程思政"的重要性，从而形成师生互补、全面推进"课程思政"的良好局面。

（三）有利于提升学院师生党员的融合发展

以教师党支部书记双带头人培植计划为契机，要形成专任教师—研究生—本科生—辅导员的闭环式党建格局。全面推进党建统领一切，围绕中心工作开展党建的工作格局。教师党组织书记带动教师，教师带动研究生、本科生，研究生带动本科生，党员带动群团，全院师生共下一盘棋，有序推进党建对人才培养以及教学、科研、实训、团学、实践、实习、就业等重点工作的引领和带动，同时要实现教师、研究生、本科生在各个环节的融合发展。

五、关于教、研、本党建一体化的思考

（一）组织设置一体化，提高党建活动的整体性

基于现在学院党员的总数量，可以成立学院分党委，按照专业和学科领域纵向设置党总支，党总支下辖三个党支部分别为教师、研究生、本科生党支部。按照 1 - 4 - 12 的模式设置三级党组织，具体设置情况如下：

1 个二级学院分党委：经济管理学院分党委。

4 个基层党总支：农经系党总支、经济系党总支、会计系党总支、工商系党总支。

12 个基层党支部：农经教师、研究生、本科生党支部；经济系教师、研究生、本科生党支部；会计系教师、研究生、本科生党支部；工商系教师、研究生、本科生党支部。

（二）思政建设一体化，提升师生党员的政治站位

习近平总书记指出："要以提升组织力为重点，突出政治功能，把企业、农村、机关、学校、科研院所、街道社区、社会组织等基层党组织建设成为宣传党的主张、贯彻党的决定、领导基层治理、团结动员群众、推动改革发展的坚强战斗堡垒。"二级学院各级党组织必须切实加强基层党的组织建设，明确基层党组织的政治属性，不断强化基层党组织的政治功能。在学院基层党组织层面，要重

点在基层党组织负责人层面强化党内政治文化，让各级党组织负责人有政治共识。在学院师生党员层面，全体党员要形成"遵循认同党的宗旨纲领、严守党纪党规、追求崇高理想"的主流价值观念。通过党建提升师生党员的思想素养、政治信念，强化意识形态阵地管控，让师生党员在党爱党、在党言党、在党为党。

（三）教学研服一体化，强化党建工作的统领效应

学院分党委把握全院党建、教学、科研、社会服务、群团统战等各项事业的决策部署；学院党总支书记由各系政治觉悟较高的学科带头或者行业专家（教授）承担，教师党支部书记由系主任一人兼，实现党务、教育有机融合；研究生党支部书记可选拔刚入职年轻有为的青年骨干专任教师担任，研究生党支部党员构成按照系别、学科架构；本科生党支部书记最大限度让辅导员兼任，实现党建与思想政治教育的有机融合。在各基层党支部结合支部实际开展规定工作的同时，在党总支层面可以高屋建瓴地结合专业特点、学科前沿、时事政策、行业特长等中心工作开展党建，实现了党建和事业的互补与融合。

（四）作风建设一体化，发挥党员的先锋模范作用

教师作为"传道授业解惑"的核心，要以新时代有关高等教育的要求为根本，切实提升教风。教师党员更要充分发挥党员先锋模范作用，率先履职尽责，发扬良好的教风与作风，做好学生的"四个引路人"。研究生党员作为科研、社会服务工作的参与者，同时也是本科生做好学术发展、科研实训、实习就业等工作的桥梁和纽带。研究生党员良好的学风与作风不仅能够带动非党员研究生的学习氛围，也能够为更多的本科生起到良好的表率作用。本科生党员在学习劲头上要自觉地与"以本为本"、从严治学的形势保持一致，通过良好的群众基础有效地带动更多的同学端正学习态度，提高学习质量，为将来走向社会奠定坚实的基础。

参考文献：

[1] 曹继军，颜维琦. 从思政课程到课程思政：上海高校全员参与共绘育人"同心圆" [N]. 光明日报，2018 - 01 - 03.

[2] 吴星，李冠宁. 教研本支部党建三角协同模式在学风建设中的探索与实践 [J]. 教育教学论坛，2018（46）：13 - 14.

[3] 万力. 高校"课程思政"研究与实践的四维综述 [J/OL]. 西昌学院学报（社会科学版），2019（4）：49 - 53，108 [2020 - 02 - 10]. https：//doi. org/10. 16104/j. issn. 1673 - 1883. 2019. 04. 010.

北京农学院研究生导师管理存在问题及现状研究*

张芝理　高源

一、导师现状分析

当前北京农学院硕士研究生导师共 477 人，校内导师 287 人，校外导师 190 人（其中外籍导师 5 人）。从男女比例划分来看，导师男女比例基本平衡，其中男导师有 274 人占 57.4%，女导师有 203 人占 42.6%。从硕士研究生导师招生所归属的学院分布来看，生物与资源环境学院 48 人，植物科学技术学院 134 人，动物科学技术学院 80 人，经济管理学院 48 人，园林学院 47 人，食品科学与工程学院 58 人，计算机与信息工程学院 35 人，文法与城乡发展学院 27 人，分布比例如图 1 所示。

从学位结构分析，在 287 名校内导师中，获得博士学位 221 名，占比 77%；获得硕士学位 57 名，占比 19.8%；获得学士学位 9 名，占比 3.2%。从导师职称结构分析，正高级职称 82 人，占比 28.6%；副高级职称 137 人，占比 48.8%；中级职称 41 人，占比 22.6%。

二、导师管理制度分析

（一）校院二级导师管理制度

目前北京农学院导师管理实行校院二级管理制度，学校研究生处负责导师遴

---

* 基金项目：2019 年北京农学院学位与研究生教育改革与发展项目（2019YJS089）。

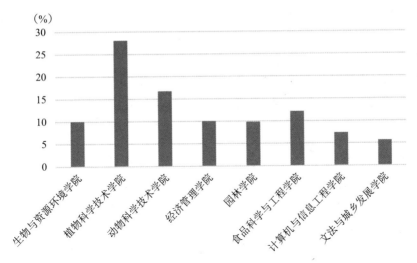

图1　北京农学院硕士研究生导师学院分布情况

选、总体把控与质量监督，二级学院负责具体导师管理。通过导师二级管理制度，形成职责明确、决策科学、管理规范、权责统一、有效监督的运行机制。

学校研究生处以考核评估为主要方式管理学院导师工作，以扶优扶强为主要原则引导学院工作，以监督制约为主要途径规范学院管理权力的使用，以整合优势统筹安排配置学校发展资源。

（二）导师资格与招生资格相分离制度

为保证导师质量，北京农学院采取导师资格与研究生招生资格相分离的管理制度，其中主要有以下要求：其一，当年具备招生资格的导师必须是通过导师遴选程序、具备硕士研究生导师资格的导师。其二，硕士研究生导师在招生年度必须主持科研项目，必须具有充足的科研经费，具体经费标准由研究生处根据每年实际情况制定。其三，应满足退休前能完整地培养完一届硕士生（全日制学术型研究生三年，全日制专业学位研究生二年，在职攻读硕士学位研究生三年）的年龄要求，身体健康，能进行正常工作和学习。其四，所有硕士生导师从取得导师资格起，每年进行招生前都需要进行招生资格审查，取得招生资格者才在当年度进行招生。拟招生的导师需个人申报，所在学院根据下达的各类型招生名额，结合研究生培养质量、就业情况等进行招生资格审查，审查通过名单报研究生处审定，才可以获得招生资格。

（三）年度考核制度

根据研究生处《北京农学院硕士生导师工作职责规定（试行）》文件要求，学校逐年开展硕士生导师考核工作。考核对象为当前正在指导硕士研究生的导师，考核形式为个人填写"北京农学院硕士生导师年度考核表"，学院考核领导小组组织评议，并填写考核意见。

各学院以高度重视、精心组织、公正客观的态度接受考核，考核内容要求真实反映现状且考核结果将作为审查下一年硕士生导师招生资格的重要依据。考核内容包括政治素质、师德师风、业务素质、研究生培养质量等内容，由二级学院导师考核领导小组确定考核等级，研究生处进行审批备案。

（四）导师培训制度

北京农学院高度重视导师培训环节，有明确的导师培训制度。积极引导硕士研究生导师参与学校组织的培训，增强其立德树人素养与业务素质能力。导师培训是深化研究生教育改革、强化导师管理、健全导师责权机制的重要举措。北京农学院坚持每年对新增硕士研究生导师进行培训，开展导师培训会。导师培训会内容丰富，对提升导师指导能力具有现实意义，为北京农学院的研究生培养提供坚实的师资保证。

三、导师管理中存在的问题

（一）对于校外导师管理不足

校外导师作为研究生指导环节中的重要力量，在研究生学术研究和应用实践中起到了至关重要的作用。北京农学院硕士研究生导师中有近40%是校外导师，在数量上占据着近一半的水平。校外导师与校内导师的主要区别在于优势不同，校外导师结合自身的科研环境与工作经验，能够给予研究生在校内学习之外的指导与引领，并且在资源储备上有一定优势。但是，在管理校外导师方面有一定不足之处，毕竟非本校老师，在沟通上面不如与校内导师便捷。在文件执行和导师培训方面，校外导师也有所欠缺，对于信息的掌握和研究生培养精神的领会也存在滞后性。

（二）导师与研究生缺乏沟通

当前导师第一责任制的管理模式下，导师对于研究生的立德树人教育与科研学术指引起到了不可替代的责任。而当前导师在指导研究生的过程中，往往存在缺乏沟通的现象，在科研和学位论文的指导环节，部分研究生并没有积极和导师沟通，导师往往也忽视了与这些研究生联系，这种情况在非全日制研究生中尤为明显，缺乏沟通导致研究生在撰写论文和科研活动中容易出现偏差，身为导师有足够的经验可以给研究生进行指导，避免研究生走弯路和做重复工作。对于全日制研究生，也存在缺乏沟通的情况，这种情况对于全日制研究生的能力提升有很大影响，毕竟学业压力大和科研工作艰苦的环境下，缺乏指路人对研究生是十分不利的。

（三）导师对管理文件掌握不熟悉

研究生管理文件作为指导研究生的工作准则，是每位导师都需要掌握的，但是很多遴选时间比较早的导师在长时间未进行导师培训的情况下，在日常管理与指导工作中对文件的把握并不熟悉。导师培训不仅要作为新增遴选导师的过程之一，更要作为导师巩固和学习研究生指导的课堂，定期进行导师培训能够使导师掌握最新动态，了解国家和教育部队研究生指导的重要精神，使其能够更好地培养出优秀的研究生，实现导师立德树人的根本任务。

四、加强研究生导师队伍建设的建议

（一）在制度环节完善导师评价考核机制

研究生导师考核评价工作是学校管理工作的一个重要环节。学校要将考核与制度建设作为引导教师全面发展的基本准则，建立科学、公平、公正、公开的考核体系，实现关怀、体贴和爱护教师与严把质量关、以评促建、以考核为依托相融合。尊重、理解和信任教师，实现"立德树人""科学引导"的管理思想，完善考核评价机制，使研究生导师工作的积极性、主动性、自觉性、责任心得到充分发挥，激发教师自发的、创造性的、高效的工作热情，保证学校教师的良好素质，促进教师专业化发展。

（二）在过程管理环节重视督导核查机制

学校在管理环节根据《北京农学院研究生教学督导工作管理办法》，强化落实督导对研究生导师的督查，为进一步发挥研究生教学督导的工作职能，研究生教育教学督导采用全面检查、重点检查、跟踪检查等形式，通过听课、查阅资料、师生座谈、问卷调查、学生测评等途径对教师进行考评，对于未能履行立德树人职责的研究生导师，督导组可根据情况采取约谈、限招、停招、取消导师资格等限制措施，从整顿研究生导师队伍上起到了积极的促进作用。

（三）在过程管理环节重视督导核查机制

坚持立德树人教育，深化推进人才培养方式改革。教育督导也要建立更加科学的评估评价标准体系，有效实施更加体现立德树人要求的对学校的督导评估，切实督出实效。

坚持改革创新，不断提升教育督导的履职能力。要积极完善教育督导体制机制，进一步强化督政、督学、评估监测"三位一体职能"，加快推进现代教育立德树人督导体系建设，持续加强立德树人教育基础，整体推进教育督导改革发展，不断提升教育督导专业化水平。

（四）明确奖惩，构建立德树人制度

设立明确奖惩制度，力争建设高素质的教师队伍。加强教师队伍建设，要重点解决好师德师风、学科结构、资源配置、考核评价等突出矛盾问题，建立健全教师队伍，明确奖惩措施与考核标准，建设完善督导评估机制和体系，切实保障教师队伍建设各项政策措施的有效实施。

农林院校开展研究生环境伦理教育的一点思考[*]

北京农学院文法与城乡发展学院　　张丹明

摘要：研究生教育应当同时注重能力培养与道德教育。农林院校的研究生专业设置，基本上都归属于或者会涉及自然、环境或生态领域。学校通常会设置全校性的基础必修课，例如植物学、生态学等。但是，环境伦理学相关的课程往往没有被纳入到全校性的基础必修课之中。环境伦理，关注的是人与自然、人与生物之间伦理关系的学科；同时也讨论不同的社会人群之间的环境公平、环境正义问题。另外，在中国的各个教育阶段，环境伦理方面的课程设置都非常有限，这使得国民的生态、环境保护意识明显不足。因此，本文将针对农林院校开展环境伦理教育这一议题，讨论环境伦理教育的目标、主要内容、教学方式，并给出农林院校环境伦理教育工作开展的初步建议。

关键词：环境伦理；研究生教育；农林院校；教育目标；教学方式

一、引言

随着中国社会、经济的持续与快速发展，各行各业对研究生人才的需求逐渐增加，对研究生人才的综合素质与业务能力的要求也不断提高，这对中国当下及未来一段时间内研究生人才的培养提出了更高的要求。对于高等院校而言，研究生教育在培养目标、培养方式、培养内容等方面也面临着新的挑战，从而更好地满足社会发展与个人继续教育的需求。

---

* 作者：张丹明，讲师，博士，主要研究方向：城乡可持续发展理论与实践，电子邮箱：zhangdm10 @ 126. com。

作为北京市高等农林院校的典型代表之一，北京农学院近年来一直在实践都市型现代农林大学的建设模式与人才培养机制[1,2]。在研究生教育方面，学校也在跨校联合培养、校企实践基地建设、国外短期访学、暑期社会实践、学术与职业素养讲座（尚农大讲堂）等方面积极探索，为学生拓展了多元的培养渠道、创造了综合的学习机会，促进了研究生的全面发展。

相对于传统农业，都市型现代农业是以技术、管理、资本为核心生产要素，面向第二、第三产业协同与融合的一种新型农业发展模式，其呈现形式主要包括：设施农业、循环农业、有机农业、休闲与体验农业等。因此，相对于传统的农林院校，除了侧重专业知识讲授、专业技能训练外，都市型现代农林大学的研究生培养，还应当面向都市型现代农业自身系统性、复杂性的特征，培养学生进行跨专业、综合性思考和解决问题的能力。

农村可持续发展、城乡协同发展的理论与实践，也是都市型现代农林大学应当关注并致力于推动的主要方面。上述内涵的变化，对都市型现代农林大学人才培养的目标体系、计划内容、模式方法等也必然提出全新的要求，从而更好地解决新时代背景下农村发展规划、农村治理，土地管理、公共服务体系、人居环境提升等一系列问题。

一直以来，中国的高等院校都非常注重马克思主义哲学思想、社会主义道德修养的教育。[3~5]通识教育的背景下，这对本科生培养具有重要意义。对于研究生阶段的人才培养而言，除了传递哲学思想和基础知识之外，应当更加侧重学生对其所学专业自身的认知，对哲学思辨能力的训练，对专业相关的应用伦理、职业伦理的了解等方面。

但是，这一点在中国当前的研究生教育中尚未被给予较高的重视，教学内容与教学方法的研究也比较有限。[6~8]因此，基于对都市型现代农林大学研究生人才培养需求的分析，本篇论文，首先将分析环境伦理课程设置的意义与必要性；其次，重点对都市型现代农林大学研究生环境伦理课程的教育目标、教学内容、教育方式等进行讨论，并给出相应课程建设的初步建议。

二、环境伦理教育的现状与目标

（一）环境伦理教育的现状

传统意义上的伦理学，仅仅关注人际间、人与社会间的伦理关系，以及人的行为、道德准则。环境伦理学则是研究人与自然环境之间伦理关系、人类面对环境的行为准则的学科[9]，环境伦理学会更多地关注人类及其社会与自然、生物之间的相互关系，以及探讨生态、环境问题的伦理根源。从学科发展的角度，作为分支学科，环境伦理学正在逐渐影响伦理学的学科基础，即推动着伦理学原有的学科体系重新构建在环境伦理的框架下来开展社会与人类行为准则的讨论。

部分学者通过调研分析、问卷调查等方式对国内高校环境伦理教育的现状进行过研究：国内目前全面开展环境伦理教育的高校相对较少，学生对环境伦理的了解比较有限。[10,11]教学内容、教学方式方面，相对日本、中国台湾、欧美也有理念和实践差距[12~14]。对于专业、学科层面环境伦理教学与教学研究的工作开展情况而言，部分学者在旅游、师范、土木等专业方面开展过相应的工作[15~17]；对于农林专业而言，环境伦理教育及研究生培养的讨论是相对缺失的。

（二）环境伦理教育的目标

近些年，中国的高等院校十分重视对学生学术道德的引导与约束，但对学生在未来工作、实践中的应用伦理、职业伦理教育的重视程度却仍然不足。都市型农林高校所设置的许多研究生专业，基本上都归属于或者会涉及自然、环境或生态领域，学校通常会设置全校性的基础必修课，例如植物学、生态学等。但是，环境伦理学相关的课程往往没有被纳入到全校性的基础必修课之中。[10,18,19]

在中国的各个教育阶段，环境伦理方面的课程设置都非常有限，这使得国民的生态与环境保护意识明显不足。受过高等教育，甚至农林院校毕业的公民也未必真正树立了相应的意识。正是因为缺少了环境伦理的认知与行为约束，滥杀和食用野生动物（导致2020年初"新冠肺炎"的可能原因）、肆意污染环境这些行为才相对普遍。这反映出了公众层面开展环境伦理教育的重要性。

因此，农林院校的环境伦理教育，应当统筹3个层面的目标：作为公民的环境伦理教育、作为从业人员的职业伦理教育、作为工作技能的应用伦理教育。与之相对应的，学生的培养结果应当是：具备基本环境伦理意识与素养的公民，在工作中敬畏自然环境与遵守环境伦理规范的从业人员，以及掌握了服务或引导他人关注环境问题、遵守环境伦理规范能力与经验的专业人士。

三、环境伦理教育的内容与方式

（一）环境伦理教育的内容

1. 环境伦理学的学科介绍

课程在内容设计上，应当首先对环境伦理学科的产生、发展历程进行介绍，并且应当从人们的日常生活出发、从环境问题的产生与发展的角度展开，循序渐进的向学生进行学科发展历史的介绍，从而避免学生在接触课程之初就对课程产生"说教、呆板、脱离现实生活"的印象，从而更好地铺垫课程内容安排、强调学习重点，以及激发学生的学习热情。

2. 环境伦理观的主要学说与演变

伦理学以及环境伦理学的学习过程本身是非常抽象的，对学生的认知、思辨与记忆能力要求较高。这主要体现在"自然生态观""道德身份""土地伦理""荒野观"等一系列环境伦理学所讨论范畴和主要学术观点的抽象性与多样性这两方面。但是，这些能够反映环境伦理观的学说和内容，对于学生真正从伦理角度出发来思考生态环境问题是至关重要的；也是帮助学生树立现代与文明社会环境伦理观的前提和基础；更是在其觉醒后，能够按照环境伦理的道德约束与行为规范，更进一步履行公民环境义务，参与环境教育、环境保护的重要内容。

3. 环境公平与环境正义

环境伦理学除了关注当代人类与自然、动物、植物之间的伦理关系，同时也讨论不同的社会人群、社会阶层之间的环境公平、环境正义问题。经过 40 多年快速的社会、经济发展，中国即将迈入全面小康社会，环境保护、生态保育方面也有了长足的进步。但是，如何在更高的层面、更高的要求下来实现不同区域之间、城市与农村之间、不同阶层、人群之间的环境公平、环境正义，却往往没有被高度重视。因此，这也是教学内容设置中应当被重点关注与细化的内容之一。

（二）环境伦理教育的方式

认知层面的教育、知识的传授、价值观念的引导，是农林院校环境伦理教育致力于实现的主要教育目标。同时，研究生教育的关键，则在于素质与潜力的培养、认知与思辨能力的训练等。因此，与之相对应的环境伦理的教学途径方面，应当采用具有更加多样化、灵活性的教学方式，包括：案例教学、实际调研、讨论辩论、情景模拟等。

1. 问题导向

避免生硬的说教，而是采用问题导向的教学方式。从现生活出发，提出环境伦理问题，引导学生思考。比如"公地的悲剧"，为什么公共资源得不到好的保护、私有化是否为一种有效的解决途径；自然的滨水植被与人工改造的滨水植被，应从哪些方面进行比较和评价；等等。这种先抛出问题、到指出环境伦理的相关议题，再到相关学说具体内容介绍的教学方式，可以加深学习印象、提高学习效果。

2. 案例教学

通过案例与理念的对照来传递知识的内容组织方式，会有助于学生理解、联系和吸收环境伦理方面的基本概念，例如：环境公害问题、生态移民问题、生态补偿、生态转移支付等。案例的选择和组织也应当具有系统性、综合性与代表性。案例的选择、介绍方式，最好是以课程讲授人亲身经历的口吻或利益相关者的视角进行叙述；通过这种代入感的设置和写实的讲授方式，可以让学生了解到真实案例背后的演变过程，以及问题解决的复杂与艰巨。

3. 讨论与辩论

伦理的问题，很多情况下是价值主张、价值判断、价值选择。只有在充分的辩论过程中，学生才能对伦理问题深入了解和思考。强调讨论与辩论的教学方式，重点在于思辨能力的训练，而非学说观点的堆砌。深入的讨论，让不同的认知充分地碰撞，才能做到最终的"和而不同"，才能体现伦理教育的目标和意义。另外，结合大量的案例教学，足够给人以思维、思想的冲击，对于价值观、世界观的塑造更有意义。因此，具体教学方式上，应当多增加讨论、辩论课的设置。

4. 模拟公众参与

环境问题的解决，需要行政层面的管治，更需要公民认知水平的提升、公众参与的增加、社区公民行动的介入。农林院校培养的学生，应当成为推动公民环境伦理素养提升的骨干和先锋；相应工作技能与方法的传授，将是面向现实应用的教学重点。因此，教学方式上应当采用模拟公众参与的方式进行能力训练与经验积累，即：面向环境正义的问题，让学生进行不同利益主体的角色扮演、博弈，训练其解决问题的技巧与能力，从而将所学知识、理论、方法进行现实应用。

5. 调查与访谈

通过理论、知识的学习，一方面学生会建立自身的环境伦理视角或观点，另一方面，学生也需要与不同的伦理观点进行沟通，识别以及影响他们的认知、价值主张。针对实际问题，面向公众或目标人群开展环境伦理认知、素养等方面的调查与访谈，是训练学生沟通交流和独立研究的重要方式。因此，通过调查与访谈等教学方式的引入，可以让学生更好地了解不同人群之间、不同伦理观之间的差异。

四、结论与讨论

通过前文的论述可以明确：在农林院校的研究生培养过程中，开展环境伦理的教育是十分必要且紧迫的。对于教学目标和课程设计而言，首先应当面向学生的公民角色，开展环境伦理通识教育，这一方面可以参考、借鉴和吸收国内外面向公众的、通识性的环境伦理教育已有的理念和经验。另一方面，对于农林院校的动植物保护、农村发展、资源环境、文法管理等不同的专业门类，针对专业、行业与职业需求，应细化或侧重某些教学内容，从而培养不同专业学生的职业伦理、应用伦理素养，实现各专业自身的教育目标。

环境伦理研究的问题本身是同现实社会、真实生活息息相关的，在相应教育、教学方式上应当积极采用参与式教学方式，不能让学生游离于现实的环境生态问题之外。对于都市型农林院校而言，除了环境伦理主要观点、理论、方法的介绍，解决现实环境伦理问题能力的培养，认知与哲学思辨能力的训练之外，更应该侧重学生实践能力的培养和专项知识的积累，尤其是增加环境公平、环境正义方面内容的设置，从而全面提升学生的环境伦理素养，促进城乡公平与可持续发展。

参考文献：

［1］王慧敏 . 构建三个体系 探索都市型现代农业高等教育办学模式 ［J］. 北京教育（德育），2012（11）：16 – 18.

［2］王慧敏 . 都市农林人才协同育人机制的构建与实践：以北京农学院为例 ［J］. 高等农业教育，2016（4）：3 – 5.

［3］闫广芬 . 研究生教育的理性思考 ［J］. 学位与研究生教育，2005（12）：1 – 6.

［4］杨光玮，蒋舜浩 . 论研究生思想政治教育工作的创新 ［J］. 中国高教研究，2005（2）：31 – 33.

［5］谢安邦 . 构建合理的研究生教育课程体系 ［J］. 高等教育研究，2003（5）：68 – 72.

［6］冯梅 . 高校环境伦理教育初探 ［J］. 科教导刊（中旬刊），2019（6）：24 – 25.

［7］刘小丹 . 大学生环境道德养成教育研究 ［D］. 重庆师范大学，2017.

［8］杜佳 . 大学环境伦理教育研究 ［D］. 四川师范大学，2017.

［9］林官明 . 环境伦理学概论 ［M］. 北京：北京大学出版社，2010.

［10］杨阳 . 高校环境伦理教育现状分析及对策研究 ［D］. 西北大学，2017.

［11］白洁 . 高师院校应届毕业生环境素养现状调查与对策 ［J］. 淄博师专学报，2007（4）：28 – 33，36.

［12］任精琢 . 台湾地区高校环境教育及其对大陆的启示 ［D］. 华中师范大学，2016.

［13］秦诗懿 . 日本环境伦理思想及其对我国环境伦理建设的启示 ［D］. 沈阳师范大学，2014.

［14］徐蕾，颜炳乾 . 美国高校环境伦理教育探析 ［J］. 外国教育研究，2005（12）：44 – 47.

［15］杨高荣．高校旅游专业环境教育现状与对策研究［D］．辽宁师范大学，2010.

［16］赵丽娜．论师范生的环境伦理教育途径［J］．才智，2011（31）：128.

［17］徐悦．道路工程师环境伦理责任问题研究［D］．南京林业大学，2013.

［18］张玥婷．大学生环境伦理素养现状及对策研究［D］．渤海大学，2015.

［19］霍卓兰．高校环境道德教育现状分析及模式构建［D］．河北科技大学，2009.

基于一级学科视角下的硕士学位论文引证现状分析[*]

——以北京农学院为例

北京农学院研究生处　高源

摘要： 学科建设作为一所高校发展的龙头与学校的核心竞争力密切相关。科学地推进学科评估对促进高等教育健康发展起着至关重要的作用。学位论文质量的评价既是高校学术评价中重要的一环，也是学科评估工作中不可或缺的一部分。学位论文作为研究生学业生涯期内的最终成果，它能够反观高校研究生教育的各个环节，其质量优劣侧面也能体现出研究生培养质量的高低。本文通过对2014—2018年这5年间公开发表的研究生学位论文引用情况进行分析研究，从而对我校研究生教育质量把控提供些许参考。

关键词： 学位论文；引证分析

北京农学院研究生教育最早可追溯于1984年，2003年正式获批硕士学位授予权，2004年开始独立招收硕士研究生。2004年第一届独立招收研究生数为32人，2019年达到了587人，15年间同比增长超18倍。从2014年起，学校单独成立研究生工作部（处），研究生教育步入了新的发展阶段。

一、北京农学院硕士研究生论文公开情况分析

2014—2018年这5年间我校累计公开发表90篇优秀学位论文。本文主要针

---

* 基金项目：北京农学院学位与研究生教育改革与发展项目（2020YJS083）。作者：高源，助理研究员，主要研究方向：学科建设、研究生教育管理。

对近 5 年公开发布的硕士学位论文情况进行整体分析。

北京农学院 2014—2018 年间，硕士学位论文公开数量整体较少，但是随着每年研究生招生人数的上升，论文数量及硕士发文占比都明显成上升趋势。由 2014 年的 1.4% 上涨至 2018 年的 4.21%，但是同比全国高校平均值仍然处于低位（见表 1）。

表 1　　　　　　　2014—2018 年硕士学位论文发文量统计表

统计年度	硕士论文	机构发文	总发文	硕士发文占比	全国高校均值
2014 年	9	634	643	1.40%	615.18
2015 年	17	638	655	2.60%	598.84
2016 年	22	575	597	3.69%	581.21
2017 年	14	539	553	2.53%	542.71
2018 年	28	637	665	4.21%	513.39

说明：机构发文数据来源为"中国引文数据库"，包含北京农学院所有期刊文献统计数据。

二、北京农学院硕士研究生论文被引用及下载情况分析

通过对北京农学院硕士学位论文分析，学位论文引证中硕士论文引证最多，博士论文文引证最少。下载情况基本保持逐年升高，但在 2018 年降低，2016 年度学位论文被下载量呈最高值，但是相比 2018 年，2016 年度的硕士学位论文并不是最高，由此可见 2016 年度学位论文的研究内容受到关注较多，质量较高。

从总体下载情况来看，要远低于全国高校均值，主要原因是由于北京农学院公开论文数量较全国同比较低（见表 2）。

表 2　　　　　　　　　　论文被引及下载情况

学位授予年度	被期刊引用	被博士论文引用	被硕士论文引用	下载情况	全国高校均值
2014	1	0	8	1970.00	185461.00
2015	10	0	8	3375.00	126876.89
2016	12	1	17	4283.00	99441.33
2017	3	0	9	2224.00	72939.14
2018	0	0	0	885.00	40904.80

三、一级学科论文公开情况及学科关注度

根据图标情况来看（见表 3），在硕士学位论文中被引频次、篇均下载频次

由高至低最高，分别是工学、管理学、农学。但是，TOP5%、TOP20%被引论文水平农学最高。说明我校农学门类论文论文质量更高，同时，工学和管理学相对流量较大，被引频次高。体现了北京农学院以农为主，工、管为两翼的学科建设体系。

表3　　　　　　　　　　2014—2018年学科传播总体情况

学科门类	硕士学位论文			
	篇均被引	篇均下载	TOP5%	TOP20%
工学	5.26	470.88	0	0.29
农学	2.16	254.56	0.43	1
管理学	2.79	346.00	0	0.29

从（见表4）数据中看，北京农学院园艺学、兽医学、农林经济管理三个一级学科受关注度较大，出现极高值。林学、作物学等一级学科的关注度较低，风景园林学近些年关注度有所提高。

表4　　　　　　　　　论文被引及下载频次情况

一级学科	2014年	2015年	2016年	2017年	2018年
风景园林学	0	0	568	179	132
作物学	0	0	252	0	19
园艺学	472	563	110	116	16
兽医学	223	121	579	221	125
食品科学与工程	48	0	0	0	85
林学	0	504	0	0	0
农林经济管理	227	438	175	200	34

通过对北京农学院的农、工、管三个学科门类，以及风景园林学、作物学、园艺学、兽医学、食品科学与工程、林学、农林经济管理等7个一级学科的学位论文相关指标进行横向和纵向的对比分析发现：一是，目前硕士学位论文公开数量相比较少，主要集中在优秀学位论文，目前的公开量相比而言对论文整体公开水平贡献度较低，不能够完全体现北京农学院硕士研究生论文质量。二是，北京农学院7个一级学科硕士学位论文公开数量横向对比显示，园艺学、兽医学和农林经济管理三个一级学科建设相对稳定，每年硕士论文发表量较稳定，但也存在个别年份被引用数量较低。

四、把握历史机遇，推动研究生教育质量提升

随着北京农学院不断推动内涵式的发展改革，2014年开始设立"学位与研

究生教育改革与发展项目"，6 年间立项达到 600 余项目（见图 1），其中涉及支持研究生论文的有研究生科研创新项目，这一项目很大程度上也为学位论文质量提升提供了一定的支持，也极大地推动了研究生教育教学改革和管理创新，促进了学校学位与研究生教育事业健康、协调、可持续发展。

图1　2014—2019 年学位与研究生教育改革与发展项目立项情况统计

　　近年来，尽管北京农学院学科建设与研究生教育工作取得了一定的进步，但在某些环节仍与其他国内高校相比有差距。一是学位授权点层次仍需提高，学校没有博士学位授权点，高端人才培养出现空缺，高层次论文较少。二是研究生培养相对比较薄弱，学校研究生分类培养模式尚待完善，培养质量有待提高，通过增加预答辩等培养环节，修订论文学术不端文件等一系列措施，进一步加强对学位论文质量的把关。

　　当前，国家、北京市制定、发布了一系列相关文件以深化研究生教育综合改革，推动建设"双一流""新农科""高精尖"，同时在研究生培养环节也提出了更高的要求，多次进行工作部署并专项督查学位与研究生教育情况，对于论文问题等零容忍。我们要把握当前历史机遇，坚持走内涵式发展道路，把关好研究生教育培养的各个环节，提高研究生培养与论文质量。

浅谈研究生招生环节信息化管理的优化提高[*]

——以北京农学院为例

北京农学院研究生处　　田鹤　　王艳

摘要： 随着北京农学院研究生招生规模的不断扩大，各招生环节产生的信息量不断增加，对信息化的管理提出了更高的要求，如何高效、准确、安全的处理各项信息成为保障研究生招生顺利进行的重点，在大数据时代的背景下，研究生招生的信息化管理变得更为严格，本文围绕北京农学院当前的研究生招生信息特点与如何提高信息化管理展开研究。

关键词： 研究生；招生；信息化；管理

一、研究生招生环节信息量现状

研究生招生以招生考试、复试录取两大环节为核心，而招生考试又可分为考前、考中、考后三个环节，围绕这些环节展开一系列准备与数据处理。北京农学院研究生招生按照相关制度详细划分为招生宣传、专业目录采集、网上报名，现场确认、考务、组考、阅卷、公布成绩与测算、指标分配、组织复试、拟录取等环节。

招生信息和核心在于考前阶段，该阶段也是研究生招生所有环节中信息量最大的一个环节，且考中、考后各环节的数据处理均依托考前信息的准备。研究生招生信息化处理的重要意义之一就是在于利用信息化手段处理考前环节产生的各项信息，确保整个招生流程数据准确无误。

在考前各环节中，信息量峰值为考务阶段，该阶段将会产生多类型、多流

---

* 基金项目：2019年北京农学院学位与研究生教育发展项目（2019YJS084）。

程、多元化的信息，数据量庞大，处理过程繁杂，处理结果直接影响到招生考试与复试录取等重要环节。

二、招生环节信息特点与分析

（一）招生信息的产生

信息是一种普遍联系的形式，指音讯、消息、通信系统传输和处理的对象，泛指人类社会传播的一切内容。人通过获得、识别自然界和社会的不同信息来区别不同事物，得以认识和改造世界。信息来源于"信息源"，招生信息以"研究生招生"为对象，是围绕研究生招生产生的。北京农学院研究生招生所有信息的来自"网上报名"，该阶段为研究生招生信息的信息源。全国各地的考生报名考研，将自己各项信息汇总传递，形成报名信息，招生信息就此产生。该信息一般分为数字信息、文字信息与图像信息三类。

（二）招生信息的作用

信息有加工、存储、传递与管理的作用。人们在获取信息的过程中不断选择、提炼、整序、转换以满足一定需要，加工完成的信息只有存贮起来，才能成为取之不尽、用之不竭的资源，才能在不同领域、较长的时间范围中传递。而在管理过程中，信息是决策和计划的基础，是监督、调节的依据，整个管理过程，也就是信息的输入、输出和反馈的过程。

作为招生信息也离不开这些作用与功能。网上报名阶段产生的信息经过选择、提炼、整序、转换形成统一标准、统一格式的硕士研究生报名数据库存储起来，通过传递作用延续到考中、考后及复试录取等后续环节。而在研究生招生的管理过程中，这些信息又将会起到查询、核对、追溯、统计、决策等衍生作用。

（三）招生信息变化特点

招生信息在产生后，除了不断地传递也在不断地发生变化，以北京农学院研究生招生信息变化为例。

由单一化到多样化。在网上报名阶段，考生将个人信息汇总至报名系统，此时信息种类为数字信息与文字信息结合，并形成硕报库进行存储。现场确认阶段要根据报名信息进行核对与信息采集，通过新一轮数据采集则变为数字信息、文字信息与图像信息的混合，信息量进一步增加。

由非标准化到标准化。全国硕士研究生网上报名在研招网统一进行，报名截止后信息经过汇总形成数据库，由教育部统一下发至各省、各市，再由各省、各市下发到各高校。但各高校信息汇总方式、存储方式各有不同，教育部无法按照各高校的方式进行处理。针对此现象将报名信息进行标准化，形成全国统一的数据库，拥有统一的结构与字段。除此之外，研究生招生整个过程中，各环节的信息存储要求亦不相同，因此将报名信息标准化后应用于招生全过程，实现信息的非标准化到标准化转变。

由分散到集中，再由集中到分散。报名信息来自全国各地，由全国各地的考生网上填写汇总至研招网形成数据库，实现信息的分散到集中。在后续的处理中，根据报名、现场确认的信息进行分类统计、考场编排、考试科目分离，到复试阶段又将参加复试考生转至各学院，此过程又将集中的信息进行分散。复试结束后的录取环节又将分散下去的数据进行统一汇总进行上报，体现招生信息的分散、集中的交叉变化。

（四）招生信息处理流程分析

研究生招生环节众多，信息传递环环相扣，按照科学的处理顺序处理信息会提高工作效率，较少冗余，避免不必要的重复工作。要以最大的效率传递信息，更要科学地制定流程。北京农学院研究生招生信息处理量峰值处在现场确认环节至组考环节之间，即考务环节，包含自命题统计、考场编排、考号编排，监考分配、试卷种类与份数统计等流程，每个流程计算量大，逻辑性强，信息处理顺序尤为重要。

以考务环节信息处理为例，现场确认后的信息即为在考点考试的考生信息，考场、考号、考试科目，哪个先排，哪个后排将直接影响招生考试组考难易程度与工作量，顺序不当将会大大增加考试管理的难度，大大增加错误率并导致重大事故。

三、优化研究生招生信息化管理建议

（一）优化处理流程

研究生招生考试信息处理是保证招生顺利进行的关键，根据近两年的信息处理过程与遇到的问题得出结论，在组考期间发生的突发情况均来源于考务环节信息处理不当，未能按照科学的顺序处理信息，经过研究得出适用于北京农学院研究生招生的信息处理流程：考务环节依次处理现场确认信息→统考科目排序→自命题科目排序→统考科目再次调整→考号编排→逻辑考场编排→座位号编排→物理考场编排→考场门牌号确定→监考员分配。

（二）完善信息管理制度

严格执行信息编码标准。基于现代信息技术的硕士研究生招生要真正实现信息交换与共享，避免重复劳动，就必须统一和规范信息编码标准。教育部要坚持每年下达《关于印发全国硕士研究生招生标准信息库结构的通知》，要求各招生单位严格按照《考生报名信息库结构》《考生成绩信息库结构》《拟录取考生信息库结构》和硕士研究生招生有关国家标准代码来填写本单位考生数据库；同时，为确保考生数据库质量，要求各省级招办对本省（自治区、直辖市）招生单位上报的考生数据库进行逻辑性和完备性的检查，从而为基于信息技术硕士研究生招生的改革与发展打下良好的基础。

强化招生队伍的信息素养。一是要转变观念，增强招生队伍的信息化管理意识。信息化管理不能脱离人的价值，不是单纯的技术手段，而是一种根植于特定价值观念系统、习惯与信念之中的文化现象。要做好基于信息技术的硕士研究生招生工作，要让招生队伍尤其是管理层的领导及时转变观念，要加强培养招生队伍的信息化管理意识，营造良好的"现代信息技术革命"文化氛围。二是要加强招生队伍的现代信息技术培训。招生队伍必须熟练掌握运用现代信息技术，掌握相应的计算机知识和网络技术，从而提高管理水平和工作效率。

参考文献：

[1] 周小军. 论信息技术环境下的研究生招生改革. 山东女子学院学报，2011，10（5）.

[2] 王任模，黄静. 新时期研究生招生信息化的思考. 黑龙江教育（高教研究与评估），2013，4.

[3] 江丹. 新形势下研究生招生工作的优化. 教育教学论坛，2018，4.

[4] 孙连京. 研究生招生管理信息化建设探讨. 文教资料，2015（1）.

研究生招生质量提升困难及对策[*]

——以北京农学院食品科学与工程学院为例

北京农学院食品科学与工程学院　段慧霞　马挺军

摘要： 当前高校研究生的招生规模较本世纪初均已有了较大幅度的提高。如何在提高研究生数量的基础上，进一步提高生源质量成为研究生招生工作的一项重要任务。研究生优质生源招生受各方面因素的影响，强化研究生招生宣传工作、加强学科和师资队伍建设、提高毕业生就业质量、提高研究生培养质量、完善资助体系有利于吸引优质生源报考。

关键词： 研究生；招生；优质生源

研究生教育是我国创新道路上的重要组成部分，它是我国高层次人才培养的重要方法之一，肩负着培养人才，提高科研水平，对社会进行高水平化、高要求的任务。而当今，由于高校的研究生培养规模的发展，学位授权评估机制的有效实施，研究生招生已经从从前的"规模化"转向为如今的"质量化"。如何提高研究生的招生质量，被提上日程。研究生阶段作为高等教育最高一层的"接力棒"，对于选拔创新性人才是至关重要的，而生源质量是培养研究生成才的一项重要影响因素。

一、北京农学院食品学院研究生生源质量的现状

近年来，由于本科毕业生就业压力增大，加上非全日制研究生招生改革，很多本科毕业生将继续攻读硕士研究生作为他们的第一选择。研究生数量的快速增

---

* 基金项目：2019 年北京农学院学位与研究生教育改革与发展项目（2019YJS081）。

加，导致普通高校的硕士研究生就业质量出现下滑，在这种情况下本科生在报考研究生时对专业的要求越来越高。非重点普通高校由于学校知名度、学科建设水平等方面的影响，无法对优秀研究生生源产生足够的吸引力，从而影响研究生生源，造成考生数量明显减少，甚至需要通过大量调剂来完成招生计划。

近三年，食品学院全日制专业硕士第一志愿上线率100%，学硕研究生第一志愿上线率分别为12.5%、16%、30%，虽然逐年上升但是依然需要调剂来完成招生任务。

二、推免生生源的数量下滑

2014年8月4日，教育部发布了《关于进一步完善推荐优秀应届本科毕业生免试攻读研究生工作办法的通知》，对高校的保研政策进行了较大调整，一方面要求下达推荐免试名额时取消留校限额，另一方面要求推荐高校不得将报考本校作为遴选推免生的条件，不得以任何其他形式限制推免生自主报考。这一政策的初衷是为了保证考生的选择权，然而对众多普通高校来说，也造成了推免生生源的数量和质量出现明显下滑。在新政策的影响下，很多一般高校、地方高校的推免生纷纷选择申请985和211高校的入学资格，导致本校推免生生源出现了明显的流失现象。

食品科学与工程学院2015年、2016年各有一名推免生，今年没有招到推免生源。

三、影响研究生优质生源招生的因素分析

（一）宣传工作对优质生源招生的影响

当前高校研究生招生宣传工作存在的主要问题是：宣传市场混乱、定位不准、方式单一和缺乏监管。部分高校研究生招生工作还处于粗放式的初级阶段，导致各高校之间出现盲目地你争我抢的混乱局面，这样就不能确定真正适合本校的目标群体。宣传方式的单一使优质生源无法了解本校，会失去潜在优质生源。缺乏监管则不能保证招生宣传工作持续性展开，而单凭一时突击往往是无法收到很好效果的。因此，利用学校特色和优势做好宣传工作来吸引优质生源是一项十分重要的工作。

（二）学科及师资建设对优质生源招生的影响

虽然很多高校的研究生规模有了较大提高，但不是所有学科专业的报名人数

都有提高。传统优势学科由于成立时间长，加上有国家在人才和资金方面的支持，在本领域具有较高的知名度，因此报考人数多，往往呈现出较为激烈的竞争，而新兴学科专业则稍显逊色。此外由于对未来收入和工作的预期，传统弱势学科和文科类专业的生源出现下滑。

（三）培养质量对优质生源招生的影响

我国研究生教育连年大幅度扩招，尤其是硕士研究生教育增长速度更快。教育规模的迅速扩大，为社会主义现代化建设提供了大量高层次人才，满足了人们接受更高层次教育的迫切需求，同时也有利于减轻本专科扩招后所产生的就业压力，缓解社会矛盾。但是由于研究生招生数量的快速增加，硕士学位授予点的数量也大量增加，这必然会造成硕士生导师数量的快速增加，使得导师队伍的平均质量出现下滑。

四、研究生优质生源招生的策略

（一）精确定位，加强研究生招生宣传工作

招生宣传工作要注重对市场的分析与把握，对每年的招生数据作更加详细的整理与分析，可以从心理学、经济学和营销学等方面入手分析，进而保证宣传工作的针对性，做到对症下药，靶向治疗，有的放矢，坚持两点论和重点论，而不是眉毛胡子一把抓。宣传方式也要有所调整，要注重宣传资料的印制，在不增加考生心理负担与压力的条件下，编制出简单明了、重点突出而又具备本校特色的宣传资料。更要改变以往单向式地向学生输送信息的方式，加强与学生的对话和交流，比如可以通过微信平台和微博等新媒体与考生互动。

（二）集中资源，加强学科和师资队伍建设

师资力量是决定研究生培养质量的重要因素。现在高校大部分实行的是导师和学生的双选机制，在实际情况中，往往在本专业领域具有较高学术能力的导师会吸引众多学子慕名而来，这就说明师资力量建设对于优质生源招生很有必要。如果某一学科具有一批能力突出又具有影响力的导师，该学科就会在优质生源招生方面有很大优势。

优质生源是高校提高研究生培养质量的重要基础，招生的关键就在于能够选拔和招收优质生源。大学要承担国家及企业的科研任务，同时研究生教育肩负着为国家输送高层次人才的重要责任，优质的研究生生源是提高学校科研水平的重要基础，也是提高学校研究生培养质量的重要保障。

参考文献：

［1］刘联辉，李冬冬．地方高校研究生招生影响因素测度分析 ［J］．教育观察，2017（9）：48－51.

［2］李国平，陈巧巧．优化高校新型科研机构研究生生源的探讨 ［J］．管理观察，2016（4）：119－121.

［3］姚远．普通高校研究生优质生源招生机制研究 ［J］．亚太教育，2015（28）：228.

加强硕士研究生招生考试监督工作的思考*

北京农学院纪委办公室　　宋文东

摘要：硕士研究生考试招生是国家选拔培养高层次专门人才的重要途径，关系广大考生切身利益，关系教育公平，关系国家经济社会发展。本文通过梳理学校研究生招生工作的制度规定和实际做法，以完善制度体系、优化工作流程、加强监督管理、防控廉政风险为主要内容开展分析研究，旨在提高学校研究生招生考试的工作效率和管理服务水平，为学校该项工作提供政策依据和重要参考。

关键词：研究生；招生；监督管理

一、加强硕士研究生招生考试监督工作的意义

党的十八大以来，全国教育系统不断完善分类考试、综合评价、多元录取、严格监管的考试招生制度体系，但仍出现了个别招生单位和人员招生违规、学术不端、论文作假等违规违纪现象，反映出一些地方和单位存在政策规定不落实、制度机制不健全、组织管理不到位、监督管理透明度不够等问题。中央纪委十九届四次全会报告中指出，纪检监察机关要牢牢抓住监督这个基本职责、第一职责。要聚焦解决体制性障碍、机制性梗阻、政策性创新方面问题，通过监督发现问题症结、提出整改意见、倒逼深化改革、完善制度机制，把公权力置于严密监督之下，推动构建系统完备、科学规范、运行有效的制度体系。北京 2019 年深化市属高校纪检监察体制改革，明确要求对硕士研究生招生考试纳入重要监督事项。因此，加强硕士研究生招生监督管理相关工作，是贯彻落实中央、北京市等相关会议精神、部署要求的客观需要，是高校纪检监察体制改革的重要内容。

经过 40 余年的发展，我国现已迈入研究生教育大国行列。2018 年全国研究

* 基金项目：2019 年北京农学院学位与研究生教育改革与发展项目（2018YJS095）。

生有培养单位 815 所，其中普通高校 580 所，科研机构 235 所。2018 年全国在校研究生达到 273 万余人，当年共招收硕士研究生 762464 人（含学术学位硕士研究生 322660 人、专业学位硕士研究生 439804 人）。2019 年北京市属高校计划招收研究生 16972 人。（其中博士生招生计划 1404 人，硕士生招生计划 15568 人）。近年来，北京农学院研究生教育工作也取得较大发展。2003 年，经国务院学位委员会批准，北京农学院获得了硕士学位授予权。目前，学校现有 11 个一级学科硕士学位授权点，7 个专业学位类别（涵盖 13 个招生领域）；5 个北京市重点建设学科。现有硕士研究生导师 477 人，学校在学各类研究生 1200 余人，其中全日制在校研究生 1000 余人。随着学校研究生教育内涵式发展的不断推进，招生规模的进一步扩大，加强和规范研究生考试招生工作是新形势新任务的必然要求。

二、学校硕士研究生招生工作现状及分析

（一）研究生招生考试组织机构及人员

1. 学校层面

学校设有研究生招生（考试）工作领导小组，负责全面领导研究生招生考试工作，其中组长由校长担任；副组长由分管研究生工作副校长、校分管研究生工作副书记、校纪委书记担任；成员由研究生处负责人、监察处负责人、安全稳定工作处负责人、后勤基建处负责人、校医院负责人、各相关二级学院院长组成。

同时，学校还设有研究生招生（考试）办公室，其中主任（主考）由分管研究生工作副校长担任，副主任（副主考）由研究生处处长、副处长担任，秘书由研究生处招生科科长担任，成员由各学院分管学科与研究生工作副院长（或院长助理）组成。

另外，学校还成立了研究生招生（考试）工作纪检监察小组，组长由校纪委书记担任，副组长由监察处处长、副处长担任，成员由监察处工作人员组成。

2. 二级单位层面

根据实际情况和事业发展需要，2014 年 3 月学校将研究生部（研究生工作部）职能从科学技术处分出，设置研究生处（研究生工作部），学科建设办公室并入到研究生处（研究生工作部），校学位委员会办公室挂靠。设置研究生处（研究生工作部）处长（部长）岗位 1 个、研究生处（研究生工作部）副处长（副部长）岗位 1 个。目前，研究生处招生科实有专职工作人员 3 人（科长 1 人，其他工作人员 2 人）。另外，各二级学院也相应设立了研究生招生的领导组织机

构和专门人员，开展研究生招生相关工作。

（二）研究生招生组织实施流程

全国硕士研究生招生考试分初试和复试两个阶段进行，初试由国家统一组织，复试由学校自行组织。北京农学院研究生招生按照相关制度可划分为招生宣传、专业目录采集、网上报名、现场确认、考务、组考、阅卷、公布成绩与测算、指标分配、组织复试、拟录取等环节。

每年学校通过教育部研招网、门户网站组织开展研究生招生宣传活动。每年10月，全国各地考生可通过网上进行自主报名，并经过教育部、北京教育考试院进行审核。11月份，学校研招办组织现场确认（外地考生在当地考点进行确认）。10月下旬至11月下旬学校研究生招生领导小组组织自主命题工作。12月份全国统一组织硕士研究生初试。次年1月中下旬学校组织自主命题评卷及上报成绩。2月下旬由学校公布初试成绩，3月中旬教育部公布国家线后，学校制订研究生复试方案，开展复试工作。复试一般由各二级学院组织实施，研究生招生办公室、纪检监察部门全程监督检查。复试期间公示拟录取考生人员名单，5月份完成当年硕士研究生考试招生工作。

（三）开展的相关监督检查工作

学校党委、纪委高度重视硕士研究生招生考试工作，牢固树立"考试招生也是育人"的理念，落实立德树人根本任务，深化推进治理体系和治理能力现代化水平。目前，上级教育主管部门、学校研究生处、学校纪检监察部门均开展相应的监督检查工作，主要采取专项监督检查、现场检查（抽查）、查阅资料（视频）、参加（列席）有关会议、畅通各类信访渠道、查核有关问题线索、接受社会媒体、群众监督、公示公开等方式组织实施。学校纪检监察部门主要对自主命题环节、初试试卷保管、评阅卷过程、复试组织实施等重点环节进行检查监督，发现问题及时与研究生处协调沟通；事后监督主要采用问题线索受理和核实方式进行。近年来，学校涉及研究生招生考试的群众来信来访数量较少，呈逐年下降趋势，也反映出该项工作规范化、制度化程度正在不断提升。

三、存在的问题及建议

提升质量、促进公平、增进效率，是加强研究生招生考试监督工作的出发点和落脚点。通过分析研究生招生制度体系、组织实施程序、监督方式方法等内容，目前工作中仍有一些不足，一是制度建设需要加强，主要是议事决策范围和程序细化不够，招生工作的监督和奖惩机制不够健全，制度的操作性、执行力需要加强。二是保障机制需要加强。受学校人员编制、经费管理等因素制约，目前该项工作专门工作人员相对较少，兼职人员较多，培训力度不足，经费保障仍需加强。三是监督检查需要加强。监督检查的力度不够，深入不够，覆盖不够，效果有待提高，与上级和学校的要求有差距。纪检监察部门与研究生招生主管部门配合需要进一步加强，监督检查没有形成合力。为此，建议围绕以下三个方面工作加强学校研究生招生考试监督工作。

（一）准确研判化解风险隐患

学校研究生招生考试部门要充分履行监督检查的"主责"职能，进一步细化工作流程，按照风险隐患发生后预计产生危害损失的严重程度、发生概率的大小全过程排查各类风险隐患，分级分类管控各类风险，列出负面清单。要制定防控措施，责任到岗到人，重大风险要制定处置预案。其中对考试作弊等违反刑法等重大风险隐患，每年有针对性地开展警示教育，做到警钟长鸣。要建立完善奖惩与回避、责任倒查与追究、申述处理、公示公开等内控制度，既激发干部干事创业的热情和干劲，又有效防范各类风险隐患。

（二）健全完善监督检查制度

要按照"三转"要求，以市属高校纪检监察体制改革为契机，学校纪检监察部门与研究生处密切配合，深入开展调查研究，制定操作性强，全面覆盖、科学有效的监督检查制度。要做好"监督的再监督"，及监督职能部门依法依规履行职责，又要监督二级学院具体组织实施工作。要加大工作创新力度，服务与监督并重，主动听取基层师生意见建议，多采取民意调查、召开座谈会、开展警示教育等多种方式主动做好监督检查工作。要畅通信访渠道，严肃查处违规违纪问题，维护党纪法规尊严。要强化自我管理与约束，防止发生"灯下黑"。

（三）盯住"关键少数"和"重要环节"

结合工作实际，要加强对学校自主命题环节涉及的命题老师、工作人员进行保密教育和廉洁从业教育，要开展《2020年全国硕士研究生招生工作管理规定》《普通高等学校招生违规行为处理暂行办法》等规章制定的学习，划出权力运行的边界和"禁区"。要加强公开公示工作，尤其是复试环节，要对考生产生方式、面试分组方法、面试评分办法、面试成绩与总分关系、面试的结果、总分排名、录取的基本原则，通过研招网、校园网等多种形式予以公开，要加强对调剂工作的监督检查，按照截止报名日期对报名考生成绩汇总，由高到低进行录取，并将报名情况和录取名单进行公示，接受社会监督。

研究生对于新冠肺炎的认知及思想状态调研报告[*]

北京农学院经济管理学院　邬津　吴瞳

北京农学院研究生处　杨毅　夏梦　何忠伟

摘要： 自疫情防控工作启动以来，学校、研工部和教学单位三级防控组织时刻关注各类学生群体所在区域的疫情，并实时给予思想引导、防控教育和学业科研指导。为了能够切实做好研究生新冠肺炎防控工作和思想政治教育、学科建设、学位与研究生教育管理，我们针对学校研究生对新冠肺炎认知及思想状态进行了专门的调研，通过调研发现疫情防控现状和问题，通过调研提出有效的疫情防控工作思路。

关键词： 研究生；新冠肺炎；认知与思想状态；调研报告

新冠肺炎疫情出现以来，研工部、各二级学院按照学校防控工作领导小组的整体部署，积极防控、有效推进、稳妥落实。针对研究生这个特殊群体，他们对外界环境的认知要高于本科生，有着较为成熟、独立、开放的世界观、人生观以及价值观，具有良好的专业素养和明显的学术优势[1]。因此相对于本科生，在疫情防控形势较为复杂的情形下，加强对研究生的思想引领，防控教育和管理极为重要。

一、学校研究生基本情况

此次调研，在查阅资料文献的基础上，设计了网络调查问卷，问卷分为基础

---

　* 作者：邬津，讲师，硕士，主要研究方向：思政教育和党建；吴瞳，助教，硕士，主要研究方向：思政教育和学生管理；杨毅，讲师，硕士，研究生思想政治科科长；夏梦，助教，硕士，研究生思想政治科科员；何忠伟，教授，博士，主要研究方向：高等农业教育、都市型现代农业，本文通讯作者。

情况、认知情况、思想状态三个部分，共 37 个问题。面向全体研究生发放问卷，共收回有效问卷 646 份，参与问卷调查的研究生中，生物与资源环境学院 50 人，植物科学技术学院 120 人，动物科学技术学院 71 人，经济管理学院 194 人，园林学院 72 人，食品科学与工程学院 79 人，计算机与信息工程学院 20 人，文法与城乡发展学院 40 人。其中男性 182 人，女性 464 人；毕业年级 245 人，非毕业年级 401 人；党员 214 人；北京生源 298 人，湖北 3 人，河南、广东、湖南、浙江、黑龙江地区 54 人，其他地区 291 人。本文分析所列数据均来自调查问卷数据结果。

二、研究生对新冠肺炎的认知情况

根据调查结果，76.01% 的研究生每日用于关注疫情防控信息的时间在 10 分钟以上。表明在疫情期间，大部分研究生可以自觉重视疫情防控工作，主动关注和接触疫情防控信息。

如图 1 所示，46.44% 的研究生关注疫情数据，31.58% 的研究生关注疫情现状。可以看出，面对疫情，大多数研究生的主要着眼点是疫情动态，但是在新冠肺炎蔓延的情况下，国家政策、防疫知识等关系到学生居家隔离期间日常生活的内容却相对容易被研究生所忽视。

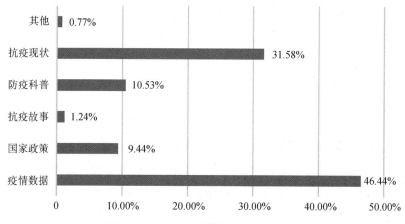

图 1   研究生关注疫情的主要内容占比

通过图 2、图 3 可以看出，84.83% 的研究生每日获取的信息中存在负面、悲观、不实的内容，而这些信息的主要来源是自媒体（51.24%）及朋友圈、微博（41.56%）。数据表明，手机端的自媒体 APP，由于其具有交互性强、信息量大、运作简单、快速传播、人人均可发表意见的特点，容易造成谣言和负面不实信息的传播。研究生如被不实和负面信息所引导，会造成不良影响。因此，在疫情期间提高自媒体平台的运用水平，给予学生正向的引导是当前需要重视的问题。

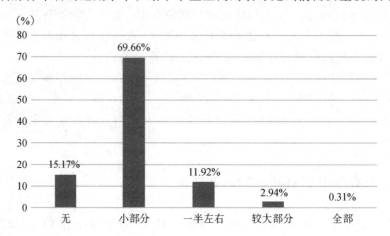

图 2 研究生每日获取的信息中，负面、悲观、不实的信息占比

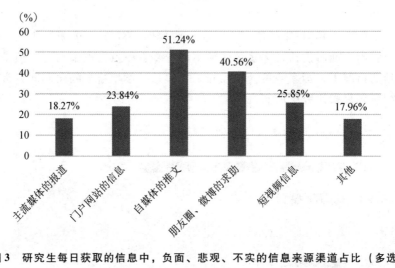

图 3 研究生每日获取的信息中，负面、悲观、不实的信息来源渠道占比（多选）

根据调查结果，绝大部分研究生对于新冠肺炎病毒的特性和基本的预防措施有清晰的认识。96.13%的研究生表示在疫情期间，做到了按照"统一部署一律在家不外出"的防控要求。有48.76%的研究生是因帮助购买家庭生活必需物资而短暂外出，值得注意的是，有10名研究生是因为单位要求（非全日制研究生）而必须外出工作。在新冠疫情期间，国家和学校纷纷倡导"少出门，不聚集"的生活方式，政策的传导在研究生中产生了较大的影响力。同时，非全日制研究生作为研究生中情况相对"特殊"的群体，由于其就学不脱产的特性，根据单位的要求有可能出现频繁的外出或省际间的流动。针对频繁外出异动的群体，要采取对应的管控措施。

三、新冠肺炎形势下研究生的思想状态分析

（一）研究生的思想波动状况

根据调查结果，此次疫情对于 28.33% 的研究生产生了一定的心理波动，其中对于 24.61% 的研究生影响较大，对于 3.72% 的研究生影响非常大。此次疫情持续时间长、波及范围广，在全国抗疫的社会背景下，需要关注学生情绪。

疫情蔓延期间研究生的情绪仍然以乐观积极和平静稳定为主（见图 4），说明了短时间内研究生对于在党和国家的领导下战胜疫情是充满信心的，要对学生持续激励，有效激发学生的自信。

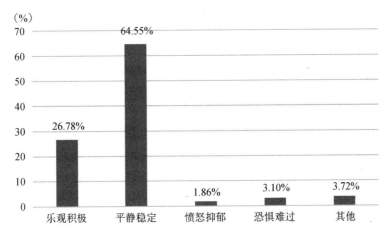

图 4　疫情爆发至今，研究生的主要情绪占比

关于疫情中负面情绪的排解方法，如图 8 所示，有 96.59% 的研究生能够找到适合自己的渠道进行情绪疏解，但也有 3.41% 的研究生不能很好疏解情绪，只能将负面情绪积压在心里，长此以往，会产生更多的负面情绪，乃至引起心理问题。

根据调查结果，有 2.79% 的研究生觉得自己需要专业的心理疏导。在疫情期间，根据教育部要求，要面向广大师生开展心理危机干预工作。目前，学校针对学生疫情期间在家就学有可能出现的心理问题，开设了网上心理咨询的渠道，取得一定效果。但是针对心理异常情况的研究生，仍然需要主动开展工作。

通过表 1 可知，抗击疫情的先进事迹对 98.46% 的学生起到了正向的鼓舞作用。说明抗击疫情的先进事迹对学生价值观的正向引导作用较强。

表 1 研究生看到抗击疫情的先进事迹时，获得感受占比

感受	占比
感动，觉得受到鼓舞，想要为抗击疫情出一份力	60.22%
有触动，但是觉得自己作为一个学生，能做的事情很有限	38.24%
没有任何感觉	1.39%
认为这些人所做的事情在疫情面前都是徒劳的	0.15%

在疫情对研究生价值观影响方面，如表 2 所示，在疫情期间，大量研究生的正向价值观增强，有 89.94% 的研究生会更加珍惜自己的生命（安全意识），有 84.68% 的研究生会更加重视跟亲人、朋友在一起的机会（人际关系）。值得注意的是，疫情期间，负面的价值观在部分研究生中产生，有 10.99% 的研究生表示自己的生活更加糟糕了（糟糕感）；有 7.12% 的研究生认为自己怀疑一切（多疑）。学校需要强化对研究生的思想引领，引导学生向积极正向的价值观发展。

表 2 疫情对研究生价值观影响

项目/程度（人数占比）	很不符合	不符合	一般	符合	很符合
我更加重视跟亲人、朋友在一起的机会	4.18%	1.86%	11.76%	25.08%	59.6%
我更加珍惜时间	2.94%	2.94%	14.24%	26.63%	54.95%
我更加珍惜生命	2.63%	1.86%	7.74%	23.22%	66.72%
我更加相信人与人之间真诚的情感	2.94%	2.48%	14.24%	26.47%	56.35%
我认为只有先保护好自己，未来才有希望	3.1%	1.7%	15.17%	29.1%	53.25%
我更加认为自己所得到的一切都是有人在为自己"负重前行"	4.33%	2.94%	13.31%	25.54%	56.5%
我觉得我的生活更糟糕了	64.55%	18.73%	10.84%	4.49%	6.5%
我怀疑一切	72.29%	14.86%	6.81%	2.94%	4.18%
我感受到人类在大自然面前的渺小	15.63%	9.29%	23.68%	25.7%	29.88%

（二）研究生的生活及学业诉求

根据图 5 所示的数据，超过半数的研究生认为此次疫情对其学习生活造成了较大或极大的影响。此次疫情，打乱了学生正常的学习和生活，研究生对此的反应较大。

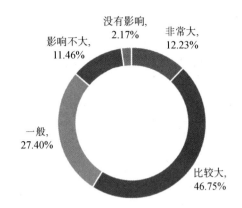

图 5　研究生认为此次疫情对学习、生活产生的影响程度占比

　　根据调查结果，在此次疫情中，有 18.11% 的研究生家中出现过物资短缺的情况。由于此次疫情，国内采取了紧急防控措施，部分学生的家庭因此受到影响。根据强化困难帮扶的政策要求，经济困难学生及因疫情而造成经济困难的学生，需要得到充分的重视。

　　疫情期间学生主要生活内容方面。如图 6 所示，学习和休闲娱乐是学生占比最高的两项生活内容，分别占比 84.98% 及 72.45%。可以看出，大部分学生在家可以主动进行学习。但是在学习以外的时间，多数研究生会选择娱乐手段来度过自己的居家生活。锻炼身体及社会交往这些被提倡的居家生活方式反而被研究生所忽略。

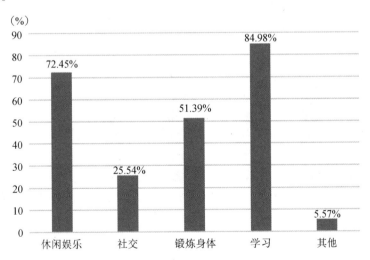

图 6　疫情期间，研究生的主要生活内容占比（多选）

　　疫情期间学生的主要学习内容方面，如图 7 所示，学术论文撰写占比最高，为 74.3%，专业课知识次之，为 42.57%。外语和准备各类考试分列第三、第四位，分别占比39.47%、26.01%，同时还有5.26%的学生表示自己没有学习。可以看出，学术论文撰写和专业课知识学习是学生当前最为关注的学习内容。但也存在部分研究生在家中没有学习的情况，针对学业困难的群体，需要采取相关措施。

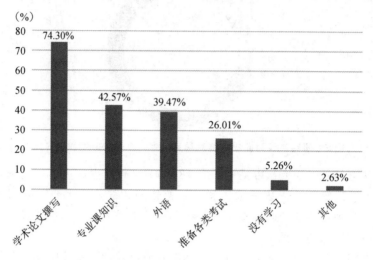

图7　疫情期间，研究生的主要学习内容占比（多选）

根据图8所示，59.75%的研究生担心自己的学术科研因疫情问题受到影响，57.74%的研究生担心自己的毕业论文受到影响。然而，根据图9显示，在疫情期间，仅有4.18%的学生能保证天天都与导师进行学术沟通。由此可见，研究生对于学术科研的重视程度很高，但是研究生主动与导师进行学术沟通的意愿却不强，导师作为研究生就读期间的责任人，需要多关注研究生的动态，了解研究生的需求。

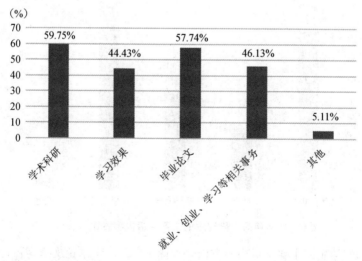

图8　"停课不停学"期间，研究生对相关事务的担忧情况占比（多选）

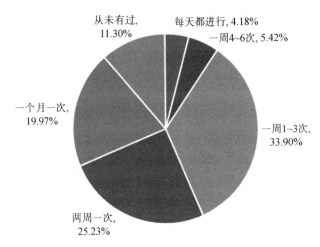

图9 疫情期间，研究生与导师的主动沟通频率占比

在"停课不停学"政策期间，学生希望学校加强管理的内容方面，如图10所示，针对毕业生，加强对学生的就业指导所占比重最高，达到75.54%。由于此次疫情，部分企业延迟开工，缩小招聘规模。在就业问题上，毕业生需要得到更多的引导和支持。根据教育部要求，学校要更加精准提供指导服务，加强重点群体的帮扶力度。

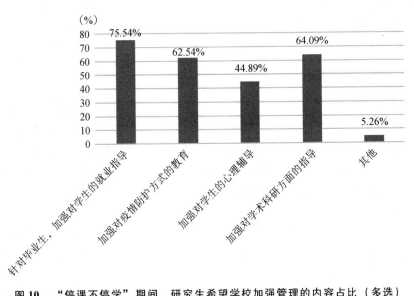

图10 "停课不停学"期间，研究生希望学校加强管理的内容占比（多选）

四、主要结论与问题

通过调研可以发现以下良好局势和一些问题点：

（一）校、部、院三级联防联控联保机制成效显著，防控疫情效果明显

1. 思想引导宣传到位

充分利用网络阵地，积极宣传、正面引导，坚定抗"疫"信心。根据调研数据显示，95%的研究生坚信在党和国家的领导下能够胜利战胜疫情。并且对新冠肺炎的致病原因、传播途径和防护要点都能基本掌握。

2. 各级指令落实到位

按照学校统一部署"京外学生一律不能回京回校，京内学生一律不能回学校"的防控要求，全日制研究生基本上可以执行指令切实在家做好防护工作。有回校取实验数据、学习材料需求的研究生，可以在各学院、辅导员、安稳处的协助下，以邮寄形式顺利收到所需物品，有就业需求的毕业生也可通过研究生处提供的免费邮寄服务收到三方协议，切实做到"不返京、不返校"。非全日制研究生后期因为复工返回岗位发生了异动，异动人员均能按照要求做好报告。

3. 线上教学推进顺畅

按照学校延期开学统一部署，研究生处快速反应，周密部署，充分整合校内外教学资源，确保教师能根据课程性质和特点，依托线上授课平台实施课程教学，真正做到防疫、教学两不误。

（二）导师制作用发挥有待进一步提升

根据调研数据，在疫情防控工作持续推进，引入纵深的情况下，86.38%的研究生的学习和生活受到了疫情的影响，其中近50%的学生受到的影响比较大。28.33%的研究生因疫情产生了比较大或非常大的情绪影响。56.50%的研究生与导师联系频次较低，其中11.30%从未与导师有过联系，19.97%的研究生在疫情防控一个月以来只与导师有一次联系。

（三）线上管理和服务有待进一步加强

自疫情出现以来，为了实现研究生各项工作的管理和服务，专门发布了《关于疫情防控期间研究生工作部（研究生处）提供印信扫描件、免费代发材料快递服务的通知》，实时办结师生的相关诉求。但根据调研，毕业生在"加强对学生的就业指导""加强对疫情防护方式的教育和国家政策的引导""加强对学术科研方面的指导"等方面的需求较大。

五、原因分析

（一）校党委领导有方，统筹全局，亲力亲为，凝集了力量

自疫情出现以来，校党委领导班子成员总揽全局、协调各方，积极响应、周密部署，第一时间研究、制定并发布《北京农学院关于做好新型冠状病毒感染的肺炎疫情防控工作应急预案》，为扎实推进疫情狙击战提供了坚强的后盾和有效的指挥。校党委书记和校长亲力亲为、率先垂范，奔走在学校战"疫"一线，极大地凝聚了抗击疫情的信心，形成了全员抗战疫情的良好局势。

（二）研工部执行有力，跟进有序，部署有法，鼓舞了士气

研究生工作部（处）快速研究、迅速行动，分类实施、力求精准，在思想政治教育、学科建设、学位与研究生教育管理等各个方面精准发力、精准施策，协同有关职能部门和各二级学院导师随时关注学生学业进度、科研情况、思想动态、健康情况和生活实际，提醒研究生做好防护工作，学会明辨是非，理性思考，不信谣、不传谣、不造谣。

（三）各学院协同有度，落实有力，潜心指导，激扬了斗志

各一线教学单位认真贯彻落实学校部署方案和部处工作细则，结合学院学科特点和学生特性有效开展学术研究和思想引导。坚决贯彻落实疫情防控日常通联体系，及时将学校最新防控工作要求第一时间传达到位。分类跟进学生思想状态和实时位置，并严格按照上级要求做好各类数据的梳理、审核、汇总、上报工作。做到了守土有责，爱生如命。

（四）研究生配合有响，顾全大局，积极响应，激发了情感

"疫情就是命令，在家不出门，就是最好的自我保护，也是对社会对国家最大的贡献。"一而再、再而三的防控提醒和指令，有效地激发了学生对疫情严重的认知。一篇又一篇的时事报告和感人事迹有效地激发了学生的爱国之情。在经历了70年伟大历程的祖国母亲身患"感冒"之时，学生自发的将意识上升到"以全局为重，以国家为重"的高度上，以实际行动参与到疫情阻击战中。

六、基于调研的研究生新冠肺炎防控工作思路

（一）持续加强思想引导，引领学生树立正确的疫情认知观

在信息大爆炸、网络大繁荣的背景下，随着疫情而来的是参差不齐的声音，围绕主流媒体存在着各式各样的自媒体公众号和网络发声平台。他们站在各自的立场和角度上，针对疫情之下的热点问题评头论足。在声音极其"嘈杂"的情况下，作为学术派的研究生容易被一些"伪学术派"的公众号和自媒体平台所吸引，甚至可能会被"糖衣裹着的炮弹"压垮。为了能够防止学生思想波动，一是要全力加大网络思政的教育和宣传力度，利用新媒体技术召开网络党支部、团支部、班级会议，统一思想，统一认识，形成集体共识：按照习近平总书记的总部署防控疫情，"我们坚信在中国共产党的坚强领导下，充分发挥中国特色社会主义制度优势，发挥全民抗疫力量，坚定信心、同舟共济、科学防治、精准施策，一定能够取得'战疫'的胜利"。二是引导学生关注主流网络资源。积极引导学生关注求是、共产党员、人民网、新华网、半月谈、微信教育、京小园等公众号，下载运用学习强国 APP。与学生一起研读学习《关于印发新型冠状病毒肺炎诊疗方案（试行）》《如果肺炎疫情发生在国外——东西方紧急事件应对措施的比较》等具有引领意义的文章，引导学生正确认识国情疫情，牢固树立"四个意识"，坚定"四个自信"，强化学生对中国特色社会主义道路的思想认同、情感认同和理论认同。三是扎实开展爱国主义教育。疫情防控当前，要在共情上下功夫，积极组织学生观看"向前一步""最美逆行者"等战疫感人事迹。推荐学生观看《惊天动地》（汶川地震）、《惊心动魄》（抗击非典）等相关题材的电影，转发爱国主题题材的影视剧，通过撰写、提交观影心得的方式激发学生的爱国主义热情，在家抗疫的同时通过学习涵养积极进取、开放包容、理性平和的心态。

（二）持续强化政令落实，确保各级防控指令掷地有声有响

随着各省市自治区疫情的变化情况，要全力贯彻落实北京市新冠状病毒肺炎疫情防控工作领导小组办公室、北京市教育两委、学校的整体部署和安排。积极响应落实上级的各项指令，充分发挥各级学生组织的作用，让"一分部署，九分落实"的工作理念落在每一位学生身上。认真细致梳理、归纳、报送好各类学生数据，尤其是发生异动的学生，要掌握其异动细节和异动轨迹，实时关注、实时上报。坚决贯彻落实疫情防控日常通联体系，及时将学校最新防控工作要求第一时间传达到位。组织学生观看、收听《全民战疫—老师请回答》等相关题材的

纪实节目，有序配合教学部门做好"停课不停学"的网络教学工作。

（三）有效发挥导师作用，统筹推进研究生教育管理和服务

研究生与本科生管理的本质区别在于，研究生实行导师制管理机制。在各二级学院专职辅导员做好管理服务，防控教育的基础上，研究生导师要在思想引领、价值培养、学术科研、论文撰写、实习就业等方面要切实发挥作用。要极力筑牢疫情防控期间的思想引领和价值培养阵地，让研究生充分认识到当前疫情防控形势的严峻性，准确把握国家、北京市以及学校防控工作的要求，筑牢抗击疫情的思想防线。从各学院实际情况出发，依托学科特点有效开展学术研究。按照学校要求和培养方案，督促学生按时完成课程学习、论文撰写等任务。提醒学生实时关注各类线上就业举措，有针对性做好研究生毕业生的就业工作要充分落实教育部"24365全天候网上校园招聘"工作，鼓励毕业生京外就业、面向基层就业、中小微企业就业，以及鼓励更多应届毕业生参军入伍。时艰之下重点围绕新冠肺炎疫情，引导学生开展与学科相关联的学术研究，深入开展讨论和研究。同时，研究生应定期高频次与导师联系，汇报居家思想状况、学习成果和科研进展情况。

（四）切实实施分类管理，科学施策精准管理确保万无一失

从研究生的教育形式来看，全日制研究生全脱产学习，管理主体一元化，管理效果相对明显；非全日制研究生绝大多数为在职员工，其除了学习之外还要肩负工作，管理主体二元化，面临复工复产等要求，在管理成效上容易出现"两不靠"的现象。从研究生群体分类来看，研究生心理问题学生、就业困难学生、学业困难学生、经济困难学生的管理成为了面上工作的关键点。重点要做好心理状况受疫情影响较大和心理问题学生的关怀、教育和管理。从疫情区域上来看，要切实关心、慰问疫情较为严重地区的学生；面对复工返京潮，要教育引导好在京学生一律不外出，减少接触，降低风险。为了全面做好疫情防控工作，针对不同类别的研究生，校、研、院三级要齐心协力、共同分析、科学施策、精准管理、一人一策、一事一报，确保防控工作点上不出头、线上不出格、面上不出圈。

参考文献：

[1] 吴厚庭，吴新菊．基于"研本互动"的大学生党支部设置模式的实践与思考 [J]．吉林省教育学院学报，2018，34（7）：61-63.

[2] 谢依非，卢宝全，郭准华．新时代首都研究生社会主义核心价值观培育路径研究 [J]．现代商贸工业，2020，41（4）：107-108.

［3］王训兵．网络时代研究生网络安全意识教育探索［J］．教育现代化，2019，6（A5）：172－173.

［4］刘超乾，王超，郭妍，魏勇鹏，刘国平，盛湲，赵志青．推广网络媒介素养教育提升医学研究生人文素质［J］．中国继续医学教育，2020，12（2）：63－65.

研究生党建及思想政治教育工作现状与思考[*]

研究生党建及思想政治教育工作现状与思考*

北京农学院园林学院　　武丽　　史雅然　　杨刚　　张明婧　　李国政

摘要：针对研究生党建工作与思想政治教育工作的现状、主要问题，提出改进研究生党建工作及加强研究生思想政治教育的主要对策。

关键词：研究生；党建；思想政治教育

一、引言

《中共中央国务院关于进一步加强和改进大学生思想政治教育的意见》明确提出，高校要"高度重视研究生党组织建设，切实加强研究生思想政治教育"，充分"发挥党的政治优势和组织优势"[1]。2010年《教育部关于进一步加强和改进研究生思想政治教育的若干意见》也对研究生党建工作与提高研究生的思想政治素质之间的关系提出了新的要求。随着全面从严治党战略部署向基层的逐步推进，以发挥基层党建工作力量为基础，加强和改进研究生教风学风为任务，全面贯彻落实以立德树人为根本任务，高校研究生思想政治教育工作的重要意义愈发凸显。

近年来，高校研究生党建与思想政治教育工作取得了很大的成绩，但因研究生在高等教育中是处于相对独特位置的群体，其育人环境也与本科生群体存在一定的差异性，且现行研究生教育制度中更加注重研究生的专业教育，部分导师仅指导研究生的业务学业，对于研究生的思想政治状况关心较少，使得研究生党建与思想政治教育工作的途径相对匮乏。因此，解决目前遇到的这些困难的有效方式，是一个很值得研究探讨的课题。需得以党建为抓手，探索研究生思想政治教育工作新模式，切实提高工作的实际性、实效性、针对性。

---

* 第一作者：武丽，讲师，硕士；通讯作者：李国政，副教授，主要从事学生教育管理工作。

二、研究生党建与思想政治教育工作的现状

随着研究生教育的迅速发展，研究生党员的总体数量也成线性增加。研究生党建工作是提高研究生思想政治素质的重要途径之一，但当前研究生党建工作与研究生思想政治教育工作仍存在一些问题，诸如部分研究生党员的党性观念淡薄，不能较好地处理其作为一名党员必应具备的无私奉献精神品质在与市场经济带来的趋利之间的冲突问题；再如有些研究生党员其入党前后思想变化较大，在入党后表现出了对于学业生活的急功近利，做表面文章行为；部分研究生党员入党后无法较好地发挥党员先锋模范带头作用，甚至因其行径给周边同学带来了一些负面的影响及一系列相关问题。

研究生与本科生党建与思想政治教育工作存在较大差异性。我国的高等教育体系中，研究生教育处于非常重要的地位。无论是从对个人还是对社会群体的层面来讲，研究生作为具备较高知识素养的人才资源，肩负着很大的责任。同时其作为一个相对特殊的群体，无论在年龄、工作经历，还是婚恋、家庭等方面都与本科生存在较大的差异。研究生在学业压力之余，也存在婚姻、家庭、就业等各种不同的压力。这就必然决定了研究生思想政治教育工作的相对复杂性，不可与本科生思想政治教育同日而语。以现实来教育，与理论相结合，更有利于提高研究生思想政治教育的实际效果。

首先，研究生的年龄较大，思想观念相对成熟。其次，因多数学习工作需要独立完成，研究生将更多的精力投入到科研工作中，导致其群体活动较少，集体观念较弱。因此，开展研究生思想政治教育的难度更大[2]。就思想政治教育的投入时间来看，高校对于研究生思想政治教育的时间要求比对本科生思想政治教育的时间短许多。绝大多数高校要求研究生上素质课堂，以聘请各行业名师做讲座为主要教育方式，相对而言途径较为单一，缺少让学生走出去亲身经历的实践课程。再次，研究生与本科生在学习、生活方式上差距较大。例如，研究生的学习方式基本为导师指导制，这就可能导致导师关注其学习业务的程度远远大于关注其思想政治状况的程度。最后，院系对于研究生与本科生的党建及思想政治教育的关注程度不一样。有些院系研究生的数量较本科生数量而言过小，因此，存在研究生党建与思想政治教育工作被忽略的问题。

总的来说，研究生及研究生教育的种种特点直接导致了研究生党建工作与思想政治教育工作存在分离或达不到预期目标的情况。因此，在进行工作的过程中，需要首先梳理好研究生党建与研究生思想政治教育工作之间的关系，才能更好地实现研究生党建工作与研究生思想政治教育工作的有效结合，同时也能够为研究生的成长提供更加全面的指导和服务。

三、研究生党建与思想政治教育工作中存在的主要问题

（一）研究生教育中重专业教育而轻党建工作与思想政治教育

由于目前研究生管理体制存在对于专业教育重视更甚的问题，因此，研究生的党建与思想政治教育很容易被忽视，乃至于其思想政治教育程度与专业教育完全不对称或完全脱节。特别是近几年来研究生的招生规模不断扩大的趋势下，这种现象日益明显。目前高校对研究生的管理机制中，普遍存在着只注重研究生的专业学习与研究，对研究生的考核也主要针对其专业水平和业绩进行考评。教师团队中对于研究生辅导员的配备缺乏重视，党支部在研究生专业教育管理工作中的作用很难起到充分成效。这不仅是管理体制问题，更是管理理念与育人理念问题。

（二）研究生辅导员与研究生导师在工作上严重脱节

长期以来，研究生辅导员一般主要负责研究生的党建与思想教育工作，而研究生的培养教育一直以来主要由导师负责。研究生辅导员与研究生导师在工作上缺乏相互配合，无法形成合力。一般研究生导师只对学生在学习和科研上进行指导，致使导师在研究生党建中不能起到有效的作用。而研究生辅导员很难具体深入了解各个研究生的专业学习与研究的具体情况，以致不能充分利用党建与思想教育工作促进研究生的专业学习与研究。因此，很难使业务能力培养与思想政治素质教育相互促进，培养出综合素质较高的研究生。

（三）党支部的工作不够规范

由于部分研究生党员本身存在认识问题及高校的管理机制与考核体系存在"瘸腿"问题，研究生党员普遍只重视专业学习与研究。另外，由于研究生的校园学习与生活的自主性、分散性较强，使得发展党员工作难度较大，工作流程不规范。党员的组织生活形式也比较单调，很难深入，缺乏凝聚力和吸引力。党员的先锋模范作用得不到有效的保证和发挥。

四、加强和改进研究生党建与思想政治教育的主要对策

将研究生党建工作与思想政治教育工作有效地结合起来，融思想政治教育内容、方法于党组织生活之中。一方面，有利于充分发挥党组织在全面提高高层次人才方面的突出作用；另一方面，有利于丰富党组织生活，提高党组织生活的实

效性[3]。

（一）加强思想政治工作专职队伍的党建建设

目前研究生思想政治工作队伍中普遍存在人员结构不合理、业务素质不高、数量不稳定等问题。做好研究生思想政治工作的当务之急是组建一批专家型的研究生思想政治工作队伍。不仅要求他们具备熟练的业务能力，能够准确把握当前研究生思想教育工作的特点，且需对工作有强烈的奉献精神。对此，高校可以通过整个队伍的党建工作来提高队伍的业务素质，如科学开展务实有效的党建培训，不断提高其理论业务水平。坚持尽可能从教师党员中选拔思想政治工作人员[4]。

（二）充分发挥导师在研究生党建工作中的积极作用

针对研究生学习工作分散化的特点，按照现有国内通用培养模式，导师是与研究生接触最密切、影响最直接、作用最大的人。为不断强化导师在党建和思想政治教育工作的重要作用，不断明晰导师在研究生党建和思想政治教育工作中的责任与义务，突出导师在研究生思想政治教育的第一责任人职责。可选聘党员导师担任研究生党支部书记、选拔优秀研究生党员担任副书记和支部委员。研究生党支部建设应该注重发挥研究生在专业学习和科研活动中的先进性作用，把培养和发展合格研究生党员工作深入到他们的业务学习中，同时研究生党建工作必须充分发挥研究生导师的作用，要求研究生导师在"导"字上下功夫，做到"导"做人、"导"方向、"导"方法、"导"创新，进一步提升导师对研究生党员培养教育的责任感。学校应对导师特别是党员导师建立明确的工作要求，健全激励政策和考核、奖励办法，充分调动导师的工作积极性，使其能够积极投入研究生的思想政治教育中。另外，导师还要与专职政工教师及学生干部及时沟通和配合，形成研究生思想政治教育的合力。建立健全研究生党建与思想政治教育工作体系，加强导师队伍的建设与管理，也是加强和改进研究生党建与思想政治教育必不可少的举措。当然，最根本的还是要从思想上重视、从源头上解决，只有这样，才能真正有效推进研究生党建与思想政治教育。

（三）规范健全研究生党支部的建设

以党建为推手，推进研究生思想政治教育的开展，就是要把研究生思想政治教育融入研究生党建工作的全过程。研究生入党前，要组织入党积极分子系统地学习党的基本知识，帮助他们了解党的历史、党的精神，端正入党动机。从研究生的政治素质、思想素质、道德素质等各方面进行严格把关，坚决杜绝动机不纯、信仰不足、素质不高的人混进党的队伍。与此同时，研究生党建工作的基础在于抓好研究生党支部的建设。研究生党支部可以采取灵活的设置方式，总的原则是有利于支部建设及其长远发展。从具体情况看，研究生党支部可按年级、专业、课题组、楼层或宿舍等方式设置。研究生党支部的活动形式，可采取集中学习、听讲座、分组讨论与交流、观看反腐倡廉和新时期党的有关理论等题材的影片等形式。通过定期开展活动，提高研究生对党的认识和对党的路线、方针、政策的理解，加强党员的思想建设和道德修养，保证研究生党建工作的顺利开展。与此同时要加强党员队伍建设，提高发展党员质量，严格党员教育管理，认真贯彻执行党内组织制度，发挥基层党组织的战斗堡垒作用和党员先锋模范作用。抓好基础性工作，落实"三会一课"等基本制度，提高组织生活质量，强化党支部主体作用等。加强党支部规范化建设，严肃党的组织生活，定期组织开展党员大会、党小组会和支委会会议。其中支部委员的选拔不仅要考虑到学习成绩、工作能力、人品素养等因素，还要考虑到学生党员特长的发挥。健全党员学习制度、组织生活会制度、民主评议党员制度等。建立长期有效的激励机制，最大限度地发挥党员作用。在实际工作中，我们要善于总结经验，把好的做法通过制度规章的形式保留并延续下来。

（四）加强研究生党建教育网络平台的建设

研究生具有学习任务繁重、经常出差、习惯网络学习等特点。充分利用现代网络平台开展思想政治教育工作，将取得相比于传统工作模式更大的成效。充分使用"党员 E 先锋"完成研究生党支部纪实工作，及时上传，做到支部活动纪实材料齐全。全面提高党务工作的科学化、规范化和信息化水平，做到党组织和党员队伍数据信息管理准确。目前许多高校专门开通了研究生党建网站，为研究生党员和广大研究生进行思想政治教育学习打开了方便之门。通过网站对党的理论知识和方针政策进行宣传，并对党员进行网上理论学习进行考核，保证党员理论知识素养。与此同时在网上开设专栏，为全校研究生党员创建一个交流、共勉的园地。针对研究生党员共同关心的理论时政及实际问题进行讨论，在思想的碰撞中获得思想的升华。

（五）加强党建与科研的融合力度

研究生党支部以"党建促科学研究、党建促人才培养"为思路，以"三会一课"为抓手，采用视频交流、座谈研讨等形式创造性地开展组织生活会，教育并引导研究生党员坚定理想信念、不忘科学初心、牢记强国使命。研究生党支部以解决广大学生实际问题为导向，联合本科生党支部开展学术研讨、经验交流等活动，充分锤炼研究生党员的党性并发挥其立足科研做贡献的表率引领作用。研究生党支部要教育并引导广大学生党员成为高尚科学精神的传承者、优良学术道德的践行者、良好学术风气的维护者和优秀学术成果的创造者[5]。

（六）加强研究生"党建带团建"的日常管理模式

研究生团总支和研究生会是研究生开展自我管理、自我教育、自我服务的学生组织。但由于研究生群体的特殊性，研究生社团组织相对比较涣散，缺少特色活动，工作成效低。可以通过研究生党支部的战斗堡垒作用带动改善研究生团组织建设。例如，选派一些党支部优秀党员到研究生团总支和研究生会担任主要干部，这样在培养入党积极分子、发挥党员先锋模范作用等方面都有积极的作用。同时，研究生社团建设的经验和教训也将给党支部建设提供良好的借鉴。做好教育工作要求我们重视研究生干部队伍建设，采取有效措施充分调动研究生干部的积极性、主动性和创造性，使之在各项工作中发挥模范作用。要求研究生党员在活动中勇挑重担，担当重要角色，担任核心工作，体现骨干的素质和能力，全面带动研究生社团的建设，进而促进研究生思想政治工作的开展。

参考文献：

［1］中共中央国务院.关于进一步加强和改进大学生思想政治教育的意见［N］.人民日报，2004 – 10 – 15.

［2］孙长轮.高校研究生党建工作的现状与思考［J］.现代交际，2013，1.

［3］郑健.关于研究生党建与思想政治教育工作的调查与思考［J］.赤峰学院学报，2015（8）：240 – 242.

［4］张家维.研究生思政教育队伍建设中的主要问题及对策［J］.文学教育，2019（5）：132 – 133.

［5］杨戴竹，白一龙.研究生思想政治教育途径与方法创新研究——以党建促进研究生科研水平的提高［J］.吉林化工学院学报，2018（4）：55 – 57.

突发性公共卫生事件的应对

——对新冠肺炎疫情期间研究生管理的总结与思考

夏梦

摘要： 2019 学年秋学期末，新型冠状病毒感染的肺炎开始蔓延，起先小面积的感染并未引起大家的过多关注。2020 年 1 月中旬假期开始，学生离校、离京，新冠肺炎也开始了大面积的爆发。面对这种突发性公共卫生事件，加上假期学生不在校、新学期开学延后的特殊情况，研究生工作部遵循"以人为本与稳定大局相结合，快速反应与冷静处理相结合，教育引导与加强管理相结合"的原则，及时部署"战疫"工作。

关键字： 突发性公共卫生事件；新冠肺炎；研究生；管理

新型冠状病毒感染的肺炎于 2019 年末悄然出现，并于 2020 年初全面爆发。世卫组织于 2020 年 1 月 24 日宣布暂不将新型冠状病毒肺炎疫情确定为"国际关注的突发公共卫生事件"。但随着新冠肺炎疫情的大面积爆发，感染人数大幅上升，世卫组织于 1 月 30 日召开新闻发布会，公布新型冠状病毒感染的肺炎疫情已构成国际关注的突发公共卫生事件。面对这一突发疫情，高校的首要任务就是保证学生安全稳定，做好疫情防控工作。

要制定疫情期间的管理制度，首先要对突发性公共卫生事件的概念以及以往案例有充分的了解，从中吸取经验，了解过往问题，从而完善当前的疫情防控工作。本文将从突发性公共卫生事件对高校的影响以及对"非典"期间高校管理问题的探讨出发，以此作为借鉴，不断完善新冠肺炎疫情期间的研究生管理工作。

一、突发性公共卫生事件对高校的影响

（一）突发性公共卫生事件定义

突发性公共卫生事件主要是指社会上突然发生并且导致社会公共健康受到损害且在一定时间内不能查清病因的疾病。高校作为一种特殊的公共场所，学生的密集度较高，并且随着近几年我国教育水平的快速发展，学生的安全问题已经成为社会和家长们所关注的焦点。

（二）近年来高校突发性公共卫生事件

2003 年的"非典"、2009 年的"甲流"都曾经在高校校园广泛流行。由于高校学生生活比较密集，互相之间密切接触，容易造成传染病传播。

以 2003 年春天我国发生的"非典"为例，整个社会被紧急调动起来，防控"非典"。社会的政治、经济生活偏离了正常的运行轨道。对于高校而言，也是如此。很多高校都采取了特殊措施，对学生的行为和日常生活、学习采取了临时性管理办法，严格规定了学生的各种行为，加强了对学生的教育、监督与管理。因此，在公共危机状态下，高校学生的行为教育与管理工作出现非常态的情况。

（三）"非典"期间暴露出的高校管理中存在的主要问题

一是对学生思想状态的信息了解不够，沟通渠道单一。从最早学生离校开始，很多高校就未能掌握学生的最新动态，没能从事情发生的最早阶段加以预防，从而使得事态恶化发展。这种信息沟通的欠缺，有很多方面的原因。高校扩招使得学生人数大增，而学生专职工作人员又太少，不能够完全掌握学生的各种信息。另外，当时的网络沟通机制不够发达、完善，无法使学生工作得到及时、细致、全面的落实。二是高校存在着在学生管理方面整体配合较为松散的问题，缺乏统一的管理机制和管理意识，各部门之间的配合不够紧凑合拍。三是缺乏对危机应对的管理机制和措施。在刚刚出现非典时，由于对很多情况不明，部分高校未能及时采取有力措施，导致教学与生活秩序的混乱。

二、新冠肺炎疫情期间的研究生管理工作

（一）重新梳理学生动向，关注重点人群

寒假前，研究生工作部按正常工作程序汇总了研究生假期留宿信息、动向信

息，以及重点人群信息。学生离校后，随着疫情爆发，研究生工作部及时要求各学院详细梳理学生动向，包括当前节点在校学生、在京学生、离京学生信息，并重点关注湖北籍学生。坚持一日一排查，包括学生当日所在地、身体状况，数据统计慎之又慎，切实了解、上报学生及家人每天的状况。

（二）及时制定应急预案，传达疫情防控工作

研究生工作部于 1 月 23 日制定了《关于做好新型冠状病毒感染的肺炎疫情防控工作应急预案》，成立新型冠状病毒感染的肺炎疫情防控应急工作小组，主要负责贯彻落实上级所有指示精神，协调各学院研究生防控疫情工作，确保政令畅通，防控措施及时到位，切实维护研究生健康安全。

信息传达及应急处理方面采用多级联动机制：第一级，研究生工作部主要负责日常信息管理汇总以及接到异动信息后的协调、应急处理；第二级，各二级学院学生管理人员，主要包括辅导员老师，负责汇总各班级疫情管理工作及每日信息上报，对接重点关注人群，及时掌握其动态信息；第三级，学生干部，主要负责班级内学生的信息管理工作。这样就形成了一整套完整的工作链，有利于管理、责任到人。

（三）利用网络阵地，做好思想教育

疫情期间，除了学生信息摸排上报、疫情防控知识普及等日常事务之外，如何开展好特殊时期的思想政治教育也是一项关键性工作。当前网络信息发达，学生接收到的大部分信息均为网络渠道获取。那么，我们也更应该利用好网络阵地，做好本部门疫情防控工作的网络宣传，开展有利于学生线上参与的防控疫情活动等工作。研究生工作部与园林学院于 2 月推出了"北农研究生，聚力共抗疫"网络征文活动，并在尚农研工公众号、信息平台上连续展示征文作品。通过学生们自身视角的阐述，让广大研究生深刻认识到自身安全的背后，是无数人的默默付出和无私奉献，让学生感受到国家、社会和学校的温暖与关爱，感受到自身所肩负的社会责任与义务。

面对网络上复杂的舆论，要引导学生正确分辨言论的真伪，自觉做到不信谣、不造谣、不传谣。发挥研会、党支部的作用，积极宣传官方媒体的权威报道，积极主动传播正能量，进一步坚定战胜疫情的信心和勇气。校研会也会定期在学生群里做每周推荐，让学生在非常态环境下放松身心、摄入多方营养。

三、疫情中的问题与解决

（一）个别学生的疾病意识较弱

个别学生对此次疫情的认识不够，罔顾学校的返校规定。2020 年 2 月 2 日，西北农林科技大学就两名提前返校学生做了纪律处分的通报。如果疫情在高校扩散开来，将会极大地影响社会稳定性，因此研究生工作部持续不断地向研究生重申"京外学生不返京、京内学生不返校"的严格规定。针对个别研究生提出要回学校取实验数据、学习资料的需求，各二级学院在安稳处等部门的协助、配合下，为学生寄送所需物品，严格执行学生"不返京、不返校"的规定。

（二）毕业生完成学业压力增大、就业困难

疫情期间由于无法返校，毕业生的实验、论文进度都受到了一定的影响。经调查，有近半数毕业生因担忧毕业问题，将就业进度拖后，等待论文完成后再着手就业事宜。对于面临毕业、就业双重压力的研究生，研究生工作部与各二级学院辅导员积极进行摸底，了解学生论文进展、就业意向，推送具有针对性的、高度贴合个人需求的就业信息。并积极与导师沟通，鼓励导师定期与学生联系，沟通毕业、就业需求，缓解其心理压力。研究生工作部在疫情期间特推出印信扫描件、免费代发材料快递服务，为有三方协议需求、选调生推荐表盖章需求的研究生免费邮寄材料，助力推进毕业进展。

四、恢复阶段管理

（一）提早规划

虽然疫情尚未得到完全控制，各高校返校时间待定，但是有必要提早规划返校方案，争取在确定返校时间后，及时根据情况调整方案，安排学生有序、平稳地回到校园，回归在校学习状态。计划研究生分批次返校，返校后是否需要隔离视具体情况而定，但要将学生身体状况排查作为常规操作。

（二）心理疏导

疫情期间，学生群体因疫情负面信息、学业压力等，心理肯定受到了一定的冲击。因此要在返校后采取相应措施，比如心理疏导、健康教育等方法，缓解其紧张、焦虑、疑惑的情绪。发挥校研会、党支部、班团干部的带头作用，利用学

生间彼此熟悉了解、沟通顺畅这一优势，充分展现学生干部的积极引导作用。

（三）加大防控宣传教育

即便疫情结束，学生返校开始正常的校园学习生活，也不能忽视对突发性卫生公共事件的防控宣传教育。应借此机会，继续在校园内宣传防控知识，加强学生的防控意识。在新生入学教育时，加大健康卫生教育中对传染病防控、突发性公共卫生事件的宣传教育，做好各二级学院副书记、辅导员等人员传染病防控工作的指导，推进学校传染病防控工作落到实处。

五、结语

习总书记强调，教育是国之大计、党之大计。教育兴则国家兴，教育强则国家强。高校作为教育重地，应该时刻守好疫情防控之门，制定有效的应急措施，在疫情防控中找到"育人"突破口，把初心落在精准防控的行动上，把使命担在全面振兴发展的肩膀上，坚决打赢这场疫情防控战。

参考文献：

［1］周学锋，姚德利．公共危机状态下大学生教育与管理探讨——以 2003 年"非典"为例［J］．安徽理工大学学报，2005，7（4）：54－57.

［2］徐楠，吕晶．高校突发公共卫生事件管理的工作探讨［J］．教育时空，99－100.

对高校研究生党建工作的几点思考

北京农学院园林学院　杨刚　武丽　史雅然　张明婧　李国政

摘要： 高校党建工作是党建工作必不可少的重要组成部分，而研究生党建工作同样是高校党建工作中不可缺少的一环。研究生党建工作面对新时代、新要求和新变化，现有的研究生党建工作机制和管理模式需要新的创新，来不断优化党员队伍建设，强化党的基层组织建设和思想政治引领，发挥出党支部的战斗堡垒作用和党员的先锋模范作用。

关键词： 新时代；高校研究生；党建工作

习近平总书记在重要讲话中强调："高校肩负着学习研究马克思主义，培养中国特色社会主义事业建设者和接班人的重大任务。加强党对高校的领导，加强和改进高校党的建设，是办好社会主义大学的根本保证。"随着高等教育愈来愈普及化的趋势，我国的高等教育培养单位和人数都在不断增加，研究生教育作为高等教育教学中的重要内容，无论是提高研究生的专业水平，亦或是提高人文综合素质都关系着我国高等教育教学的质量问题。

同样，研究生人才的培养更是关乎国家未来发展的根基，正所谓"青年强，则国家强"。研究生群体作为高等教育的中坚力量，对于研究生的教育和培养就变得尤为重要，而研究生党员作为研究生群体中的先进分子，对研究生党员的发展与培育工作直接关系到研究生政治素质与党性修养的形成，关系到社会主义大学立德树人的成效，关系到党和国家的前途与命运。思考新时代下研究生党建工作，探究工作机制和方法，有利于改善当前研究生党建工作所存在的问题，有利于提高高校党建工作的针对性，有利于提高高校人才培养质量[1]。

一、新时代下做好研究生党建工作的重要意义

习近平总书记在党的十九大报告中明确指出："经过长期的努力，中国特色社

主义进入了新时代，这是我国发展的历史地位。"党中央对新时代提出更多的新要求和明确定义[2]。研究生教育作为国民教育体系的重要部分，是国家人才竞争的重要支柱，更是国家建设的核心因素。高校作为研究生教育的主体单位，肩负立德树人的根本任务。在党领导下的高等教育中，突出研究生党建工作就变得尤为重要[3,4]。

（一）加强高校研究生党建工作有助于中国特色社会主义事业的建设

随着我国综合国力的不断增强，我国快速发展的壮举已受到世界的广泛瞩目，"中国制造"也越来越被世界人民熟知，正如新冠肺炎疫情爆发后一周时间建立起来的火神山医院等等。国家在发展高端技术中，努力在工业革命中争取先机。研究生群体作为科技建设的生力军，也是未来社会主义建设的核心力量，更是中国特色社会主义的合格建设者和可靠接班人，他们的思想政治和专业能力的提升，对我国未来的发展具有较大的影响。加强高校研究生的党建工作，以党建引领下的高等教育教学，不仅能够坚定研究生对中国特色社会主义制度的高度自信，更能够坚定研究生群体对国家治理治理体系和治理能力的高度认可，保障中国特色社会主义事业的建设更加有序[5,6]。

（二）加强高校研究生党建工作有助于高校党的建设工作开展

高校研究生党建工作是高校党的建设的重要组成部分，研究生群体同样是高校学生群体的高层次人群，相比本科生阅历比较丰富，思想比较活跃，心智比较成熟，综合素质比较高。在发展研究生党员的过程中，不仅要坚持发展党员细则和要求，规范程序，更要坚持优中选优[7]。以此在对研究生入党积极分子培养考察中，既要注重专业知识和学习水平，更要注重思想政治和道德品质，要将各方面表现优异的研究生吸收到党组织中，优化党员队伍，强化党组织的建设，激发党支部的内部活力和动力。同时，还要加强与本科生党支部的联系，积极影响本科生党支部向上向好发展，形成共建的良好局势，营造良好氛围，有效地促进高校党建工作的健康发展。

（三）加强高校研究生党建工作有助于研究生的全面发展

2021年是中国共产党成立100周年，经过长期的发展，党的建设体系更加完善，也更加符合中国国情。科学化的党建理论指导高校研究生群体的教育教学，不仅能在提升研究生专业知识和能力方面具有重要作用，更是能够保障研究生的思想建设和道德品质的锻炼和加强。高校肩负着"为党育人，为国育才"的艰巨使命，我们要让研究生学好专业知识的同时，更是坚定理想信念，强化为民服务的意识，德才兼备，提高个人的综合能力，努力培养出德、智、体、美全面发展的高层次人才[8]。

二、当前高校研究生党建面临的问题

随着高等教育教学改革的不断推进，研究生培养工作也取得了良好的成绩，这更是包括研究生党建工作。但是在改革过程中，还是存在诸多不足，面对研究生年龄结构、阅历资历，制度建设和研究生党支部建设等方面还仍需努力加强完善，补齐短板。

（一）研究生的个性差异较大

一是研究生的生源参差不齐。生源一般来自应届毕业生、往届毕业生或社会人员等，他们来自各个不同的地域，无论是在社会背景、年龄结构、工作经验和资历阅历都有不同的差异，在培养教育中很难统一标准。二是研究生均为成年人，人生观、价值观和世界观都初步定型，思考能力和判断能力也相对比较独立，在党建工作的开展过程中，对于党的建设等方面会出现独特的考虑角度和见解，单纯的灌输方式的教育不能完全满足研究生的教育和培养，更与实际不贴合。三是导师负责制下的研究生个体比较独立，研究生个体之间的往来和联系比较少。虽然各个高校对于研究生也都会有班级建制，但是以班级为主体的集体学习和活动等还是远远不够，一定程度上造成了研究生的集体意识淡化[1]。

（二）研究生党员的发展和管理机制还需完善

一是部分研究生申请入党存在功利化。面对当前经济社会环境的不断变化，尤其是就业形式的越来越严峻，研究生作为本科生的过渡也无偿不是为了提升学历，增加就业几率。同样的，部分研究生申请入党，也是为了改变自己的政治面貌，便于今后的就业。因此部分申请入党的研究生理想信念还比较单薄、利己主义和功利主义还比较明显，入党动机不端正、存在功利化的特征。二是研究生党员的发展存在不规范、过程不系统的现象。面对任务量较大时，存在简化党员发展流程，对积极分子的考察培养不全面、不深入和不系统，应有的培养考察落实不到位的情况，一定程度上对党员队伍的纯洁性和先进性造成了不利的影响。三是研究生党员的教育和管理还不够，甚至有的只限于年终考核的情况，对于研究生党员的日常考核管理和教育存在不足。研究生学制时间较短，有面对着繁重复杂的科研压力，一方面要照顾学业，完成规定课程；另一方面还要照顾科研工作，更多注重研究，在时间和精力上很难满足日常的党性教育和学习。有的部分研究生党员存在外派或者联合培养的情况，一定程度上存在脱离党组织的情况。四是导师作为研究生教育和培养第一责任人对于研究生党建工作参与率还比较低。大部分研究生导师不参与党员发展、培养和教育等工作，对党员的发展、培养、教育和管理等没有发挥作用，更谈不上参与研究生党建工作，造成了研究生党建工作参与覆盖有死角的情况[2]。

（三）高校研究生党支部的建设还存在薄弱环节

一是随着近年来随着党内开展的诸多教育实践活动虽然对党支部的建设工作有所改善，推进了党支部的规范化建设，但是部分党支部活动形式与研究生的日常学习和生活还存在不足、贴切度不够，活动形式还需要更进一步创新，摆脱集中学习报告、读文件、写笔记等之类的老方式、旧套路的情况，更加注重贴合新时代的要求，满足新形势。二是部分研究生党支部书记的配备由研究生党员担任，故此对于党支部的建设在时间、精力不能保障，对于研究生党支部的长期发展也存在弊端。研究生党员担任党支部书记，其主体身份还是研究生，他一方面要面对自己的学业和研究，造成对于党支部的工作兼顾不够。另一方面对于党建工作的整体把控和深入、系统的了解还不足，又因为学制时间的限制，研究生党员担任党支部书记的更换也比较频繁，不利于党支部的稳定发展。

三、创新高校研究生党建工作的路径

加强高校研究生党建工作必须要坚持高举中国特色主义伟大旗帜，坚持以马克思列宁主义、毛泽东思想、邓小平理论、"三个代表"重要思想、科学发展观和习近平新时代中国特色社会主义思想为指导，切实将"党要管党"治党要求落到实处。

（一）完善规章制度，强化科学化、制度化、规范化建设的落实

一是高校作为研究生培养的主体单位，肩负着培养中国特色社会主义合格建设者和可靠接班人的艰巨任务，以党委领导下的研究生思想政治建设工作体系和制度应不断完善，营造研究生党思想政治建设高度重视的良好氛围。同时，建立健全在制度落实过程中的监督机制，避免"口号喊得响，落实不到位"的情况发生。二是探究建立导师参与党建工作的机制和制度。习近平总书记在重要讲话中提到："教师是人类灵魂的工程师，是青年学生成长的引路人和指导者。他们的思想政治素质和道德情操，对青年学生具有很强的影响力和感染力，在思想传播方面起着十分重要的作用。"在导师作为研究生培养的第一责任人制度下的思想政治教育和参与研究生党建工作的制度和机制亟需探究。三是课程思政改革的不断推进，讲好思政课程的同时更是要在专业课程上注重思政教育，对培养研究生思想政治和道德品质应不断增强，提高研究生的综合能力[2]。

（二） 规范研究生党员过程管理，落实全面从严治党要求

一是巧用量化考核体系加强对研究生入党积极分子的培养和考察，明确目标，规范过程管理，保障党组织切实吸收思想政治坚定、服务意识较强、道德品质过关的研究生加入，保证党员队伍的先进性和纯洁性。二是积极探究党员的培养教育和管理积分制度。习近平总书记讲："要严格党员日常教育和管理，使广大党员平常时候看得出来、关键时刻站得出来、危急关头豁得出来，充分发挥先锋模范作用。"我认为这关键在于党员日常的教育和管理，强化研究生党员日常的理论学习和社会实践等，突出党性锻炼纪实，严格落实全面从严治党要求，不能因为时间等客观因素而忽视[9]。

（三） 加强研究生党支部建设，发挥出党支部的战斗堡垒作用

一是党支部活动的形式创新。面对当前复杂的社会形势，利用好网络等新媒体技术，贴合研究生的日常学习和生活，结合工作实际，形成有效工作机制。二是选好配强研究生党支部书记。辅导员肩负着指导党团班建设的重任，尽可能鼓励辅导员担任研究生党支部书记，这样无论是在党支部的长期建设中，还是对于研究生的教育培养都能发挥出重要作用。当然，这不是绝对的，条件不允许或研究生党员相对比较优秀的情况下，上级党组织可以加强对研究生党员担任支部书记的培养工作，锻造一支党性修养好、政策规章熟悉、工作勤勉奋进和敢于开拓创新的研究生党支部书记队伍。三是继续严格落实"三会一课"制度，对于优秀的经验和做法要及时凝练、总结和交流，表彰优秀、突出亮点。

总之，在新时代下对党建工作的新要求，加强高校研究生党建工作关乎着我国高等教育教学质量、落实立德树人根本任务的成效和中华民族伟大复兴的进程具有重要意义。高校党委要高度重视，坚持以习近平新时代中国特色社会主义思想为指导，建立健全研究生党建工作的各项规章制度、规范研究生党员的过程管理、加强研究生党支部建设等，增强党组织的活力，激发研究生党员的内生动力，充分发挥出党支部的战斗堡垒作用和党员的先锋模范作用，有效地推进高校研究生党建工作的制度化、规范化、科学化建设，开拓出高校研究生党建工作的新局面。

参考文献：

[1] 张珂. 新时代高校研究生党建工作的创新路径研究 [J]. 新西部，2019（36）：107 – 108，103.

[2] 蒋笃君，钱德森. 新时代高校研究生党建工作科学化探析 [J]. 河南

工业大学学报（社会科学版），2019，15（3）：108－112，120.

　［3］习近平．把思想政治工作贯穿教育教学全过程开创我国高等教育事业发展新局面［N］．人民日报，2016－12－09（1）.

　［4］习近平．决胜全面建成小康社会夺取新时代中国特色社会主义伟大胜利：在中国共产党第十九次全国代表大会上的报告［M］．北京：人民出版社，2017.

　［5］马春杨，费淼，刁铭艺．研究生党建工作的问题分析和创新模式研究［J］．当代教育实践与教学研究，2019（21）：104－105.

　［6］石教乐．新媒体时代下高校研究生党建工作问题与对策研究［J］．中国农村教育，2019（30）：4.

　［7］陈建华，夏燕来，于姗姗．高校研究生思想政治工作的实践路径探索［J］．太原城市职业技术学院学报，2019（7）：66－68.

　［8］胡艺凡．高校研究生党建与思政教育融合模式探析［J］．智库时代，2019（29）：106－107.

　［9］李鑫，武冰清．用学习型组织理论提升研究生党支部活力［J］．文教资料，2019（19）：127－129.

新时期研究生党建工作的创新和实践研究[*]

北京农学院生物与资源环境学院　刘续航　高亭豪

摘要： 在高校党建工作中，研究生党建工作是非常重要的内容。最近几年，受到新媒体和网络发展的影响，给研究生党建工作带来了诸多挑战和契机。因此，高校应结合实际情况，对研究生党建工作进行创新。下文针对新时期研究生党建工作的创新和实践进行深入分析，希望可以有效提升研究生党建工作质量，促进研究生更好发展。

关键词： 新时期；研究生；党建工作；创新和实践

现阶段，我国研究生数量相对较多，和本科学生相比，研究生拥有着正确的三观，其具有一定的人生历练和工作经验，在面对人生、社会、自身时，会更加理性客观地对待人事，有着自己的追求。但是，在新时期，这些研究生常常容易受到西方社会言论，或者是受到大事件影响，会出现波动情绪，在思想与信仰方面容易被动摇。在该种情况下，传统的研究生党建工作已经无法满足时代发展需求，大大降低了党建质量和效果。想要有效解决该问题，高校应注重新时期研究生党建工作的创新，通过科学合理的手段，提升党建质量。

一、对研究生党建工作载体进行创新

在新时期，可以结合实际情况，创建一个研究生网络学习生活平台，对研究生党员进行教育和培训，进而使党建工作向着网络的方向发展，实现在线党校、

* 基金项目：2019 年北京农学院与研究生改革与发展项目："探索研究生党建'双创'活动的途径——以生院研究生党支部为例"资助，项目编号 2019YJS073。第一作者：刘续航，助理研究员，研究生秘书，主要研究方向：研究生教育管理，电子信箱：20148901@ bua. edu. cn。

党员发展网络推优、网上考核、互动党课、网上支部生活、党员信息管理等[1]。在研究生网络学习生活平台中，可以有效弥补党员分散和活动场地受限的问题，并且在平台中可以创建党员之家，开设支部书记微博或者是党建微信公众号等，进而使党员和党组织之间可以实现实时交流和互动。在平台中，可以开设党员教育课程，使党员、入党积极分子、发展对象、普通学生，都可以结合自身的时间，进行登录和学习，进而有效提升教育质量。在平台中，网上党支部可以实现人和阵地相合一，可以通过问卷调查、互动对话、微信微博等，对党员进行思政教育。此外，在平台中，还可以进行党员考核与民主评议，全面综合性地测评党员，注重师生监督党员力度，提升党员意识，利用更加高的标准和要求，对党员行为进行严格规范。

二、对研究生党支部进行科学设置

研究生具有较强的自主性，其有相对较多的时间进行外出学习与调研，在这样的情况下研究生党组织生活出勤率会相对较低，很难把党支部战斗堡垒作用充分发挥出来。因此，想要做到对组织生活实效进行强化，高校应结合不同时期研究生的特点，对党支部进行科学合理的设置[2]。针对正在转型阶段的研究生，其不够熟悉学校情况，理想状态和实际情况发生冲突，在学习方式和方向方面常常会出现迷茫的心理。因此，可以指引研究生党员之间的相互沟通和交流，开展年级活动，通过班级、年级为单位的形式，对党支部进行设置，进而使研究生可以快速地适应学习规律和生活规律。此外，针对高年级的研究生，由于其具有较重的科研学习任务，且受到专业和导师不同的影响，研究生党员具有较高的离散性，因此可以通过实验室、科研团队为单位的形式，对党支部进行设置。通过研究生和导师之间的接触，便于导师对学生的思想动态、生活问题、学习问题进行了解，根据自身的人生阅历，指引研究生对生涯规划进行调整，做到因材施教，提升教育质量。

三、创建完善的研究生党建制度

第一，应对全责体系进行明确，把责任落实到每个人头上，以防发生互相推诿问题。与此同时，可以在年度考核中添加党建工作内容[3]。第二，应对党员发展机制进行规划。针对入党积极分子，在申请入党时应结合有关规定，对其入党动机、思想政治水平、科研学术水平等进行全面考察，保证每个进入的党员可以具有良好的道德素养和理论知识水平。高校可以结合实际情况，定期培训教育党员工作，提升其党性意识。第三，创建完善的奖惩体系。在制定和实施奖惩考核制度时，应坚持公平、公正、公开的理念，提升组织和制度的权威。针对无视组织纪律和违反组织纪律的党员，需要结合实际情况，及时进行教育与惩罚。针对表现优秀的党员，需要结合实际情况，及时进行奖励，提升党组织生活活力。第四，创建完善的研究生党干部培养制度，书记应结合党委任命、导师审议、党内民主等手段，并依据相关制度，鉴定选拔立场，使具有较强号召力的研究生党员来对党支部书记进行担任，并对其实施集中培训和教育。

四、创建良好的党建工作氛围

在研究生党建工作中，环境是非常重要的因素，党建工作与环境的营造有着直接的联系。高校可以加强对公共服务设施的改善，通过校训、文明标语、名人警句等校园基础性标志，利用静态信息进行思想教育，对外部教育环境进行优化。对研究生日常行为进行规范，指引研究生成长成才，对各项校园规章制度进行修订与完善，对制度管理环境进行强化。与此同时，还需要构建学术自由和严谨治学的环境，指引研究生进行自主创新，对内部精神环境进行优化[4]。此外，不仅需要营造良好的校园环境，还需要营造良好的社会环境，特别是在文化、舆论、校园周边方面，提供给研究生更好的精神文化产品。并且，需要对社会风气进行净化，注重监管政治校园附近文化环境，避免出现危害学生身心健康的行为。

五、结束语

总而言之，在新时期背景下，注重研究生党建工作的创新和实践是非常重要的，不仅可以有效提升研究生党建工作质量，还可以促进高校长期稳定发展。研究生属于社会高层次人才，其专业素养和思想素质直接关系着社会的发展。因此，高校作为教育主体，应充分发挥出自身的作用，加强对研究生的党建工作，顺应时代的发展，利用创新性的党建工作理念、内容、模式，对研究生实施党建工作，解决以往党建工作中存在的问题，从根本上提升党建工作效果和质量，为研究生以后的发展打下坚实基础，使其更好地服务于社会。

参考文献：

[1] 杨戴竹，赵飞. 党建工作新视角下的新时期研究生思政教育研究——以吉林化工学院为例 [J]. 吉林化工学院学报，2019，36（2）：55 – 57.

[2] 郝佳，李先允，秦高烽，陶然. 新时期高校研究生党建工作的探索

[J]. 南京工程学院学报（社会科学版），2018，18（3）：74－76.

　　［3］钟桂安. 新形势下研究生党建工作的创新 ［J］. 教育现代化，2017，4（34）：265－266，294.

　　［4］赵琴琴，任皓. 新时期下研究生党建工作问题及对策研究 ［J］. 现代国企研究，2017（14）：237.

农科专业研究生价值观状况调查及对策分析*

北京农学院动科学院　　尹伊

摘要： 由于社会的飞速发展，当代高校学生所处的大环境也日新月异，这必将对大学生的价值观产生一定的影响。本文以北京农学院的研究生为研究对象，从人生价值观、道德价值观、政治价值观等方面进行了调查，探讨了当代大学生的价值观的特点，对其成因进行了探讨和分析，并给出了相应对策和建议，旨在更好地对大学生价值观进行引领。

关键词： 农科；研究生；价值观

随着时代的发展和变化，当代大学生处于一个信息和知识爆炸的年代，各种新兴媒体和传播方式的兴起，让学生能够更好、更快地获取外界信息，能够使他们第一时间掌握时事动态和科技最新成就等，但是这些信息必然也会反过来影响学生的人生观和世界观，进而影响他们的学习、工作和行为方式。尤其是当今世界政治格局的复杂多变，如何引导学生在繁杂的信息中，去伪存真，提高政治敏感度，树立正确的价值观，是值得广大教育工作者进行思考的。

一、调查目的、对象及方法

本研究以北京农学院的研究生为研究对象，采用问卷调查的方法对其人生价值观、道德价值观、政治价值观等方面进行了调查。本调查范围涉及全校的 8 个学院，包括生物与环境资源、植物科学、动物科学、园林、经济管理、食品科学与工程、计算机与信息工程、文法与城乡发展学院的研究生。共发放问卷 700

* 基金项目：2019 年北京农学院学位与研究生教育改革与发展项目（2019YJS076）。作者：尹伊，讲师，主要从事学生党建、思政和心理研究，电话：010–80795543，电子邮箱：jmzmgm@163.com。

份，收回问卷652份，有效问卷601份（即有效作答题目数大于等于总题目数的三分之二），有效问卷回收率为85.86%。其中男生181人，占30.12%，女生420人，占69.88%。

二、调查内容及结果分析

（一）人生价值观

人生观是人们对人生价值、意义和目的所持有的观点和态度。本研究人生价值观的考察主要是集中在大学生对人生目标的制定、人生意义评价，以及对实现人生价值手段方面所持的态度和对生命价值的认识上。

从表1中可以看出，在人生价值的目标上，67.83%的学生都认为"完善自我，实现自我价值"；在取得人生价值的手段上，大部分学生（43.12%和53.49%）都认为需要依靠积极向上、努力拼搏的手段，主要依靠"拼搏进取"以及"个人能力和自我奋斗"；在人生价值的取向上，大学生表现出个性化和自我的特色，如在涉及当个人利益与集体利益、国家利益发生冲突时，70.33%的学生都选择"在不损害国家、集体利益的前提下，保企个人利益"，同样49.07%的学生都认为"生活幸福"是取决于一个人的价值大小；在对未来人生的规划上，"90后"大学生大多数（38.82%）持乐观态度，但是仍有很大一部分学生（46.39%）缺乏规划不知道努力的方向。

表1

题目	选项	有效作答数	百分比
1. 你追求的人生价值目标是什么？	（1）社会需要的人才	83	13.83%
	（2）完善自我，实现自我价值	407	67.83%
	（3）无目标可谈，随遇而安	51	8.5%
	（4）金钱、享乐等物质幸福	58	9.67%
2. 你实现人生价值的手段是什么？	（1）拼搏进取	257	43.12%
	（2）互利合作	182	30.54%
	（3）我行我素	36	6.04%
	（4）与世无争	60	10.07%
	（5）中庸之道	61	10.23%
3. 当个人利益与集体利益、国家利益发生冲突时，你会怎么做？	（1）坚持国家、集体利益至上	124	20.67%
	（2）在不损害国家、集体利益的前提下，保证个人利益	422	70.33%
	（3）维护个人利益	23	3.83%
	（4）其他	31	5.17%

续表

题目	选项	有效作答数	百分比
4. 你觉得目前你是哪一类大学生？	（1）有理想，有抱负，积极为自己的目标努力着，抱乐观的态度	231	38.82%
	（2）知道未来形势严峻，但现在很茫然，不知道该如何努力	276	46.39%
	（3）无所追求，随遇而安，过一天算一天，不为将来担忧	57	9.85%
	（4）对自己的前途很悲观，不知道什么才是真正有意义的	31	5.21%
5. 你认为一个人的价值取决于什么？	（1）金钱的多少	30	5.08%
	（2）权力大小和社会地位的高低	49	8.29%
	（3）对社会贡献的大小	175	29.61%
	（4）生活幸福	290	49.07%
	（5）是否干出一番轰轰烈烈的事业	47	7.95%
6. 你认为一个人在社会中生存和发展主要依靠的是什么？	（1）个人能力和自我奋斗	314	53.49%
	（2）人的发展机遇	198	33.73%
	（3）家庭背景和社会关系	75	12.78%

（二）道德价值观

道德是以文明为方向，是人们共同生活及其行为的准则与规范。道德往往代表着社会的正面价值取向，起判断行为正当与否的作用。因此，根据结合当今大学生的日常生活和学习，涉及了关于"考试诚信""爱国""志愿活动"等方面的问题，以考察当今大学生对道德的认知，对提高学校道德教育的实效性具有现实意义。

表2

题目	选项	有效作答数	百分比
7. 你认为中华民族的优良传统道德在现代社会还适用吗？	（1）传统道德精髓的内容在今天仍然适用	180	30.15%
	（2）虽然有积极意义，但必须经过改造后才能与时俱进	307	51.42%
	（3）传统道德是约束行为，靠个人自觉执行	94	15.75%
	（4）没用处	16	2.68%

续表

题目	选项	有效作答数	百分比
8. 你对当前社会道德现状的看法？	（1）主流积极健康向上	120	20.98%
	（2）存在问题，但对道德好转有信心	297	51.92%
	（3）道德滑坡，大不如从前	120	20.98%
	（4）说不清	35	6.12%
9. 你有过考试作弊的情况吗？	（1）从没有过	216	39.49%
	（2）偶尔有过	292	53.38%
	（3）经常会有	28	5.12%
	（4）一般都会	11	2.01%
10. 你对大学生中出现的"考试作弊""论文抄袭""语言行为不文明""故意拖欠学费"等现象的态度是？	（1）赞同	41	6.83%
	（2）反对	297	49.5%
	（3）无所谓	75	12.5%
	（4）可以理解	187	31.17%
11. 你参加过志愿者活动吗？	（1）经常参加	178	31.50%
	（2）偶尔参加	357	63.19%
	（3）从不参加	30	5.31%
12. 你认为当代大学生的爱国主义情结如何？	（1）普遍存在，排在各种思想感情的首位	92	15.33%
	（2）普遍存在，但不懂如何表达	374	62.33%
	（3）比较匮乏，有漠视的趋势	83	13.83%
	（4）相当匮乏	25	4.17%
	（5）说不清	26	4.33%

　　如表2所示，首先，在对于传统道德和当今社会道德现状的价值取向上，学生普遍（51.42%）认为要与时俱进，在保留优良传统道德的同时又有所改进，51.92%的学生认为当今社会道德现状虽然有问题，但是有信心会好转；其次，在涉及每个学生日常学习中最常遇到的考试诚信问题上，53.38%表示会偶尔作弊，虽然有49.5%的学生表示反对"考试作弊""论文抄袭""语言行为不文明""故意拖欠学费"等现象，但仍有31.17%的学生表示"可以理解"，这说明在诚信教育方面，尤其是考试诚信，很多学生并不认为这是一件很严重的问题，认为考试作弊等是个人问题，虽然出现了诚信失范现象但其并没有意识到自己已经做了违背诚信的事情，认为只要不对他人失信，考试抄袭是自己的事情，可见他们对诚信的概念比较模糊，追求个人利益的同时，极少考虑社会责任和社会价值；再次，在参加志愿活动上，63.19%的学生表示"偶尔参加"，而"经常参加"的学生只占到31.50%，这说明学生参加志愿活动的积极性有待培养和加强；最后，

关于当代大学生的爱国主义情结，62.33%的学生都表示"普遍存在，但不懂如何表达"，说明要通过多种渠道和方式加强爱国主义教育，加强实践教育。

（三）政治价值观

政治价值观是社会成员对政治系统、政治活动的标准评价，以及由此形成的一种行为取向。大学生处在世界观、人生观、价值观的形成时期，政治辨别力和敏锐度不够，通过分析其政治价值观，有助于了解和加强大学生党员教育与管理、推动高校学生思想政治工作和党建工作。为此，我们在本次调查中从政治关注度、政治信仰、入党动机等方面进行了考察。

表3

题目	选项	有效作答数	百分比
13. 你对中国特色社会主义道路的发展前途的看法是？	（1）非常有信心	110	18.55%
	（2）比较有信心	370	62.39%
	（3）信心不足	97	16.36%
	（4）没有信心	16	2.70%
14. 你关心国内外时事政治和国家大事吗？	（1）非常关心	99	17.52%
	（2）比较关心	373	66.02%
	（3）不关心	80	14.16%
	（4）没想过	13	2.30%
15. 你获取国内外政治新闻的途径是？	（1）电视	113	18.96%
	（2）报纸杂志	103	17.28%
	（3）网络	367	61.58%
	（4）其他	13	2.18%
16. 你对社会主义核心价值观的认识程度是？	（1）深入了解	61	10.22%
	（2）一般了解	330	55.28%
	（3）略微知道	176	29.48%
	（4）完全不清楚	30	5.03%
17. 你认为党和国家有必要大力宣传和倡导社会主义核心价值观吗？	（1）非常有必要	129	22.16%
	（2）有必要	361	62.03%
	（3）没必要	92	15.81%
18. 你认为现在大学生积极要求入党的最主要动机是？（最多选三项）	（1）追求理想和信念	251	22.53%
	（2）为社会多做贡献	251	22.53%
	（3）谋求仕途发展	203	18.22%
	（4）增强就业竞争力	297	26.66%
	（5）对党的执政地位和执政理念有信心	112	10.05%

如表 3 所示，首先，在政治信仰上，62.39%的学生对中国特色社会主义道路的发展前途"比较有信心"，55.28%的学生"一般了解"社会主义核心价值观，62.03%的学生认为"有必要"大力宣传和倡导党和国家社会主义核心价值观，但同时可以看出，仅有18.55%、10.22%和22.16%的学生表示"非常有信心""深入了解"和"非常有必要"，这表明"90后"大学生总体上对我国社会主义道路的建设和发展持乐观和肯定态度，但是信心不足，不够坚定；其次，在政治关注度上，66.02%的学生"比较关心"国内外时事政治和国家大事，并且61.58%的学生获取国内外政治新闻的途径是通过"网络"，这表明当代大学生较为关注政治动态，但敏感性有待加强，同时网络成为大学生获取新闻和信息的主要渠道，如何充分利用网络的优势特征，采用相应的方式和手段，加强和改进大学生思想政治教育工作，是我们亟待考虑的问题；再次，在入党动机问题上，22.53%和22.53%的学生认为是追求理想和信念和为社会多做贡献，但同样也有18.22%和26.66%的学生的入党动机是为了谋求仕途发展和增强就业竞争力，说明目前有部分大学生的入党动机呈现出多元化和功利化的特点，缺乏政治信仰，功利心较重。

（四）影响价值观形成的因素

综上所述，当代研究生在价值观总体上表现出较为积极正面的观点和态度，但仍然有相当一部分学生存在人生价值观缺乏目标、道德价值观趋向多元化、政治价值观出现偏差、职业价值观功利化等问题。影响当代研究生价值观形成有多方面的因素：

表 4

题目	选项	有效作答数	百分比
19. 你认为哪些因素对你价值观的形成影响最大？	（1）个人成长经历	191	33.28%
	（2）家庭教育	184	32.06%
	（3）学校教育	77	13.41%
	（4）社会环境	92	16.03%
	（5）网络	6	1.05%
	（6）身边朋友	24	4.18%

首先，家庭是个体身心健康成长的重要场所。家庭氛围、家庭交往环境和对象、家长教育方式和方法等都会对个体的价值观产生重要的影响，这种影响是潜移默化的、不容取代的。在本次调查中也印证了这一事实，如表4所示，有33.28%的学生认为个人成长经历对其价值观形成影响最大，32.06%的学生认为家庭教育的影响最大。其次，学校环境也对"90后"大学生价值观的形成有着

较为重要的影响。大学生活丰富而多彩，很多学生在这里得到充分展示自己的机会，各种新的文化、思想、观念也在这里相互碰撞。再次，社会环境对大学生价值观的影响也是不可估量的，特别是在社会结构的变革时期更会导致发生深刻变化。我国经济体制在由计划经济向市场经济转变的同时，价值观念也由单一向多元价值取向发展。

三、对策及建议

根据当代大学生在价值观问题上呈现出的新特点和新变化，对我们广大的教育工作者也提出了新的挑战，如何在新环境下帮助其树立正确、健康、积极的价值观是摆在我们面前的重要任务。

第一，要注重加强思想政治教育队伍整体建设。教师作为思想政治教育的主体，在大学生价值观教育中承担着重要的职能，教育主管部门和高校应注重教育者的业务学习和技能提升，建立系统和完整的学习制度和体系，提高教育者的思想意识、道德素质、业务能力，充分发挥其在价值观教育过程中的作用。一方面要注重师德师风建设，提高教师本身的政治敏感度和政治站位，这样才能够帮助学生去伪存真；另一方面，教师能够与时俱进，了解当代大学生的思想特点和信息传播方式，掌握主流媒体的话语权。

第二，充分发挥党、团组织的先锋带头作用，充分利用第二课堂和社会实践培养和锻炼学生的各方面能力。党团组织想要保持其先锋模范带头作用，必须要充分贴近学生，结合学生感兴趣的热点话题，多种方式和渠道开展教育，要保持组织的活力。同时在第二课堂活动中加强思想引领，鼓励学生走出课堂，多参加兴趣小组、志愿活动和社会实践，在加强理论知识学习和对事物认识能力提升的同时，通过各种途径积极、主动地投身到实践之中，只有深入社会、了解社会才能在不断地修正、完善自己的价值观，才能加深对事物和现象理性和本质认识，以适应社会发展和国家的需要。

第三，应注重大学生的心理健康教育，加强生命价值教育。面对竞争日益激烈的今天，大学生存在着多重压力。如果压力不能得到很好的缓解，或者没有有效的处理方式，很容易产生一些心理问题，进而影响其形成正确的价值观。一方面，教授一些心理保健常识，使他们自身具有基本的转化心理危机和化解自己心理矛盾的能力和素质，重视学校定期组织的心理筛查，及时了解和掌握学生的心理动向和所存在的心理问题，以及他们可能的心理发展趋势。另一方面，充分发挥导师、辅导员和学生干部在大学生心理健康教育中有其独特的优势，要深入学生，学会扮演倾听者的角色，耐心听学生的心声，给学生释放心理压力的机会，并能同时发现学生的心理问题原因所在，引导学生走出困境。

总之，价值观教育是一个系统复杂的工程，任重而道远。在进行价值观教育的过程中，教育工作者不仅要有针对性，根据受教育者的实际状况、心理状况、认知水平确定教学内容，还要不断充实和提高的自己道德素养，起表率作用。高校作为大学生步入社会的"实习基地"，是树立正确价值观的"前沿阵地"，要帮助学生正确看待、分析和解决问题，科学地引导学生用正确的观点和角度看待社会热点问题和国家建设发展出现的新情况，使学生能真正做到在错综复杂的社会环境中准确的分析自身、认识社会、解决问题。

参考文献：

[1] 钱昭楚.社会主义核心价值观的培育路径——评《大学生社会主义核心价值体系教育研究》[J].中国高校科技，2019（10）：110.

[2] 马晓艳.新时代大学生社会主义核心价值观教育研究 [D].西安理工大学，2019.

教育舆情中的心理学原理探析*

——以翟天临学术不端事件为例

北京农学院研究生处　董利民　何忠伟

摘要： 近年来，教育舆情时有发生，教育问题日益引发公众关注。本文以翟天临学术不端事件为例，分析了该事件背后的心理机制。研究发现，社会行为公式可以解释不同群体的不同行为；在教育舆情事件中，说服、从众、群体极化等心理学原理可以解释事件发生发展的不同阶段；说服、从众、群体极化等构成的心理循环链，可以解释教育舆情不断扩大的过程。结合相关分析，建议政府、教育部门和高校运用心理学原理，建立危机事件处理标准化流程，在舆情发生的早期打断心理链式反应的进行，化解舆情不良影响，保障教育事业平稳发展。

关键词： 教育舆情；学术不端；翟天临；心理学原理；心理链式反应

教育关系千家万户，教育中发生的事件极有可能转化为社会舆情事件。近年来，高等教育中的学术道德和学位管理问题日益引发公众关切，教育舆情时有发生。国务院学位委员会、教育部为进一步规范学位管理，有效预防和严肃查处学术不端行为，先后出台《关于在学位授予工作中加强学术道德和学术规范建设的意见》（学位〔2010〕9号）、《学位论文作假行为处理办法》（教育部令第34号）、《博士硕士学位论文抽检办法》（学位〔2014〕5号）、《高等学校预防与处理学术不端行为办法》（教研厅〔2016〕2号）等规章制度，推进良好学风建设，提高人才培养质量。为正确应对、妥善处理舆情事件，分析教育舆情的发

---

* 第一作者：董利民，助理研究员，主要研究方向：研究生教育管理、思想政治教育，电子邮箱：dorigin@sina.com；通讯作者：何忠伟，教授，主要研究方向：研究生教育、都市型现代农业，电子邮箱：hzw28@126.com。

生、发展过程非常必要。翟天临学术不端事件，是 2019 年教育舆情热点，具有广泛的代表性，引发了社会各界的广泛讨论[1~8]。本文以翟天临学术不端事件（以下简称为"该事件"）为例，应用相关心理学原理对教育舆情进行解析。

一、事件经过和后续影响

2019 年 2 月 8 日，首登中央春晚、具有博士学位的青年演员翟天临在直播中回答网友问题时，表示自己并不知道"知网"是什么，随后，其博士学位的真实性受到质疑，引发网络搜索和网友热议。截至 2 月 10 日，相关话题再登微博话题榜，合计阅读量达上亿次。

2 月 11 日，北京电影学院，翟天临的博士学位授予单位启动调查程序。15 日，教育部作出回应，要求有关方面迅速进行核查，重申绝对不能允许出现无视学术规矩，破坏学术规范，损害教育公平的行为。16 日，北京大学发布"关于招募翟天临为博士后的调查说明"，确认翟天临存在学术不端行为，同意光华管理学院 13 日对翟天临作出的博士后退站处理意见。19 日，北京电影学院发布"关于'翟天临涉嫌学术不端'等问题的调查进展情况说明（二）"，撤销翟天临博士学位，取消陈浥的博士研究生导师资格。

该事件从发生到最终处理，只有短短 11 天时间。但是，无论在当时还是之后，都产生了很大影响，催生了高等教育领域一系列变革。

为进一步加强北京市属高校学位管理工作，有效预防和严肃查处学术不端行为，确保人才培养质量，2019 年 2 月 26 日，北京市教委组织召开"加强市属高校学位管理工作会"，进行相关工作布置。

2019 年 3 月 4 日，教育部办公厅发布《关于进一步规范和加强研究生培养管理的通知》（教研厅〔2019〕1 号）、《关于进一步规范和加强研究生培养管理的通知》（教学厅〔2019〕2 号）两个管理文件[9,10]。

2019 年，多所高校均出台或修订了学位管理相关文件，加强了预防和处理学术不端的措施。各地教育主管部门加大了学位管理的监管力度，开展了专项督查工作。

二、该事件的心理学解析

（一）解析不同群体的不同社会行为

根据社会行为公式：$B = f(P, E)$，行为是个体及其环境的函数。行为是个体与其所处情境共同作用的结果。

在该事件中，涉及的个体或群体有：翟天临本人和其工作室、网民、媒体或网络平台，北京电影学院（授予翟天临博士学位的单位）、北京大学（招收翟天临为博士后的单位）、北京市教育委员会（省级教育主管部门）、教育部（全国教育主管部门）等。在该事件发生后，不同群体，由于其生理心理、成长经历、社会情境、所处立场的不同，表现出不同的行为现象。如网民自身并没有实际的利益诉求，但在看客心理的驱动下，希望获取或传播更多相关信息，在网络上不断进行信息发布或转发，成为教育舆情的实际助推者。媒体或网络平台，或为制造"眼球效应"、以热点博取出位，或为挖掘事实真相、引导舆论关注、促进问题解决，为舆情发展提供了空间。相关高校和教育主管部门，在事件发生后，会直接卷入、迅速焦虑，希望事件能尽快得到平稳解决，不形成更大的社会舆情。

（二）舆情发生发展的心理学解析

分析该事件发生、发展的过程，可以发现，在教育舆情形成中，涉及说服、从众、群体极化等心理学原理。

1. 说服

说服指个体由于接受新的信息和意见，导致自己的态度发生变化的过程。说服过程包括传达者、信息、接受者和情境四个元素。

在该事件中，主要的传达者和接受者都是大量的网民，对说服过程最具影响力的是信息和情境这两个元素。长时间以来，青年演员翟天临以"高学历"人设而广为人知，而在和网友的直播互动中，竟然出现博士学位获得者"不知知网"的情形——众所周知，知网是查阅中文期刊最重要的平台之一。巨大的认知反差使翟天临博士学位的真实性瞬时受到广大网友质疑，并迅速形成网络热点。2019 年 2 月 4 日是除夕，翟天临登上了中央台春晚，与葛优、蔡明、潘长江等表演了小品《"儿子"来了》。2 月 8 日的时候，中央台春晚的节目和参演人员还在街头巷尾热议之中。此时此境，"中央春晚""演艺明星""高等教育"等热点话题通过网络渠道迅速传播，导致说服过程迅速完成。

2. 从众

从众指个体的观念与行为由于群体直接或隐含的引导或压力向与多数人相一致的方向变化的现象。在该事件中，通过网络平台，大量网民快速卷入，信息接收者快速形成新的观念，从众行为快速蔓延。

3. 群体极化

群体极化指在群体讨论的情况下，群体成员中已存在的倾向性得到加强，使一种观点或态度从原来的群体平均水平加强到具有支配地位的现象。在该事件中，讨论主题从翟天临博士学位真实性，逐步发展为学术不端行为，再到高等教育质量，逐渐背离事件本身，趋于极化，并通过说服、从众的过程，使事件扩大，形成强势社会舆情。

（三）舆情扩大的心理链式反应

综合舆情发生发展的过程，说服、从众、群体极化等心理机制构成一个完整的心理循环链。通过链式反应的形式，借助网络平台，该事件迅速扩散，教育舆情迅速扩大。如图 1 所示：

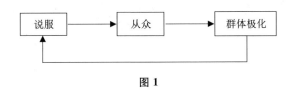

图 1

三、结论和建议

（一）结论

在教育舆情发生的过程中，涉及多种心理机制，包括社会行为公式、说服、从众、群体极化等。社会行为公式可以解释不同群体的不同行为，说服、从众、群体极化可以解释舆情发生发展的不同阶段。

通过本文提出的心理链式反应，可以解释教育舆情不断扩大的过程。

（二）建议

网络时代，信息传输速度激增，教育事件极易引发社会舆情的发生。首先，政府、教育部门和高校应充分运用心理学原理，建立危机事件处理标准化流程并进行推广。其次，在舆情形成后，政府、教育部门和高校应迅速回应公众关切，及时进行舆论引导，在舆情发生的早期打断心理链式反应的进行，化解舆情不良影响，保障教育事业平稳发展，维护社会和谐稳定。

参考文献：

［1］徐明强．规则悬浮引发学术标签化——对"翟天临学术不端事件"的反思［N］．民主与法制时报，2019 - 02 - 28（006）．

［2］茆康茹．微博："浮"与"沉"的名利场——以"翟天临涉嫌学术不端事件"为例［D］．兰州：兰州大学，2019.

［3］樊荣．逻辑导向："链式曝光"事件的议程解构与重构——以翟天临事

件为例 [J]. 东南传播, 2019 (8): 25 - 28.

[4] 徐鑫, 陈燕敏. 新传媒格局下网络舆情事件传播模式及治理思路——以翟天临事件为例 [J]. 东南传播, 2019 (10): 80 - 83.

[5] 姚雨儿, 吴佳芮. 大数据时代下舆情裂变式传播探讨——以翟天临事件为例 [J]. 新闻研究导刊, 2019 (3): 77 - 78.

[6] 杨丽君. 新媒体环境下的 "网络狂欢" ——以翟天临 "学术门" 事件为例 [J]. 新闻研究导刊, 2019 (9): 228 - 229.

[7] 买尔哈巴·买吐尔逊. 社交媒体网络舆论传播中的 "蝴蝶效应" ——以翟天临事件为例 [J]. 新闻研究导刊, 2019 (16): 72 - 73.

[8] 刘小琳. 新媒体环境下的议程设置——以翟天临事件为例 [J]. 新闻研究导刊, 2020 (2): 78 - 79.

[9] 教育部办公厅关于进一步规范和加强研究生培养管理的通知 [OL]. (2009 - 04 - 12) [2020 - 05 - 10]. http: //www. moe. gov. cn/srcsite/A22/moe_826/201904/t20190412_377698. html.

[10] 教育部办公厅关于进一步规范和加强研究生考试招生工作的通知 [OL]. (2009 - 04 - 12) [2020 - 05 - 10]. http: //www. moe. gov. cn/srcsite/A15/moe_778/s3261/201904/t20190412_377699. html.

研究生心理健康状况调查与教育对策探究[*]

——以北京农学院为例

聂少杰

摘要：采用 SCL - 90 症状自评量表对北京农学院 853 名在籍研究生进行心理健康测查，并对结果进行了分析，在此基础上提出相应的教育对策，希望对研究生心理健康教育管理工作有所启发。

关键词：研究生；心理健康；教育

心理健康是个体快乐成长、愉快工作、幸福生活的重要保障。当代研究生面对学业、就业、经济、婚恋及其他社会因素带来的困难和压力，心理问题日渐凸显，一旦心理问题得不到及时处理极易诱发危机事件，甚至危及个体的生命安全。为了解北京农学院研究生心理健康状况，以便有针对性地开展心理健康教育管理与服务，助力研究生健康成长和发展，采用 SCL - 90 症状自评量表对北京农学院全体在籍研究生进行了测查。

一、研究对象与方法

（一）研究对象

本次普查对象为北京农学院 2019 年全体在籍研究生 866 人。共发放问卷 866 份，收回有效问卷 853 份，回收率 98.5%，普查情况如表 1 所示。

---

* 作者：聂少杰，讲师，主要研究方向：心理咨询与辅导。

表 1 普查对象

年级	人数	所占比例	男	所占比例	女	所占比例
实测合计	853	100%	269	31.54%	584	68.46%
研一	416	48.77%	136	32.69%	280	67.31%
研二	343	40.21%	105	30.61%	238	69.39%
研三	94	11.02%	28	29.79%	66	70.21%

（二）研究方法

测评工具：本测试采用国内心理测量中普遍使用的 SCL - 90 症状自评量表为测试工具。该量表由 90 个项目组成，包括身体状况、情绪、情感、思维、意识、人际关系、生活习惯、饮食睡眠等内容，包含躯体不适、强迫症状、人际关系敏感、抑郁、焦虑、敌对、恐怖、偏执、精神病性和其他在内的 10 个因子，采用 5 级评分制（1 = 没有，2 = 轻度，3 = 中度，4 = 比较严重，5 = 严重），分值越高，表明其心理健康水平越低[1]。

测评过程：2019 年 4 月上旬至中旬，组织全体在籍研究生通过心理健康指导中心测评系统进行网络普测。

统计方法：使用心理测评系统和 SPSS20 进行统计分析。

二、研究结果

（一）SCL - 90 总体测评结果

测评采用 1 ~ 5 的 5 级评分，总分超过 160 分，或阳性项目数超过 43 项，或任一因子分超过 2 分为筛查阳性。因子分 < 2 为无症状；2 ≤ 因子分 < 3 为轻度症状；3 ≤ 因子分 < 4 为中度症状；因子分 ≥ 4 为重度症状。测查结果显示：有心理困扰的人员 117 人，占参加测验人员总数的 13.72%，其中有中重度困扰的人员 19 人，占参加测验人员总数的 2.23%。具体数据如表 2 所示。

表 2 SCL - 90 总体测评结果

N = 853.00	因子分 < 2		2 ≤ 因子分 < 3		3 ≤ 因子分 < 4		因子分 ≥ 4	
	人数	百分比	人数	百分比	人数	百分比	人数	百分比
敌对	813	95.31%	35	4.10%	4	0.47%	1	0.12%
焦虑	822	96.37%	28	3.28%	2	0.23%	1	0.12%
精神病性	827	96.95%	24	2.81%	2	0.23%	0	0.00%
恐怖	834	97.77%	17	1.99%	2	0.23%	0	0.00%

续表

N = 853.00	因子分 < 2		2≤因子分 < 3		3≤4 因子分 < 4		因子分≥4	
	人数	百分比	人数	百分比	人数	百分比	人数	百分比
偏执	824	96.60%	27	3.17%	2	0.23%	0	0.00%
其他	808	94.72%	42	4.92%	2	0.23%	1	0.12%
强迫症状	742	86.99%	100	11.72%	10	1.17%	1	0.12%
躯体化	832	97.54%	20	2.34%	1	0.12%	0	0.00%
人际关系敏感	796	93.32%	54	6.33%	2	0.23%	1	0.12%
抑郁	798	93.55%	49	5.74%	6	0.70%	0	0.00%
总均分	827	96.95%	24	2.81%	2	0.23%	0	0.00%

（二）与全国常模比较

表 3 列式了全国青年与全国大学生常模数据。

表 3　　　　　　全国青年与全国大学生常模

因子	样本 N = 853 M ± SD	全国青年常模 N = 781 M ± SD	t	Sig. （双侧）	全国大学生常模 N = 4141 M ± SD	t	Sig. （双侧）
躯体化	1.15 ± 0.27	1.34 ± 0.45	−20.769	.000	1.45 ± 0.49	−32.692	.000
强迫症状	1.43 ± 0.46	1.69 ± 0.61	−16.596	.000	1.99 ± 0.64	−35.736	.000
人际关系敏感	1.25 ± 0.36	1.76 ± 0.67	−40.617	.000	1.98 ± 0.74	−58.297	.000
抑郁	1.24 ± 0.38	1.57 ± 0.61	−25.207	.000	1.83 ± 0.65	−45.055	.000
焦虑	1.22 ± 0.33	1.42 ± 0.43	−18.205	.000	1.64 ± 0.59	−37.913	.000
敌对	1.20 ± 0.32	1.50 ± 0.57	−27.441	.000	1.77 ± 0.68	−51.841	.000
恐怖	1.13 ± 0.26	1.33 ± 0.45	−22.114	.000	1.46 ± 0.53	−36.521	.000
偏执	1.18 ± 0.30	1.52 ± 0.60	−32.740	.000	1.85 ± 0.69	−64.595	.000
精神病性	1.17 ± 0.29	1.36 ± 0.47	−19.905	.000	1.63 ± 0.54	−47.542	.000

将参测样本与全国常模进行单样本 t 检验，无论与全国青年常模，还是与全国大学生常模比较，北京农学院研究生各因子平均值都呈现出 P < 0.01 的统计学水平。这说明北京农学院研究生的心理健康状况好于全国平均水平。

（三）男女生性别差异比较

对参测男女生进行独立样本 t 检验，结果如表 4 所示，数据显示，在 SCL - 90 各因子、总分、总均分和阳性项目数各维度男女生均值均无明显差异（P > 0.05）。

表 4　　　　　　　　　　　男女生性别差异比较

指标	女生 N = 584 M ± SD	男生 N = 269 M ± SD	t	Sig.（双侧）
躯体化	1.15 ± 0.27	1.15 ± 0.27	−.225	.822
强迫症状	1.43 ± 0.44	1.43 ± 0.50	.151	.880
人际关系敏感	1.25 ± 0.35	1.26 ± 0.39	−.251	.802
抑郁	1.25 ± 0.38	1.23 ± 0.38	.680	.497
焦虑	1.22 ± 0.32	1.21 ± 0.34	.544	.586
敌对	1.20 ± 0.32	1.19 ± 0.33	.658	.511
恐怖	1.13 ± 0.26	1.12 ± 0.26	.637	.524
偏执	1.17 ± 0.29	1.20 ± 0.32	−1.271	.204
精神病性	1.16 ± 0.27	1.17 ± 0.31	−.199	.842
其他	1.24 ± 0.34	1.24 ± 0.39	−.344	.731
总分	110.23 ± 25.47	110.01 ± 27.97	.112	.911
总均分	1.22 ± 0.28	1.22 ± 0.31	.122	.903
阳性项目数	15.59 ± 16.10	15.09 ± 17.41	.408	.684

（四）各年级阳性人员的分布情况

如表 5 所示，本次普查共有 117 人筛查阳性，阳性检出的学生中研一的学生最多，为 82 人，占 70.08%；其次是研三的学生，为 19 人，占 16.24%；最后是研二学生，为 16 人，占 13.68%。就年级而言，研三的学生阳性检出率最高，占 20.21%；其次是研一的学生，占 19.71%；阳性检出率最低的是研二学生，占 4.67%。

表 5　　　　　　　　　　　各年级阳性人员分布情况

年级	男生 人数	所占 比例	女生 人数	所占 比例	总人数	总比例	在本年级 中的比例
研一	24	20.51%	58	49.57%	82	70.08%	19.71%
研二	6	5.13%	10	8.55%	16	13.68%	4.67%
研三	6	5.13%	13	11.11%	19	16.24%	20.21%

（五）各年级中重等程度的人员分布情况

如表 6 所示，本次普查共有 19 人显示中重度心理困扰，其中研一 12 人，占 63.16%；研二 4 人，占 21.05%；研三 3 人，占 15.79%。就年级而言，研三的学生中重度检出率最高，占 3.19%，研一次之，占 2.88%，研二的学生中重度检出率最低，为 1.17%。

表6 各年级中重等程度人员分析情况

年级	男生人数	所占比例	女生人数	所占比例	总人数	总比例	在本年级中的比例
研一	4	21.05%	8	42.11%	12	63.16%	2.88%
研二	1	5.26%	3	15.79%	4	21.05%	1.17%
研三	1	5.26%	2	10.53%	3	15.79%	3.19%

（六）十大症状排行

如表7所示，按所选人数多少排名，位居前十的项目集中在强迫、焦虑、敌对、抑郁和其他5个因子上。其中强迫550人，占64.48%；抑郁146人，占17.12%；焦虑144人，占16.88%；敌对88人，占10.32%；其他82人，占9.38%。

表7 十大症状排行

序号	题号	题目	人数	百分比	所属因子
1	10	担心自己的衣饰整齐及仪态的端正	160	18.76%	强迫
2	9	忘性大	155	18.17%	强迫
3	86	感到要赶快把事情做完	144	16.88%	焦虑
4	11	容易烦恼和激动	88	10.32%	敌对
5	45	做事必须反复检查	85	9.96%	强迫
6	14	感到自己的精力下降，活动减慢	82	9.61%	抑郁
7	60	吃得太多	80	9.38%	其他
8	38	做事必须做得很慢以保证做得正确	78	9.14%	强迫
9	46	难以做出决定	72	8.44%	强迫
10	31	过分担忧	64	7.50%	抑郁

三、结果分析

（一）北京农学院研究生总体心理健康水平高于全国平均水平

本次普查应测866人，实测853人，测评率98.50%。经与全国常模比较，参测样本各因子均分明显低于全国青年常模和全国大学生常模，说明北京农学院研究生心理健康水平总体较好；但仍有一部分同学存在心理困扰或中重度心理问题，为确保研究生群体的整体安全和心理健康教育工作措施有的放矢，心理健康状况普查排查仍不能忽视。

（二）男女生心理健康水平没有明显差异

本次普查共有男生 269 人，女生 584 人，经 SPSS 独立样本 t 检验，在 SCL-90 各因子、总分、总均分和阳性项目数各维度男女生均值均无明显差异。但从数值上看，女生抑郁、焦虑、敌对、恐怖等因子的得分略高于男生；男生人际敏感、偏执、精神病性等因子的得分略高于女生。这说明相对男生而言，女生更容易出现情绪管理和人际互动等方面的问题；相对女生而言，男生更容易出现自尊管理和冲动控制等方面的问题。

（三）心理问题分布比例因年级而不同

就心理异常检出整体而言，研一的学生群体，无论是阳性症状比例，还是中重度比例在三个年级中都占据最大的比重；但就不同年级而言，无论是阳性症状还是中重度心理问题检出率最高的是研三，其次是研一，检出率最低的是研二。这与参测研一学生基数大；毕业生面临学业、就业、科研、婚恋等现实困难和压力，新生面临新生的角色适应等实际问题有很大关系。因此，要针对不同年级开展符合研究生心理需求的心理健康教育与服务。

（四）症状分布比较集中

10 个因子按选择人数从高到低排列，在阳性症状、中重度心理问题和十大项目排名 3 个维度上，人员大都集中在强迫、人际敏感、抑郁、敌对、焦虑等因子。强迫、人际敏感、抑郁、敌对、焦虑的情绪的出现可能与现实压力大、人际关系不和谐、社会适应不良等因素有关。

四、教育对策

（一）加强研究生心理健康教育

心理健康课程教学是提升大学生心理素质的重要方式[2]，绝大多数高校都对本科生开设心理健康教育必修课，但是对研究生开设必修课的不多。研究生阶段的发展任务不同于本科生，遇到的心理问题也不尽相同，因此，为助力研究生学业和成长，学校应充分发挥课堂教学的主导作用，将研究生心理健康教育纳入培养方案，针对研究生的实际心理需求开设心理健康选修课；同时，通过"素质课堂""研究生大讲堂"等形式推出系列讲座和论坛。这些举措不仅使其学到的心理健康知识得以应用，增加他们对维持心理健康重要性的认识，而且有效地提高他们自身的心理调适技能[3]。

（二）开展主题宣传教育活动

心理健康教育活动的内容与形式应丰富多样，不局限于传统的心理健康知识普及、心理健康讲座等[4]。北京农学院针对本科生的"525大学生心理健康节"已举办16届、"大学新生心理健康节"已举办6届，可将此活动拓展到研究生层面。研究生可以在学习、科研之余，通过参加宿舍、班级、学院和学校等不同层面的各种活动，在参与和体验、竞争与合作、讨论与分享中缓解压力和冲突，交流思想和情感，扩大交往交际半径，提高应对问题和与人交往的能力，构建社会支持网络，不断提升自信心和适应力。

依托各学院，以专业和学科为先导开展不同主题的讲座和论坛，有针对性地为学生提供教学、科研、生涯规划等方面的指导和引领，缓解研究生的现实压力，做好学术分化引领，增强个人的发展和规划的能力。

以研究生辅导员为抓手，开展不同主题的"心理沙龙"和"团体辅导"活动，构建人际互动氛围，提升研究生心理健康水平。

（三）建立并完善研究生心理普查排查机制

与本科生相比，研究生群体思想上更为独立，心智更为成熟，对事情有自己的分析能力，个人判断能力较强，但同时面对的科研压力、工作压力等也更大[5]。目前高校对本科生开展心理危机普查排查的机制基本成熟，但对研究生普查排查仍有待进步一步完善。学校应规范开展研究生心理普查和心理危机排查，并建立完善研究生心理档案。

值得一提的是，由于研究生的年龄和经历普遍上长于本科生，其依从性一般弱于本科生，加之研究生学习和科研特点，测试率较低于本科生；另外，由于心理普查大多采取自评量表，学生是否如实填写直接决定了量表与实际情况的符合度。因此，为提升普查排查的实效性，要坚持"量表测查与深度访谈"相结合的工作原则，通过辅导员、研究生导师等的访谈介入克服量表局限性并填补未测学生空白，不断更新完善相关信息，做到心理档案动态有效。

（四）支持朋辈辅导

朋辈互助的方式可以更好地利用同伴群体的时间空间和年龄阶段的共同性，提升研究生自身主观能动性，并且有助于提高发现和排除心理危机的有效性，增强研究生心理健康教育的效果[6]。学校应发挥研究生党支部、研究生青年团组织、研究生会、研究生社团等党团学组织和研究生班级的自我教育、自我管理和自我服务能力，支持和指导研究生开展朋辈辅导。

（五）完善研究生心理健康教育管理与服务体系

研究生心理健康教育与管理是一个系统工程，需要全校各部门齐抓共管，群策群力。

首先，以加强培训为先导，对研究生导师、辅导员、专兼职咨询师及相关管理人员等群体开展"心理问题识别""心理危机预防干预""深度访谈和团体辅导"等专业培训，提升工作队伍整体专业水平和能力。

其次，以形成合力为目标，构建工作联盟，完善工作体系：构建"研究生导师—学院辅导员—学校研工干部"三位一体的日常教育管理联盟，推进相关教育和管理工作，充分发挥研究生导师、辅导员和相关管理人员的教育引领和支持陪伴作用；构建"宿舍—班级—学院—学校"四位一体的心理危机排查联盟，开展心理问题识别与排查工作，充分发挥宿舍长、班团干部、辅导员、专兼职咨询师和相关管理人员的联动作用；构建"学校—家庭—医院"三位一体的心理问题解决联盟，开展危机学生帮扶工作，充分发挥家庭、学校、医院的协调配合与分工合作，做好心理障碍学生的帮扶。

五、结语

研究生是国家实行可持续发展战略的重要人才资源和后备力量。高校应重视研究生的心理健康教育，把研究生心理健康教育纳入培养方案，多措并举稳步推进心理健康课堂教育、课外主题教育活动、心理普查排查、心理咨询服务等各项工作，以增强研究生群体心理调适能力，提高其心理健康水平。

参考文献：

[1] 顾瑜琦，胡佩诚. 实用心理测验 [M]. 北京：中国医药科技出版社，2006：281 - 284.

[2] 申子姣，杨一鸣，胡志峰. 高校心理健康课程助教团队建设的实践与探索 [C]. 新时代中国特色大学生心理健康教育，长春：吉林大学出版社，2018：319 - 321.

[3] 唐海波，徐建军，王瑜萍. 高校研究生心理健康教育体系探索 [J]. 高教论坛，2009（12）：109 - 111.

[4] 冯蓉，马喜亭. 研究生与本科生常见心理问题差异性研究 [J]. 教育

与职业，2015（6）：94-96.

［5］杨娟. 研究生心理健康危机预防体系初探［J］. 江苏教育，2019（88）：54-56.

［6］金春寒，张桥. 高校研究生心理健康教育现状分析［J］. 学校党建与思想教育，2015（23）：83-84.

职称评审代表作鉴定工作的创新实践与思考

——以北京农学院为例

北京农学院教师工作部　　徐月

摘要： 北京农学院为顺应国家职称制度改革，在代表作评审鉴定工作中尝试了初步的改革探索，扩大代表作评审范围，不再唯论文，同时改变传统的评审方式，首次采取云平台线上评审。改革效果较好，但是在工作中也存在诸多问题，通过对出现问题进行分析与思考，为代表作评审鉴定工作的规范化和制度化建设提供参考和依据。

关键词： 代表作；同行专家；鉴定；云平台

职称评审代表作鉴定是指申报高级职称的申报人员将代表本人专业技术水平的代表性成果送至本领域内具有高水平的专家进行评价鉴定。专家从理论性、先进性、创新性和应用性等方面对申报人员的学术水平是否达到拟申报职务进行评价和鉴定，是职称评审工作中一个重要的环节。2016 年起，国家对职称评审制度进行深化改革，代表作评审是改革重要内容之一。《中共中央办公厅 国务院办公厅印发关于深化职称制度改革的意见》提出探索建立"代表性成果"评价机制。完善同行专家评价机制，积极探索建立以"代表性成果"和实际贡献为主要内容的评价方式，将具有创新性和显示度的学术成果作为评价教师科研工作的重要依据。2017 年《中共北京市委办公厅 北京市人民政府办公厅印发关于深化职称制度改革的实施意见》提出代表作将作为评审主要内容。随着职称评审制度的改革、人才评价方式的改变，代表作评审日渐重要，代表作鉴定工作的规范性和制度性也日益具有重要意义。

一、代表作评审鉴定工作现状

（一）代表作鉴定工作缺乏规范性和制度性

目前，很多高校尚没有建立代表作评审制度，或者没有将代表作鉴定工作纳入职称评审聘任制度范畴，甚至有些高校没有实行代表作评审鉴定工作。很多高校的代表作鉴定工作不是由人事部门组织，而是由教师个人自行进行，教师直接联系到相关学校人事部门请求协助联系专家，或者申报人本人直接联系到专家本人对其代表作进行鉴定。不规范的代表作鉴定工作一方面加重了教师负担，另一方面容易产生学术不端，降低职称评审工作的公平公正性，降低人才评价的准确性。

（二）代表作评审应用尚未与国家改革精神接轨

自 2016 年起，国家和各省市陆续出台职称制度改革相关政策文件。无论是国家，还是各省市均提出人才评价"不唯论文"，提出建立代表作评审制度，代表作的范围不局限于论文，可以是工作报告、工作方案。但是改革至今，很多学校对代表性成果还是以论文为主，鲜有见到其他形式的代表性成果。代表作范围的狭小不利于人才评价，不利于区分不同岗位做出不同贡献的人的成果。此外，目前代表作鉴定结果在大部分高校也只是作为参考之一，占职称评审的权重较低。人才评价的方式主要还是以项目、论文、奖励等的数量和层次为主，以是否在国外高水平期刊发表论文，是否获得国家级项目或者奖励为准，并不注重创新性和贡献性，与国家改革精神不相一致。

（三）代表作鉴定工作信息化程度不高

随着信息化技术的广泛应用，信息化在职称评审工作中应用日渐广泛，但是在代表作鉴定工作中不够普遍，很多高校还是采用传统的方式进行代表作鉴定工作。传统的方式即教师按照学校要求提交 2～3 篇论文，每篇论文需要提交 3 份或者 5 份，由人事处工作人员按照职称评审条件进行审核，审核合格后邮寄至同行专家所在单位人事处，由人事处送至相同或相近专家进行鉴定。专家鉴定完毕后再由所在单位人事部门邮寄至申报人所在单位，过程烦琐。当需要送审的论文数量较多的时候，分配专家和回收鉴定意见均需要双方高校工作人员花费很多时间和精力，整个过程费时耗力。尤其作为专家单位人事工作者来说，接收材料和分配专家并回收材料工作是本职工作之外的工作，带来额外负担。

二、北京农学院代表作鉴定工作改革创新实践

（一）将代表作评审纳入职称聘任制度

笔者所在北京农学院自 2008 年起开始进行人事制度改革，持续推进人才分类评价，分类设岗。2019 年按照国家和北京市职称制度改革要求进行了第三次聘任制改革，响应国家和北京市对职称制度的改革要求。新出台的改革文件中明确将代表作评审作为职称评审的重要环节之一，规定了代表作评审和鉴定在申报人资格初审通过后才可以申请代表性成果进行鉴定。明确规定代表性成果鉴定工作由学校统一组织，并且全部由校外同行专家承担鉴定工作，从程序上和制度上对代表作鉴定进行了规范，严防学术不端行为的发生。

（二）代表性成果范围扩大

从 2017 年起，北京农学院就不断地探索代表性成果评审改革，代表性成果送审不仅仅局限于论文。2019 年推出代表作评审清单，申请高级职务的申报人员送审代表作不再只限定为论文或者专著，送审范围扩大，申报人员可以根据申报岗位和实际贡献提交代表性成果，不搞一刀切，即申报教学型岗位教师可以送审教材，送审教学基本功比赛获奖成果；申报科研型岗位教师可以送审发明专利或者科技奖励成果；申报推广型岗位教师可以送审成果推广鉴定证明报告或者获上级部门肯定或者应用的政策建议报告等。代表作范围的扩大有助于人才精准评价，引导人才根据岗位需要发挥作用。

（三）采取云平台线上同行评议

2019 年，为提高代表作同行专家评价的工作效率和透明度、公平性，北京农学院依托云平台进行线上代表作同行评议。通过云平台，申报人线上填报送审代表作扫描版，申报人员所在基层单位和学校人事处在线完成审核和复核，审核完毕由学校人事处按照申报人员学科和专业及申报岗位分配，统一发送至相关高校人事部门，再由相关高校人事部门通过平台进行专家分配，被选定的专家在线完成送审材料的评议和评价。全程线上化、互联网化、无纸化，并且全程可监控，申报人所在高校人事部门可以适时查看申报人的申报上传材料情况、申报人所在基层单位审核情况，可以查看其他高校人事部门专家分配情况和专家的评审情况，及时处理遇到的问题。最后专家可以在线完成评审费用的支付和领取，避免费用由人事部门经手，增加人事工作者的工作负担和风险点。

三、代表作鉴定工作的思考与建议

（一）提高代表作鉴定工作思想认识，加强结果应用

尽管按照国家政策需要，北京农学院在 2019 年代表作鉴定时鼓励教师根据岗位情况申报成果，可不局限于论文，可以提交教案、教材专利等体现工作业绩的成果。但是在评审过程中经校外同行专家反馈，相当一部分校外专家并不适应评审材料的改变，仍然对论文的形式持肯定态度，质疑其他形式成果。此外，很多高校仅是将代表作鉴定工作作为评审环节中的一个形式，代表作鉴定结果仍然是仅仅作为参考，不作为职称评审的关键影响因素。可见，大部分高校和专家尚未对国家职称改革精神有充分的认识，尚未对代表作评审加以重视。各高校应深入学习和了解国家和省市关于职称改革的文件和精神，提高对代表作的认识。按照国家发展需要和人才培养需要，改变人才评价的方式，不唯论文，以实际贡献和岗位需要评价人才，提高人才评价准确性，提供人才成长良好环境，提高人才积极性。在全面评价人才的同时，注重人才的实际贡献，重视人才在岗位方发挥的实际作用，不让人才为了评职称而评职称。

（二）加强代表作鉴定工作的制度化和规范化，摒除学术不端

代表作鉴定工作虽然只是职称评审中的一个环节，但是程序复杂，涉及面较多。工作程序中涉及前期统筹收集申报人员材料，中期审核管理和分配专家，后期鉴定及意见回收。涉及人员包括申报人员、人事工作者、专家等，建议各高校应加强代表作的鉴定工作，建立代表作评审制度，制订代表作鉴定工作标准化的工作流程，对每一项工作提出具体的工作要求。对申报材料明确要求和条件，对评审专家严格遴选、严格把关，将代表作鉴定工作进一步制度化和规范化，建立不见面、不打招呼的评价机制，规避学术不端行为，提高代表作鉴定的透明度、公平和公正性。具体为：（1）明确代表作评审时间：应在单位职称评审完成资格审核工作后开始，在评委会评审前结束。（2）明确工作组织机构：由学校统一组织，不允许教师个人行为。（3）建立代表作评审范围清单：按照岗位职责和岗位要求制定送审清单范围，不唯论文。（4）建立专家库：建立全面的评审专家库，采集专家信息，保障学术回避。（5）建立评审反馈机制：评审专家对代表作有疑义可直接联系申报人所在单位人事部门，人事部门随时为专家解释学校政策及代表作情况，保证评审结果符合申报人所在单位要求。（6）建立二次送审机制：申报人员对评审结果不满意可以进行二次送审。为保证当年评审公平性，二次送审不能在同一年度进行，且二次送审代表作不能与上一次送审材料完

全重复。

（三）运用信息化技术开展代表作鉴定工作

2020 年初，中国经历了新冠状病毒引发的肺炎疫情，全国人民响应国家号召居家隔离、居家办公或者学习。在这样的情况下为保障工作顺利进行，采用信息化技术是最佳手段。同时按照 2019 年人社部《职称评审管理暂行规定》，提出职称评审信息化，提倡在线评审，网上受理和反馈。北京农学院于 2019 年首次尝试使用云平台采取线上评审的方式，取得了不错的效果。经申报人员、相关高校人事工作人员、评价专家反馈，线上评审方式优于传统线下方式。代表作鉴定的线上完成极大地提高了人事工作者的效率，降低了申报人员的负担，同时方便专家随时随地审阅申报材料，也减少了资源浪费，避免申报材料的反复复印、分发和回收处理，提高了工作效率。

首都农业高校硕士毕业生就业现状分析与思考[*]

——以北京农学院为例

杨毅

摘要： 在我国研究生教育教育推进"三全育人"建设的背景下，研究生培养水平和质量不断提升，研究生招生规模也逐渐扩大，无论在工作方式、方法上，还是在复杂程度和工作难度上，就业作为学生工作中重要的一个部分，是需要一直要研究的话题，对研究生就业工作均提出了更高的要求，使其面临更大的挑战。

关键词： 农业院校；研究生；就业；研究

据教育部和国家统计局相关数据显示，2019 年就业的大学毕业生共计 834 万人，2020 年增加到 874 万人，就业人数逐年递增。研究生就业成为我国高校就业工作不可忽视的部分，当前就业竞争日益激烈、就业结构不平衡等严峻的就业形势，促使我们在研究生就业教育、用人单位对接、研究生就业队伍建设、政策扶持等方面要加强研究，进一步提高硕士研究生的就业竞争力。因此，对研究生就业现状和问题进行分析，提出针对性对策和建议，对研究生就业质量提升具有重要意义。

面对当前形势，高等院校就业仍是一个亟待研究、解决的命题。围绕习总书记指示，学校立足首都，发展现代化农业，培养新时代农业人才，需要研究高端人才的培养出路问题。同时，北京作为国内高等院校分布最为密集的地区，也是对全国高端人才最具吸引力的就业市场之一。针对这一情况，本文以北京农学院

* 基金项目：2020 年北京农学院学位与研究生教育改革与发展项目。作者：杨毅，硕士，主要研究方向：研究生教育管理。

研究生毕业生的就业数据为基础，通过对 2017 届至 2019 届硕士毕业生就业率、就业单位性质、专业匹配度等数据进行统计和分析，探讨硕士毕业生就业影响因素，探索提高首都农业高校硕士毕业生就业竞争力的方法，为首都地区高校更好地开展就业服务工作提供理论基础和实践依据。

一、学校 2017 届至 2019 届硕士毕业生就业状况

（一）硕士毕业生就业率、签约率情况对比

北京农学院 2017 届至 2019 届硕士研究生毕业生就业率分别是 100.00%、98.62%、98.48%，变化幅度在 1.5% 左右，就业情况比较稳定，就业人数在逐年增加，但依然保持较高的就业率。具体如表 1 所示。

表 1　　　　　　　2017—2019 届硕士毕业生就业率、签约率一览

届别	毕业生人数	就业人数	未就业人数	就业率	签约率
2017 届	261	261	0	100.00%	95.02%
2018 届	290	286	4	98.62%	91.38%
2019 届	330	325	5	98.48%	88.48%

（二）硕士毕业生就业单位类别情况对比

根据北京市有关就业政策，结合学校服务社会的定位和人才培养的目标，我们从四个方面来考察研究生毕业生的就业质量，一是继续深造（考博）的人数；二是到高校、科研院所工作的人数；三是到机关事业单位工作的人数；四是到涉农企业单位工作的人数。

通过近几年数据对比，继续深造（考博）的人数比例略有下降；到高校、科研院所工作的人数比例显著上升；到涉农企事业单位工作的人数有所上升；到其他企事业单位工作的人数略有下降。具体如表 2 所示。

表 2　　　　　　　2017—2019 届硕士毕业生就业流向一览

届别	考博、出国留学	高等教育和研究院所	涉农企事业单位	其他企事业单位
2017 届	8.05%	10.34%	39.08%	42.53%
2018 届	7.24%	8.97%	39.31%	43.10%
2019 届	4.24%	13.64%	40.61%	40.00%

（三）硕士毕业生就业与专业匹配情况对比

毕业生就业岗位与专业的对口匹配程度，也是衡量研究生培养质量的一个重

要因素。近几年，学校硕士毕业生的就业与专业匹配程度略有起伏，平均不到80%。以2019年为例，除去考取博士、出国留学的14人外，学校2019届毕业研究生有311人已经就业。按照所学专业与就业单位所属行业性质匹配度进行统计，2019年学校毕业研究生专业与就业对口人数共计261人，专业与就业不对口人数共计50人，专业与就业匹配比例为83.92%。具体如表3所示。

表3　　　2017—2019届硕士毕业生就业岗位与专业匹配程度对比一览

届别	就业人数	岗位专业对口	岗位专业不对口	匹配比例
2017届	240	189	51	78.75%
2018届	265	194	71	73.21%
2019届	311	261	50	83.92%

（四）硕士毕业生赴北京当地基层就业情况对比

近几年，北京市发布《关于进一步引导和鼓励高校毕业生到基层工作的实施意见》，拓宽了毕业生到基层工作的渠道，具体包括大学生"村官"（选调生）、乡村教师特岗计划、"三支一扶"计划和志愿服务西部计划等。

北京农学院2017—2019届硕士毕业生赴基层就业比例逐年偏低，从2017年的5.75%降到2019年的1.21%。具体如表4所示。

表4　　　2017—2019届硕士毕业生赴北京当地基层就业情况对比

届别	就业总人数	赴基层就业人数	基层就业比例
2017届	261	15	5.75%
2018届	290	9	3.10%
2019届	330	4	1.21%

二、学校硕士毕业生就业情况分析

北京农学院是一所以农为特色，农、工、管为主要学科门类多科融合的高等院校，培养的硕士研究生以农业学科为主，因此该校硕士毕业生的就业情况反映出地区农业高校的就业特点。

（一）学校2020届硕士毕业生就业调查

北京农学院2020届硕士毕业生共计506人，创历年毕业人数新高。为了了解2020届硕士毕业生的就业意向情况，笔者对应届硕士毕业生进行了问卷调查。调查以北京农学院8个二级学院的硕士毕业生为研究对象，对首都农业高校硕士毕业生就业现状进行调查研究。调查共随机发放问卷 190 份，收回有效问卷 180 份。通过调查，2020 届硕士毕业生就业意向呈现如下特点。

1. 硕士毕业生的就业意识明显增强

随着国家影响力逐步加强，就业市场愈发繁荣，使硕士毕业群体渐渐意识到，自己会作为一个独立的主体进入当前的就业环境中，形成了更加明确的自主性和选择性，使硕士毕业生的就业主体意识明显得到增强。

2. 毕业生的生源分布广，男女比例不均衡

学校硕士毕业生来自全国 24 个省、直辖市、自治区，北京生源占毕业生总数的三分之一，京外生源占毕业生总数的三分之二；女生占毕业生总数的 70%，女硕士毕业生比例较高。

3. 硕士毕业生的就业意向倾向性明显

在选择就业地区上，大部分硕士毕业生更愿意选择去北京、上海、广州等大城市发展；在就业单位的选择上，大部分硕士毕业生愿意到公务员、事业单位就业，占调查样本的 66%；去中西部欠发达地区的选择人数偏少。说明硕士毕业生的就业意向不是完全源于实际，具有明显的倾向性和不合理性；同时硕士毕业生对机关、事业单位的渴求，对中西部地区和基层单位的忽视，也从另一个侧面反映了当前硕士毕业生择业观中的功利心浓厚，过多关注的是个人发展和经济利益，忽略了社会价值的实现。

4. 就业期望呈现多种矛盾

从调查结果看，部分毕业生一心向往大城市、机关事业单位，在选择就业单位时，以待遇好、福利高的就业单位为追逐对象，而缺乏深入了解社会对人才的需求，同时，硕士毕业生对各地区就业政策的不了解，也导致其就业期望与实际社会需求存在一定的差距。

（二）农业院校硕士毕业生就业存在的问题分析

1. 从硕士生自身方面进行分析

一是就业观念存在误区。研究生阶段的学习期间，大多时间用在做课题、实验上，很少对未来进行完整规划，其就业观念仍停留在本科的状态，不熟悉整体的就业环境，没有正确、客观地直视自身的就业能力，导致面临就业时无所适从。二是硕士毕业生的专业技能还需加强，学习阶段侧重于学习科研，导致就业准备的时间与精力明显不足。三是硕士毕业生缺乏足够的社会锻炼，自身实践能力不足。很多硕士研究生不愿意去企业实践锻炼，对自身评估不准确，很难做到人岗匹配，就业渠道过于狭窄，了解就业方式较为单一。

2. 从毕业生家庭方面进行分析

受家庭背景及地域文化的影响，农科专业的研究生就业观念比较保守，在家

庭中，受家长偏好稳定度较高、收入有保障、风险性较低的工作岗位的影响，会听从家长意见，选择机关事业单位，或选择一线大城市工作。所以农业院校硕士毕业生较少转变就业理念，缺乏对于企业及外地工作单位的考虑，造成本地适合的工作岗位竞争增加。

3. 从就业单位方面进行分析

目前就业单位对毕业生的能力素养、专业知识结构、综合素质的要求越来越高，很多研究生由于缺乏就业技巧和知识、信息渠道不畅通，遭遇挫折，心理也发生变化，造成了面试失败。此外，社会市场经济的变化，也影响学生的就业价值观念，很多学生趋向于高报酬、福利好、就业发展前景较好的工作岗位，但与自身的实际能力有差距，形成了就业矛盾。

三、农业院校硕士毕业生就业对策建议

在硕士研究生人数逐年增加的背景下，硕士研究生的就业压力也逐年增加，在硕士研究生学好理论知识和实践技能的同时，学校如何更好地开展就业服务工作，培养满足社会多层次需求的复合型高层次人才，提高农业院校硕士研究生毕业生就业竞争力，实现更高质量和更为充分的就业。笔者提出以下建议：

（一）明确求职规划，引导学生树立正确的就业观

研究生在校期间应该在学好专业课的基础上，多参加科研项目的研究，提升自身科研能力。高校应该引导研究生重视就业能力的培养，提高其进行自我教育和参与提升就业能力活动的意识。例如多参加面试技巧培训、简历制作大赛、职场礼仪培训、化妆培训、职业规划大赛、假期实践活动等。在此基础上，学生应该争取校外的实习机会，尽可能地参加一些与专业密切相关的实习，积累社会实践能力。通过参与课题研究或各类社会实践洞悉社会脉络，熟知行业规则，增加社会阅历，进一步认识自己，明确自己的未来定位，进而规划自己的职业生涯。研究生应合理规划时间，创造性地将科研和实践有机结合起来，提升自身的求职能力。培养单位应引导学生自我认知转变就业观念，加强学生创业和就业教育，进而树立正确择业观和就业观。

（二）鼓励研究生面向基层就业

不断转变研究生的就业观念，调整研究生的心理预期；提供科学合理的政策导向，供研究生进行选择；就业不只是面对考公务员、事业单位等形式；高校要响应国家鼓励毕业研究生面向基层就业的政策要求，实现个人与社会价值观的统一；要积极配合有关部门精心组织实施好"选聘高校毕业生到村任职""大学生

志愿服务西部计划""三支一扶计划"、参军入伍、中小微企业等其他基层就业的渠道。要结合当前形势和就业政策，引导毕业研究生调整就业期望值、合理定位，自觉到更加需要的基层岗位就业。

（三）与研究生导师建立耦合机制，共同促进研究生就业

研究生导师作为研究生在校期间的第一责任人，对研究生就业的态度和贡献的力量在很大程度上能够提升研究生的就业质量。在研究生就业工作中，研究生辅导员要积极动用研究生导师的力量，定期与研究生导师进行沟通，保障信息畅通，随时跟踪和反馈学院研究生的就业进度及所面临的就业困惑；通过实施研究生就业周报制和研究生就业奖励制等制度，与研究生导师建立耦合机制；采用反馈、奖励机制调动研究生导师对开展研究生就业工作的积极性，利用社会资源为研究生推荐工作，配合辅导员做好研究生就业的动员工作，定期对研究生进行就业价值观教育工作，为就业困难的研究生提供科研助理岗位缓冲就业等方式促进研究生就业。

参考文献：

[1] 杨雄. 影响农科研究生就业的因素分析和对策分析 [J]. 中国多媒体与网络教学学报（上旬刊），2018（12）：84-85.

[2] 刘希山，石磊，房爱理，刘明明. 农科研究生就业现状调研分析与对策研究 [J]. 山东省农业管理干部学院学报，2010，27（4）：175-176.

[3] 左辉，王涛，谢姗姗. 硕士研究生就业困境及应对策略 [J]. 决策与信息，2017（12）：95-100.

[4] 王亚男. 人文社科硕士研究生就业现状与就业教育分析 [J]. 黑河学刊，2017（2）：116-117.

[5] 代莉莎，刘凌. 落实五项教育，切实提升研究生就业指导工作水平——以中国石油大学（北京）为例 [J]. 吉林省教育学院学报，2014（9）：78-79.

新时期高校研究生兼职辅导员助管工作的实践与思考[*]

北京农学院园林学院　李国政　史雅然　杨刚　张明婧　武丽

摘要： 选拔优秀研究生兼职辅导员助管工作，既是对高校辅导员队伍短缺状况的有效补充，也是新时期高校学生思想政治教育和日常管理工作的创新举措。研究生担任兼职辅导员有其自身的特色和优势，如现身说法有示范效应、贴近学生易与学生沟通、积极热情能创新工作等。同时，他们在工作中也存在不足之处，如理论素养不够、管理经验缺乏、学业与工作冲突、工作稳定性差、考核机制不健全等。因此，需建立完善的研究生兼职辅导员选拔考核机制、学校学院应注意统筹协调引导免除后顾之忧、完善考评激励机制，进一步提升兼职辅导员队伍的整体水平，努力提高学生工作成效。

关键词： 研究生；兼职辅导员；优势和不足；建议

教育部在《普通高等学校辅导员队伍建设规定》中指出："辅导员是开展大学生思想政治教育的骨干力量，是高等学校学生日常思想政治教育和管理工作的组织者、实施者、指导者。辅导员应当努力成为学生成长成才的人生导师和健康生活的知心朋友。"习近平总书记在全国高校思想政治工作会议上指出："长期以来以辅导员为代表的高校思想政治工作队伍兢兢业业、甘于奉献、奋发有为，为高等教育事业发展做出了重要贡献。"可以肯定的是，我国高校辅导员制度实行近 70 年来，辅导员作为高校思想政治工作的骨干力量，始终工作在高校学生思想引领和日常管理工作一线，对高校人才培养、校园和谐稳定等方面起到了至关重要的作用。

---

* 基金项目：2019 年北京农学院学位与研究生教育改革与发展项目（2019YJS080）。

近年来，随着我国高等教育招生人数的逐年增长和高校编制的收紧，很多高校的专职辅导员岗位师生比很难达到教育部要求的 1：200，"供不应求"成为常态的背景下，高校聘用研究生兼职本科生辅导员成为大势所趋，辅导员队伍"专兼结合"模式成为普遍存在的现象，也成为研究生"三助一辅"工作的重要实践形式。总体而言，"专兼结合"模式既可有效解决专职辅导员数量不足的问题，分担学校学院学生管理的重任，又能充分锻炼研究生的综合能力，还将有效加强本科生的日常管理教育效果。然而，由于在读研究生的身份特殊性，加之高校兼职辅导员的选拔、激励与考核机制尚处于不断探索和完善的阶段，兼职辅导员的角色困境日益凸显，其学业与工作冲突等问题亟待解决。

一、研究生担任兼职辅导员的优势所在

（一）现身说法，有示范效应

研究生基本上是所在学院的学生，对学院的情况比较熟悉，具有本学院本学科的专业优势和学术研究能力，并掌握了有针对性的学习方法，能发挥在专业上给予学生具体指导的学业优势；在助管工作中可以现身说法，结合自己的成长感受、成功经验、学习体会直接和同学交流，以自身昨天的经验教训引导本科学生正确规划自己的当下。

能将自身担任学生干部好的经验言传身教给所指导的本科学生干部，用以前策划、组织活动的经历进行实践引领。作为优秀的学习榜样，能深入学生群体中，以其良好的学习、工作作风影响学生，为校园文化建设和学风建设起到示范性效应，增加了本科生思想政治工作的实效性，这些身边榜样的影响作用有时候胜于教师、专职辅导员的教育效果。

（二）双重身份，更贴近学生

研究生担任高校兼职辅导员具有双重身份，既能从学生的角度理解大学生在学习、生活中遇到的困难，也能从辅导员的角度去开展学生工作，以一种亦师亦友的角色给学生以启发和帮助，让学生更愿接受他们的建议和管理。由于年龄差距小，大学生面对兼职辅导员时有亲切感，往往能敞开心扉沟通交流，让其更容易走进学生的内心。

兼职辅导员与学生接触密切，能够及时掌握学生的动态。与学生在课堂、宿舍、运动场等场所接触多，对于发生的问题可以及时地跟进了解，并提出相应的解决措施，防患于未然，使日常学生工作能更加顺利地开展。对同学们生活中的困难、思想上的困惑以及学习中的难题有着更加客观准确的认识，在处理问题上更具有亲和力和号召力。

（三）积极热情，能创新工作

能够通过竞聘或推荐担任兼职辅导员的研究生大多是品学兼优的党员学生干部，思想政治素养、管理协调能力和生涯发展规划等方面都具备一定基础，对于辅导员工作，他们都会尽心尽力地积极投入其中，对所分配的工作兢兢业业，对学生耐心细致、充满热情，也认识到对其自身综合素质的提升也大有裨益。

兼职研究生辅导员思维活跃，接受新鲜事物能力比较强，能以独特的视角发现学生日常管理工作中的不足之处，进而改进工作。对于网络流行的现代化工具能够熟练掌握，在"互联网＋"尤其是微媒体时代，往往采用学生乐于接受的新媒介手段与学生进行有效的沟通交流、开展思想政治教育和学生事务管理工作，具有明显的创新优势。

二、研究生担任兼职辅导员的不足之处

（一）理论水平和管理能力有差距

兼职辅导员选拔自各专业，大多缺乏思想政治教育、心理学等相关学科背景，理论素养水平和理论指导实践的作用发挥受限。尤其在处理一些出现心理问题的学生或者发生一些突发事件时，由于缺乏理论知识和相关实践经验往往束手无策，或者凭直觉、凭仅有的认知来处理问题，会在相当程度上影响工作效果。

他们在上岗前大多缺乏学生管理类的技能培训，从而导致初出茅庐的研究生在处理学生问题时很难跳出学生思维，开展工作时很难做到从容处理、沉着应对。面对新形势下高校学生管理工作中各种错综复杂的问题，相对专职辅导员而言研究生由于阅历尚浅，经验不足，缺乏相应的工作技巧和一定的管理经验，尚未形成一套自己的思想政治教育工作的程序和方法，在兼职期间能接受到的专业、系统的学生管理工作的业务培训也比较有限。导致在现实工作过程中，只能从事一些比较单一的事务性、程序性、辅助性工作。

（二）学业与工作存在冲突

一般情况下，专职辅导员都是学校在职在岗的教职工，而研究生兼职辅导员的第一身份还是在校学生，首先要保证完成自己的课程、科研课题等学业和研究任务，尤其是理工科类的研究生更是如此，可自由支配的空余时间并不充裕。同时，要做好繁重琐碎的辅导员工作，也需要花费大量的时间和精力。因此，辅导员工作与学业之间的矛盾凸显，如何协调好自身学业与兼职辅导员工作也是不小的

挑战。

（三）队伍稳定性较差

以北京农学院聘任兼职辅导员工作运行情况来看，可能和大部分的高校一样都会遇到相同的问题，就是兼职辅导员流动更替频繁，稳定性较差。专业硕士研究生修业年限只有两年，在校时间短压力大，所以几乎没有什么空闲时间和精力来做此项工作。目前我们聘任的主要倾向于学术型的研一学生，因为他们的修业年限是三年，第一年主要以公共课和基础课为主，基本都在学校上课，时间还相对较为自由。而二年级以上的学术型研究生大多要进实验室或以实习、调研等为主，有很多时候都不在校园内甚至不回宿舍住宿，所有做满一年后到研二还能继续从事兼职辅导员工作的研究生很少。另外，好多研究生从事兼职辅导员工作的目的比较明确：提升自身能力、增加履历、获得一定的津贴等。所以，在完成一段时间的工作任务并达到上述目的后，常常也会选择将重心放回科研和学习上，全力备战毕业论文、毕业设计等。能做两年以上的兼职辅导员的人数非常少，一般只能每年选聘一批新的兼职辅导员，这种情况下工作的延续性和实效性就会受到影响，不利于学生工作的良性发展。

（四）考核激励机制不健全

一般的高校对专职辅导员的考核都有专门的制度方案，根据考核结果进行评价和奖惩。针对研究生兼职辅导员，却往往出于其学生的身份考虑，没有明确的考核、激励机制，得不到有效的评价和约束。进而容易导致兼职辅导员产生"干好干坏一个样"或"当一天和尚撞一天钟"的消极情绪，降低工作效能。现在高校进人政策和要求的提升，对于解决这个群体将来转成专职正式辅导员的难度和不确定性加大，相应的激励或者优待政策很难匹配，这些因素也会削弱兼职辅导员的工作热情，对工作效果产生一定程度的影响。

三、完善兼职辅导员助管工作的思考与建议

为建设一支高质量、高素质的兼职辅导员队伍，解决此项工作面临的种种问题和困境，高校必然要积极探索应对策略和改进措施。下面本文将针对以上分析谈谈对策建议。

（一）选拔培训并重，提高业务水平

各高校需要建立一套科学有效、符合实际的选拔办法，采取推荐与公开竞聘相结合的方式，选聘政治素质过硬，道德品行端正，甘于奉献，乐于、擅长做学

生思想政治教育工作，具备一定的组织管理能力、语言和文字表达能力优秀在校研究生兼职辅导员助管工作。

保持培训与指导相结合的培养方式，加强理论素养。可定期组织他们参加涉及学生管理、突发事件、学生心理等与学生工作密切相关的沙龙、经验技巧交流会、经典案例分析会，邀请校外专家学者不定期举办培训，采取"以老带新"的方式提升兼职辅导员职业技能。其次，鼓励他们考取心理咨询师、就业创业指导师、职业生涯规划师以及教师资格证等相关行业证书，系统性地完善作为辅导员的职业素养。

（二）统筹协调引导，免除后顾之忧

首先，学校领导和院系领导应主动关心兼职辅导员，为他们排忧解难。可以发挥学院党政的协调作用，提前策划决策，匹配一定的政策支持，处理好学生与导师、学业与工作等方面的矛盾，一部分学工业绩可冲抵实习或课时，主动为其工作与生活创造便利条件，帮助解决兼职辅导员的后顾之忧。其次，解决兼职辅导员角色定位和工作职能模糊的问题，明确各自工作职责，帮助兼职辅导员发挥自身优势开展学生管理工作，助推良好师生关系的创建。此外，合理分配工作，有效回避劣势，发挥优势，进而提高他们的自信心和成就感。还要引导研究生兼职辅导员需要准确定位，充分认识自己的双重身份，善于自我管理和规划，努力做到学业与工作两不误。

（三）完善考核机制，实现有效激励

要稳定兼职辅导员队伍，在一定程度上取决于管理制度的完善和激励强度。高校需结合学校自身实际情况建立一套《研究生（兼职）辅导员考核管理细则》，对规范工作及奖惩提供有效依据，保障其工作的顺利开展。学工部门可以在实施中采用不同于传统绩效考核的方式具体设计管理方案，明确任务目标和考核指标，实施阶段性考核，在考核过程中矫正任务目标的偏离，并在兼职辅导员队伍中形成工作竞争活力。

对考核优秀的兼职辅导员实施激励，包括物质奖励和精神奖励。对积极投身辅导员工作的研究生，提供相应的生活补贴，任期结束时给了一定的奖励，将学工业绩纳入研究生的评奖评优，激活工作积极性。为研究生兼职辅导员提供可预期的职业发展前景，或者对留校从事专职辅导员有加分或其他倾斜政策。

当前，大学生思想政治教育工作正处在蓬勃发展的时期，为了适应我国高校教育发展的需求，高校应该充分认清研究生兼职高校辅导员在学生管理工作中的重要作用。精准分析研究生担任高校兼职辅导员中存在的一些问题，积极采取有效措施、对策，形成一套更加完善的研究生兼职辅导员培养使用机制，进一步发

挥研究生兼职辅导员队伍的优势和长处，为做好新时期学生思想政治教育工作打下坚实的基础。

参考文献：

［1］普通高等学校辅导员队伍建设规定（中华人民共和国教育部令第43号）［EB/OL］.（2017－09－29），http：//www. moe. gov. cn/srcsite/A02/s5911/moe_ 621/201709/t20170929_ 315781. html.

［2］习近平出席全国高校思想政治工作会议并发表重要讲话［N］. 人民日报，2016－12－09（01）.

［3］范严伟，王吉成，王波雷. 浅议研究生担任高校兼职辅导员的实践体会［J］. 科技信息，2007（24）：369.

［4］孟祥栋，王小丽. 研究生从事辅导员工作意向的调查［J］. 高校辅导员学刊，2009（1）：72－74.

［5］张立兴. 高校辅导员制度的沿革进程考察［J］. 思想理论教育导刊，2009（04）.

［6］清华大学《双肩挑》编写组. 双肩挑［M］. 北京：清华大学出版社，1993.

研究生在常规科研工作中对流行病材料实验室的管理[*]

北京农学院动科学院　　吴春阳

摘要：研究生实验室是研究生阶段完成学术研究的重要场所，为其科学研究提供重要的保障，学习试验技巧以及试验方法，在实验过程中的安全意识对于研究生顺利完成学业非常重要。良好的实验室氛围，不仅可以提升科研速度，而且可以增强研究生团队合作。制订实验室规章制度，对实验室的安全发展具有重要作用。本文从落实实验室各项规章制度、加强对实验室仪器设备操作的培训、生物实验室的常规操作以及实验室存在的问题及改进措施四个方面来阐述研究生在常规科研工作中对流行病材料实验室的管理。

关键词：实验室管理；研究生；实验室安全；病原微生物

　　研究生实验室是研究生进行科学研究的主要场所，一般也被称为科研实验室，具有培养研究生独立的动手能力以及创新思维的任务[1,2]。病原微生物实验室是相关研究生在攻读学位时完成科研课题的场所，规范的操作和对生物安全的重视是研究生安全试验的基础，良好的实验室学术气氛以及研究生明确的研究方向有助于提升科研效率，高校生物安全事件时有发生，对丁实验室潜在的生物安全隐患应加强重视，避免造成实验室污染和研究生的损失。当今社会对研究生科研能力和个人修养的要求越来越高，培养研究生独立解决问题的能力尤为重要。加强对研究生实验室的管理，提高实验室管理水平，使得实验室的资源能够被充分地利用，从而使其更有效地在研究生的培养中发挥作用。

＊　基金项目：2019 年北京农学院学位与研究生教育改革与发展项目（2019YJS077）。

一、落实实验室各项规章制度

（一）明确实验室值班制度

研究生作为实验室人员组成的主要来源，对实验室各方面的运行、物品的存放、仪器使用等可以熟练掌握，能够更好地做好监测、登记、反馈工作。研究生参与值班和对实验室运行的管理，不仅激发了学生的热情与主人公意识，同时能让学生更好更主动地融入到实验室的日常工作中，更好地促进其科研学习[1,2]和动手能力。新入学研究生需在跟着有经验的研究生在实验室至少熟悉 1 个月以上，熟悉实验室的各种注意事项，建立旧生带新生的实验室值班制度，建立研究生值班档案。根据负责具体区块职责差异，对研究生进行全面的培训，重点培养安全实验意识，强化值班时的责任感。所有研究生身份信息、培训内容以及随后的考核结果，均作为分配值班的参考依据。在跟着有经验的研究生值班一个月后进行单人考核，由实验室主要负责人组织进行对研究生的考核，确定其完全掌握并熟练理解具体工作职责，熟悉相关表单记录的填写，才可负责实验室值班工作。

（二）实验室人员的安全培训

每季度对实验室所有成员进行生物安全培训，保证实验室所有人掌握生物安全防护知识、实验技术规范、操作规程和相关技能，考核合格之后可以独自做实验，不合格则需要跟着团队有经验的同学一起做实验。病原微生物实验室的生物安全性及其防护，依旧存在部分研究生只注重试验速度及试验成果，而忽视了生物安全防护，在做病原微生物实验时操作不规范，为了快而忽视了自身安全和实验室安全。常见的错误示范有病原微生物没有进行分类就混合存放，生物安全柜卫生打扫不彻底，生物垃圾没有进行分类，在实验室吃东西饮水，不同实验室东西互用等。根据传染病实验室生物安全管理现状对研究生开展完善的实验安全培训，提高安全意识，尽最大的可能避免事故的发生。让研究生明确实验的注意事项以及实验安全的防范措施，面对突发事项时可以冷静处理，不因为慌张造成失误，如液氮的使用等。了解相关操作步骤，使自己的操作符合相应的制度和标准[3]。让研究生了解到生物安全实验管理的重要性，在实验过程中做好安全防护措施，使学生既可以掌握安全知识，又可以了解生物危险因子的分类，使用危险物品、对废弃物进行处理时可以严格按照规章制度与法律法规进行。在加强安全培训的同时，要注意加强考核。在试验过程中，指导老师要对学生进行指导和监督，使学生既可以进行安全、规范的操作，又能够通过试验真正运用所学知识，做到理论与实践相结合，从而顺利实现安全试验。只有提高全体成员的安全意识，并定期进行事故逃生和消防演练，增强大家对安全意识的重视。通过安全讲座，高校常见安全隐患视频以及让动物医院专业医生现场进行常见安全问题的指导。

病原菌微生物实验室的工作人员均需要进行安全培训，考核通过后方能上岗。培训内容主要包括实验室生物安全管理制度、实验室相关技术、操作规范、设备安全以及个人防护等，确保所有工作人员熟练掌握以上内容；另外，实验室工作人员需要在培训中了解安全手册内容，认识到实验过程中的危险性，对工作中可能出现的意外事件应做到心中有数，若出现紧急情况或意外情况应及时进行处理，做到沉着应对；实验管理部门应做好生物安全对外交流与学习工作，将先进的安全管理理念引入到工作中，提高每一位实验室工作人员的安全意识。病原微生物实验室生物安全管理分析病原微生物泄漏的风险评估指标尚未制定[4]。病原微生物的风险评估与化学风险评估有很大的不同[4]，因为微生物可以在宿主体内繁殖，不同类型的微生物在环境中具有不同的生命周期和二次传播风险。此外，动物对微生物的反应可能与人类完全不同。因此，病原微生物的发生风险和变化较为复杂。

（三）废弃物处理制度

生物安全实验室环境风险评价是生物安全研究的重要内容之一，主要研究实验室泄漏的病原微生物对环境的影响，包括废气、污水和固体的污染。在实验室中，病原微生物实验过程中产生的生物废弃物往往含有病原菌和其他有活性的物质等，具有极高的安全隐患。正确处理生物废弃物可以减少实验气溶胶的产生，降低对实验室成员以及环境的危害，避免造成不必要的安全损失。在实验结束后对动物尸体和使用器具的处理非常重要。设置专门的实验室废弃物处置部门，并且与专业的废弃物处置公司建立长期的合作，废弃物处理要有明确的记录，所使用的器具和废弃的菌落均要进行高温灭菌处理，对无法进行高温灭菌的物品要进行酒精和紫外线消毒，建立污水处理独立系统保证无害化处理，最大限度地降低生物类垃圾对环境造成的危害。高校传染病实验室生物安全管理现状与对策研究生物危害评价方法是以高水平生物安全实验室的"三废"为基础，旨在生成污染气溶胶、废物和污水的监测指标和标准方法，建立排气系统污染气溶胶泄漏、固体污染物和液体污染物的生物危害评价方法，建立"三废"环境污染的生物评价方法。生物危害评价是生物风险评价的重要内容之一。

（四）实验室菌种及样品管理

实验室菌种要做到固定位置存放，清晰的菌种名称以及存放日期，实行双人值班制度并在储存柜加安全锁，避免实验室菌落被实验室外的人带出去造成生物安全危险，菌种的废弃物应按照感染性废弃物做无害化处理。对放菌种的安全柜要进行彻底的消毒处理，避免污染菌种。

二、加强对实验室仪器设备操作的培训

（一）新入学研究生线下实验室学习熟悉

研究生入学前在本科阶段大部分学校注重理论知识的教学，实验室设备使用较少，本科阶段接触到的实验仪器都比较简单且种类少，研究生实验室为了满足科研的需求，会有更多比较精密且昂贵的仪器设备，对于以前从来没有接触过的设备，为了避免因操作不当造成的仪器损坏，可以在研究生录取完成后根据不同的实验室特点印发不同实验室仪器的手册，使同学提前对实验室的仪器情况有比较全面的了解，对仪器的保养维护有大概的了解，在正式实验时可以节约学习仪器的时间，提高做实验的效率。

（二）新入学研究生实验室仪器设备注意事项的笔试

将实验室常见的仪器设备的操作步骤、注意事项编写成卷，在新入学研究生学习之后进行测试，测试不及格将对薄弱地方进行重新学习，再进行测试，避免因操作不正当造成仪器损坏，造成不必要的经济损失和潜在的实验室安全危险。

（三）新入学研究生实验室仪器设备操作

在笔试结束后由实验室高年级研究生带新生熟悉实验室仪器设备以及实验室注意事项，对实验室化学物品的存放、试验中主要的注意事项、常见问题的处理方法进行培训，在高年级研究生的陪同下可以对仪器进行操作，在做病原微生物实验时，强调生物安全柜的消毒可操作处理，强调生物实验时的谨慎性和对自我的保护性。

三、病原微生物实验室的常规操作

生物安全问题已经受到了越来越多的人的重视，对人类有害的生物因子可能会使实验室成员的受到侵害，只有加强实验室生物安全的管理才能避免因实验室病原微生物泄露造成不必要公共安全威胁。

（一）样品的采集

样品采集要做到及时采集，且样品数量不可以过少。要尽可能在发病初期就

进行采集，病死动物要尽快采集，避免发生病变。采集时不确定为何种传染病时要全面采集病料，若疑似炭疽，则不能进行解剖。对采集的样品进行病理组织学后，需要进行病原学和血清检查，需要进行无菌采样，解剖所用的器具不能和采样的混用，在采样时要避免对样品的浪费，采样成员要在有安全防护的条件下进行采样，并且要避免环境受到污染。

（二）常见病料的采集

采集病变的皮肤一般需要 10 平方厘米，另外要采集一块正常的皮肤作对比。采集粪便时用手拿灭菌的棉签并迅速放入灭菌管里。采集乳汁时，先对采集者的手和动物的乳房进行消毒，然后收集乳汁放入灭菌瓶里。胃肠及其内容物采样时，需要选取病变部位肠管 5 厘米左右。

（三）临床病料的保存

将病原细菌接种在营养培养基中，脏器可低温保存或放入灭菌液体石蜡或 30% 甘油缓冲液中保存。细菌检测材料保存温度一般为 2～8℃。病毒要在 4～8℃ 冰箱中低温保存，为了避免污染可以在病毒培养基中加入双抗。脑脊髓通常保存在 10% 中性福尔马林溶液中。

（四）病源微生物实验室的消毒与灭菌

消毒和灭菌是实验室常用来保护实验室成员不被病原微生物感染的重要环节，压力蒸汽灭菌是最可靠的灭菌方法，通常是 121℃ 左右灭菌 30min。对于室内的空气采用紫外线消毒，但要注意紫外线消毒时间人员要离开实验室，避免紫外线对人体造成损伤。生物安全柜一般采用高效过滤除菌。每次试验开始前都要用紫外线对环境进行消毒，所有试验要用的东西进生物安全柜前都要用酒精消毒，要及时清理消毒试验后的台面，一旦发生污染要立即用消毒溶液处理。污染物品高温灭菌处理，生物安全柜所有物品消毒后才能取出，用 2000mg/L 的含氯消毒剂对台面前后玻璃进行擦拭。用肥皂流水洗手 1～2 分钟，擦干后用 75% 乙醇进行消毒。生物废弃物丢弃时要高温高压灭菌处理后才可丢弃。

四、实验室存在的问题及改进措施

高校实验室在建设时对生物安全的防范意识淡薄以及学生对生物安全了解不充分，使实验室存在一些安全隐患。

（一）对于实验室的规章制度执行力差

部分研究生依旧带其他实验室的人来做客，值班的人责任意识不够，实验室化学品的日常保管中，清单建立不够完善，没有将使用和归还详细记录。比如液氮瓶随意摆放，未能放置到气瓶柜里；药品柜中药品堆放随意，酸性、碱性应隔离存放；易燃易爆化学品与具有热分解性的强氧化剂要隔离存放等。要规范采购环节和采购经费审批手续，采购时"少量多次"，避免造成化学品的浪费。采购试剂耗材时要做到可追溯，危险化学品要采用集中保存的模式。

（二）实验室研究生安全意识薄弱

部分研究生在做病原微生物实验室忽略带手套口罩的环节，直接做实验，生物安全意识非常淡薄，应当积极开展生物安全的实验课，以其他学校发生的生物安全事件作为案例，同研究生一同分析如何避免事故的发生，并让同学假设自己在这个实验室会如何做，积极地引导学生增强实验室安全意识。实验室依旧存在试验样品和学生饮食放同一个冰柜的错误操作，部分同学会在实验室吃东西，对自己和实验室同学的科研环境极不负责，应建立安全检查小组每天进行安全检查并对违反实验室制度的同学进行扣分处理。

（三）试验动物饲养

因实验室没有专用养试验动物的地方，通常会在普通实验室饲养动物，饲养动物用水直接使用实验室水源，有可能会使饲养的动物达不到试验要求，有时会发生试验动物逃跑咬人事件容易造成试验动物对环境的破坏，应当申请专用试验动物饲养空间，避免试验动物与实验室环境的交叉感染，对动物的健康和实验室安全造成破坏。

五、小结

实验室生物安全依旧存在问题，存在部分学生实验操作不规范、个人防护安全意识弱、废弃物未按生物安全要求处置、消毒不完整等现象。还需要我们去完善落实基本操作流程，完善传染病实验室的安全实践工作。只有重视实验室安全，才能更好地提高科研效率。只有完善病原微生物实验室的规章制度，加强日常工作的考核，加强对实验室成员的培训与教育，才能不断地提高病原微生物实验室的安全运行。

参考文献：

［1］柯志松，张爱平，苏经迁，林清强. 浅析研究生在高校生物实验室管理中的主体作用［J］. 赤峰学院学报（自然科学版），2013，29（2）：234-236.

［2］彭冶．充分发挥研究生在高校实验室安全管理中的积极作用［J］．人力资源管理（学术版），2009（7）：21－22，24．

［3］白鑫宇，刘萍．高校实验室安全问题引起的思考与管理探讨［J］．教育教学论坛，2020，8：21－22.

［4］Bai J.，Wang Q.，Zhang K.，Cui B.，Liu X.，Huang L.，Xiao R.，Gao H. Trace element contaminations of roadside soils from two cultivated wetlands after abandonment in a typical plateau lakeshore，China. Stochastic Environment Research and Risk Assessment 2011，25（1）：7－91.

工作报告

北京农学院研工部（处）2019年工作总结与2020年工作要点

在习近平新时代中国特色社会主义思想指导下，在全面从严治党向纵深发展之时，在新中国成立70周年之际，全党开展"不忘初心、牢记使命"主题教育，是重温初心的精神洗礼，是鼓劲扬帆的再次出发。北京农学院研究生工作部（研究生处）立足事业新起点，以主题教育为抓手，坚持问题导向、责任导向、发展导向，切实通过主题教育，筑牢忠诚根基；通过检视问题，改进工作作风；通过整改落实，推动跨越发展，始终与校党委与机关党委同向同行，秉承"务实、高效、合作"的工作理念，做到谋实事、出实招、做实功、求实效，深入贯彻落实学校折子工程要求，稳步实施，踏实工作，较好地完成了2019年各项工作任务。

一、推进学科内涵建设，着力完成折子工程

（一）贯彻落实申博①方案，全面推进申博工作

落实《北京农学院博士建设单位工作实施方案》，推进园艺学、农林经济管理、兽医学3个申博学科建设工作，完成3轮申报材料的撰写与专家论证；完成博士单位申报书撰写及基础数据表、申请博士学位授权一级学科点简况表填报。

组织召开申博辅导会，对各申博学科及所属学院负责人进行了统一辅导；组织召开单位申博报告材料撰写小组讨论会，完成6轮的撰写与修改；针对全国涉农高校申博形势进行研判，总结梳理全国涉农高校博士授予单位情况；组织各申博学科分别召开申博工作汇报会，就各申报学科当前的问题进行了梳理和总结。

（二）完善学科评估档案，顺利通过抽查考核

按照"以评促建、以评促改、评建结合"的原则，逐步完善17个学位授权点评估档案，实施规范化、系统化、程序化管理。2019年作物学、农林经济管

---

① 即申请成为博士学位授权单位。

理被市学位办抽查参与考核评估，并顺利通过。

2019 年 12 月 13 日下午，市教委组织专家到校督查，对北京农学院（以下简称"我校"）学位与研究生教育工作进行全面检查，专家组一致认为，我校研究生教育工作制度健全、管理规范、运行有效、质量很好。

二、加强培养过程管理，进一步提升培养质量

（一）完成新增学位点课程大纲编写

2018 年 10 月 18 日发布《关于制订 2018 年新增学位点硕士研究生课程教学大纲的通知》，2019 年 3 月完成编写新增课程大纲共有研究生课程 59 门，其中学位公共课 4 门、学位专业课 13 门、学位领域主干课 9 门、选修课 33 门。

（二）保障研究生教务教学运行

完成 2019—2020 学年第 1 学期全日制、非全日制研究生排课；审核通过本年度英语课程免修共计 114 人；办理停（调）课 59 门次，调停课率降为 29.4%；完成考试试卷、成绩单、授课计划等课程材料整理归档；组织完成工程伦理、研究生的压力应对与健康心理等 5 门网络课程的选修；组织完成 2018—2019 学年第 2 学期、2019—2020 学年第 1 学期研究生教学和培养工作期中检查，完成检查报告；完成本年度研究生教学工作量统计。

（三）发挥督导监督作用，加强督导监督力度

按期召开督导例会，研讨督导听课、教学运行检查、中期检查、开题、答辩巡查等情况，结合督导工作开展期中教学检查；本年度听课检查覆盖 98 门课程，覆盖面为 52%；参加研究生、导师座谈会，全面听取师生意见。

（四）加强研究生培养类项目管理

完成 2018 年研究生优秀课程建设项目、校外实践基地建设项目结题 14 项，其中基地建设 7 项、优秀课程建设 7 项；完成 2019 年研究生优秀课程建设项目、校外实践基地建设项目立项 16 项，其中优秀课程建设项目 7 项、基地建设项目 9 项；完成 2020 年研究生优秀课程建设项目、校外实践基地建设项目立项评审 14 项，其中优秀课程建设项目 6 项、基地建设项目 8 项。2019 年 10 月 28 日，组织对研究生优秀课程建设、校外研究生联合培养实践基地建设 16 个项目进行中期检查，评定 15 项良好，1 项需要整改。组织召开研究生"课程思政"建设研讨会，发布《关于组织申报 2020 年北京农学院研究生"课程思政"示范课程建设

项目的通知》，组织研究生"课程思政"示范课程的申报和项目立项。

（五）加强动态信息公开、完善信息化建设

2019 年发布研工简报 18 期，内容涉及研究生校外实践基地建设、尚农大讲堂、博士硕士学位点申报等多方面，累计发布研工简报 41 期；编制印刷《2019年北京农学院硕士研究生手册》。加强研究生教务管理系统建设，学位点培养方案全部更新，课程大纲重新编写，系统录入全部完成；利用新系统完成 2019 级研究生选课、培养计划、授课计划、课程成绩录入及排课等。

（六）积极开展国际合作

2019 年 12 月联合国际合作与交流处召开英国哈珀·亚当斯大学联合培养研究生项目介绍会，系统介绍基本情况、地理位置、校园环境、学校设施、教学条件、硕士研究生专业、学习费用等内容；2019 年共有 15 名研究生出国交流学习。其中，赴荷兰瓦赫宁根大学公派留学 1 人，日本札幌学院大学交流学习 2 人，日本麻布大学交流学习 4 人，日本兽医神经专科医院交流学习 1 人，赴新西兰、以色列、美国参加科研交流、会议 7 人。

三、做好研究生招生工作，完善学籍管理

（一）圆满完成 2019 年复试录取工作

完成我校 2019 年 486 名全日制硕士研究生指标的复试录取工作，历时 38天，共计组织复试 30 余场，参加复试考生 800 余人；完成 2019 年度招生先进评选，表彰先进单位 3 个、先进个人 18 名、突出贡献导师 8 人。

（二）积极开展 2020 年招生宣传工作

本年度共组织研究生招生宣传 23 场，其中校内 8 场，校外宣传 15 场，涉及青岛农业大学、河北农业大学、河北科技师范学院、浙江大学等 13 所农林院校，累计发放 2020 年招生简章 2000 册，各地参与招生宣讲共计 2400 余人，共有1178 人报名我校硕士研究生，比 2019 年增加 277 人，增长 33%。

（三）顺利完成 2020 年研招考试组考任务

2020 年研招考试有 944 名考生在我校参加考试，其中报考我校考生 849 人，报考外地高校 95 人。2019 年首次组织非报考我校考生进行考试，新增接收、保管、分类以及寄送外校试题等业务。外地考点报考我校人数 123 人，共涉及山

西、河北、吉林、山东、江苏、新疆塔里木等 105 个外地考点。我校设置正式考场 44 个，备用考场 1 个；其中，25 个标准考场，19 个非标准考场；考场均分布在教学楼 B 座，选聘监考 70 人。考务工作历时 47 天，于 2019 年 12 月 23 日顺利完成 2020 年研招考试组考任务，做到零事故、零违纪。

（四）细化研究生学籍管理，精准管理学籍信息

进一步细化学籍管理，细化信息统计，完善休学、退学、延期、补办学生证、铁路卡充值等工作，开取在校证明、出国备案等各类学籍申请的表格和流程 10 余项，办理学籍变动 40 人次、开取学籍证明 70 余次，办理铁路充值卡 500 余张，完成各类学生的学籍注册共计 1000 余人。配合财务处、国资处等部门提供相关学生信息，整理提供各项学生数据、名册和档案材料。

四、加强学位授予管理，严格风险防控

（一）加强硕士学位授予管理

组织完成 2020 年夏季与冬季硕士学位申请、论文查重、论文评阅、论文答辩和学位授予工作，夏季共授予硕士学位 416 人，其中学术学位 81 人，全日制专业学位 243 人，在职硕士 92 人；冬季答辩人数为 28 人，其中学术学位 5 人，全日制专业学位 7 人，非全日制 16 人。按照《北京农学院硕士研究生优秀学位论文评选办法》（北农校发〔2014〕51 号），经各论文答辩委员会、学院分学位委员会推荐，研究生处审核，2019 年评选出优秀学位论文 36 篇。

加强京津冀合作，聘请来自中国农业大学、北京林业大学、天津农学院、河北农业大学、河北科技师范学院等京津冀高校副高级以上专家 45 人，评审研究生论文 159 篇次，目前研究生处专家信息库共有京津冀农林高校专家 372 位。完成我校硕士学位论文抽检工作。2019 年我校被抽检论文无不通过现象。修订论文查重相关管理规定，进一步加强学位论文出口管理。

（二）做好经费预算

制定学科与研究生教育经费预算分配方案，涉及博士点单位申报学科建设、学位授权点建设、新增 7 个学位授权点建设、学位与研究生教育改革与发展项目、研究生创新与创业能力建设、三助一辅、研究生学业奖学金、研究生日常管理 8 个方面。完成 2019 年度市级专项预算，经费总额 1631.5 万元，其中高精尖学科（园艺学）1000 万元，研究生学业奖学金 341 万元，基本科研经费 290.5 万元，高精尖学科经费由学院统筹管理、学科带头人负责实施，基本科研经费下

拨 8 个二级学院实施,学业奖学金根据相关文件规定进行评选,直拨在校全日制研究生。

(三)加强项目管理

2019 年 3 月,组织完成学位与研究生教育改革与发展项目立项工作,采取个人申请、学院推荐、专家评审等方式,共立项 89 项。完成 2020 年度市级专项的组织申报、事前评估、专家评审等工作,完成了 2019 年度市级专项每月项目执行情况定报。完成 2018 年度 147 个项目结题工作。

(四)做好校学位办与导师管理

2019 年组织召开 3 次校学位委员会会议,主要议题是学士学位授予、硕士学位授予、新增导师遴选等。完成夏季、秋季、冬季学位授予信息报送。2019 年度新增硕士生导师 85 人,其中校内导师 17 人,校外导师 68 人。完成了 2018—2019 年度导师考核工作,本年度应参加考核硕士生导师数为 240 人,实际参加考核人数为 235 人,未参加考核 5 人,其中 3 人退休、2 人调离,其余 235 人均考核合格,合格率达 100%。

五、加强研究生思想政治教育与管理

(一)注重思想政治教育和意识形态领域管控

完成本年度在校研究生思想动态调研,充分把握研究生思想动态状况,牢牢把控意识形态阵地,参与调查研究生人数共计 4200 余人;积极举办"尚农大讲堂",共开设讲座 16 次,邀请农业农村部,中国科学院、清华大学、中国人民大学、中国农业大学、中国传媒大学等长江学者、杰出青年,市委百姓宣讲团、残奥会冠军等知名人士 20 人。截至目前,"尚农大讲堂"邀请校外专家共计 62 人,涉及 22 所高校及科研院所,主讲内容涉及心理健康、科研学习、传统文化、职业发展、金融知识、国家形势与政策、学术道德等专题领域;组织 210 名研究生集中收看了 2019 年全国科学道德和学风建设专题报告会直播。

多措并举牢固管控研究生意识形态领域动态。在研究生入学、节假日、毕业离校等关键环节,开展针对性的教育引导工作。举办 2019 级研究生开展新生入学教育 6 次,内容涉及入学与学籍教育、健康教育、图书资源与利用、安全教育、化学品安全管理培训、创新创业教育等方面。围绕纪念五四运动 100 周年、新中国成立 70 周年等重大节日,对所有在校生进行安全教育与意识形态教育;组织 2019 届毕业生安全有序离校,完成 2019 年毕业典礼,为 330 名毕业生发放了《习近平在正定》等毕业纪念材料。评选出北京市优秀毕业生 19 人，校级优秀毕业生 33 人。

发挥"尚农研工""北农校研会"微信公众号功能，积极传播先进文化，积极宣传学校研究生国家奖学金获得者等模范，共报道各项活动 19 篇，定期推送相关信息，开展"五法"知识竞赛答题活动，对研究生开展思想引领、信息服务等。

（二）加强党组织、团学组织建设工作

加强研究生自我管理、自我教育、自我服务和自我监督，完善了研究生会校院二级组织，加强研究生党支部建设。协同各学院、校研究生会组织研究生认真学习贯彻习近平总书记系列重要讲话，围绕"不忘初心、牢记使命"主题，以自学、集体学习等形式定期组织学习研讨；开展研究生党支部红色"1＋1"实践活动，组织开展"青春与祖国同行"社会实践行动，组织研究生党员骨干参加北京高校研究生党员骨干专题培训班。组织开展研究生"博物馆红色探索之旅"研究生党支部主题党日活动，有 16 个研究生党支部共计 229 名党员和积极分子参加了活动。

（三）加强学风建设，鼓励开展项目研究

鼓励研究生参与党建和社会实践项目研究，完成 2018 年研究生党建、创新科研、社会实践项目结题 54 项；完成 2019 研究生党建项目立项 8 项、研究生创新科研项目 35 项、社会实践项目立项 10 项；完成 2020 年研究生创新科研、党建和社会实践项目立项评审工作，其中研究生创新科研项目 35 项、党建项目 6 项、社会实践项目 10 项。组织开展 2019 年项目管理和经费使用工作培训。

（四）完成研究生综合事务管理工作

完成 2019 年度研究生"三助一辅"岗位设立，共有 229 名研究生从事"三助一辅"工作。关注困难研究生，开展特困资助。2019 年秋季共有 27 名研究生新生通过学校绿色通道办理了入学手续，对有特殊困难的研究生给予困难补助，共为 13 名经济困难学生发放了求职创业补贴 5200 元，1 名学生发放临时困难补贴 3000 元，共计发放补助 8200 元。

完成研究生学业奖学金评定，并对研究生学业奖学金评选满意度进行了测评。通过填写调查问卷的方式，共有 431 人提交了问卷，各年级研究生均有参加，覆盖了全部研究生培养单位。经统计，对学业奖学金评选制度总体满意度为 95.83%。评选出国家奖学金 18 人，学术创新奖 20 人，优秀研究生干部 21 人，优秀研究生 39 人，百伯瑞科研奖学金 25 人。按照科研奖励办法共进行了 4 个季

度研究生科研奖励。在校研究生共发表论文 112 篇，其中 SCI 发表 12 篇、核心期刊 44 篇、一般期刊 56 篇、软件著作权 3 项、专利 5 项、学术科技竞赛获奖作品 3 项。学生学术质量有所提升。

及时完成 2019 年北京市学生资助政策执行情况统计月报表、2020 年研究生学业奖学金专项申报、2019 年秋季开学专项督导检查自查报告、北京农学院 2019 届研究生毕业生有关情况的调研报告、2019 年研究生就业质量报告、2019 年安全稳定工作自查报告、2019 年科学道德和学风建设活动总结报告等。

（五）加强心理健康教育工作

开展研究生春、秋季心理问题排查工作，针对不同年级研究生可能出现的问题进行心理排查，参与研究生共计 853 人，邀请学校心理健康中心老师开展心理指导。组织了 2019 年研究生招生复试心理健康状况筛查，共筛查 718 人；发挥各学院积极主动性，继续依托各学院优势举办了研究生心理沙龙，2019 年各学院共计举办研究生心理沙龙 9 期。

（六）开展职业规划与就业创业指导

开展一对一的就业指导、政策咨询服务，积极引导研究生京外就业。2019届研究生毕业生共有 330 人，分布在 8 个学院，25 个专业、领域，就业率达到了 98.48%，签约率达到 88.48%，达到预期目标。

积极谋划 2020 年就业工作。2020 年研究生毕业生共计 508 人。其中，全日制毕业生 440 人、非全日制 68 人；学术学位硕士 102 人、专业学位硕士 406 人；分布在 8 个学院，19 个学科或类别（领域）。积极开展就业服务与就业指导，组织研究生参加"村官"（选调生）、事业单位招聘等就业相关政策宣讲。定期通过研究生处网站和"尚农研工微信"公众号发布就业信息、就业政策、双选会信息及就业技巧等内容，为毕业生提供毕业信息的服务，已达 499 条。

六、强化校园安稳意识，打造平安校园

充分利用形式多样的讲座进行安全稳定教育，涉及金融安全防范、非法校园贷、非法集资、网络诈骗、电信诈骗、保护个人隐私等。2019 年 9 月开展 2019级研究生新生的校园安全防范教育讲座，预防电信诈骗、盗窃、扒窃、人身侵害、消防、不良校园贷等各项安全隐患；讲解实验室化学品安全的相关注意事项，要求研究生新生细心研究相关条例，注意实验室安全，发现问题及时反映、及时处理。加强少数民族学生思想动态工作，贯彻中央和北京市关于加强大学生思想政治教育的精神和部署，及时掌握少数民族研究生的情况。

七、进一步完善党建工作，规范党支部建设

按照校党委总体部署，深入学习贯彻习近平新时代中国特色社会主义思想、全国教育大会、北京市教育大会精神，积极参加学校组织的党员集中教育日、党支部书记和党务骨干培训、中心组学习等，自主开展学习研讨、参观调研等多种形式学习教育。

按照学校"不忘初心、牢记使命"主题教育要求，认真组织开展理论自学、学习研讨、支部书记讲党课，观看《决胜时刻》《我和我的祖国》《小巷管家》，到香山革命纪念馆、双清别墅、门头沟区雁翅镇田庄村京西山区中共第一党支部纪念馆、崔显芳烈士纪念馆参观学习，全面系统学、深入贯彻学、联系实际学、及时跟进学，不断提高党性修养，不断提高政治觉悟和政治能力。

学习党章党规，开展"以案为鉴、以案促改"警示教育活动，观看"打伞扫黑""《反间谍法》施行五周年"专题视频，提高政治站位，增强"底线""红线"和"高压线"意识。组织开展党的十九届四中全会精神学习研讨，深刻理解中国特色社会主义制度是当代中国发展进步的根本保证；深刻领会坚持和完善中国特色社会主义制度、推进国家治理体系和治理能力现代化是国家实现"两个一百年"奋斗目标的重大任务，是把新时代改革开放推向前进的根本要求，是国家应对风险挑战、赢得主动的有力保证。

积极开展党员发展工作，发展党员1人。结合党员大会开展支部书记讲党课，组织集中学习、自主学习10余次，党员在线学习累计200多学时。组织开展在职党员社区活动50多次。

八、工作中存在的不足

（一）思想建设有待加强

如党员教育形式需要不断创新，师生思想政治工作需要常抓不懈，意识形态阵地需要牢牢把控，导师培训需要全覆盖，安全稳定工作需要持续开展等。

（二）学科建设与研究生教育水平有待提升

学科建设内涵需要丰富，特色需要凸显，研究生培养模式需要创新，教学方法需要改进，校企合作的实践体系需要加强。

（三）服务能力有待提高

在各项工作中的服务意识需要进一步加强，充分发挥职能作用，规范管理，严格执行各项流程，提高服务水平。

九、2020 年工作要点

（一）学科建设与学位管理

1. 学科建设

做好 2020 年博士授予单位申报工作的前期准备，督促相关学科不断完善申博文本的撰写与专家论证工作，校对申博单位基本数据，通过努力争取使学校成为博士学位授予单位、2~3 个学科获得博士学位授予权点，全面提升学校办学层次和办学水平。继续加强对高精尖学科的管理工作，跟进高精尖学科的日常建设工作，做好高精尖学科的成果统计、建设情况汇报、考核等相关工作。

2. 学位管理

做好 2020 年硕士学位授予工作；组织校学位委员会会议，审核国际学院毕业生学士学位授予、成人高等教育学士学位授予、导师资格遴选等相关工作；做好学位授予信息报送工作。

3. 导师管理

做好 2020 年新增硕士生导师资格遴选工作；完善导师管理相关制度。出台导师培训工作方案，把导师培训工作纳入日常导师管理，加强校外导师的联系与管理。加强导师培训考核的结果运用，做好导师考核工作。

4. 经费和项目管理

根据 2020 年经费预算与实施方案，对 2020 年学位与研究生教育发展与改革项目、学位点建设项目、博士点建设项目、研究生教学保障项目等校内项目进行建卡，对高精尖学科、基本科研经费、学业奖学金等市级项目进行建卡，并督促项目负责人完成月报工作。

（二）教学培养管理

1. 保障研究生教学运行秩序

进一步跟进 2018 版研究生培养方案实施情况与新增学位点培养方案落实情况。做好 2019—2020 学年 2 学期全日制研究生排课工作。督促 2020 年基地建设项目、课程建设项目、研究生"课程思政"示范课程建设项目实施进展。继续落实"工程伦理""如何写好科研论文""科研伦理与学术规范"等研究生慕课资源利用。

2. 完善管理制度，提高培养质量

强化培养过程管理，重点关注开题报告、期中检查、预答辩等关键环节，发挥督导作用，完善研究生教务管理系统教学培养各项功能，保障研究生教学有序运行。

3. 加强课程思政建设

设立课程思政示范专项，组织各学院积极申报，把思想政治工作贯穿到教学全过程。充分挖掘各门课程中蕴含的思想政治教育元素，将价值导向与知识传授相融合，明确课程思政教学目标，在知识传授、能力培养中，弘扬社会主义核心价值观，传播爱党、爱国、积极向上的正能量，将思想价值引领贯穿课程方案、课程标准、教学计划、备课授课、教学评价等教育教学全过程，培育专业知识与思政元素深度融合的示范课程。

（三）招生与学籍管理

1. 做好 2020 年研究生复试和录取工作

做好 2020 年招生复试方案。继续在复试期间开展考生心理测试，做到 100% 覆盖。严格按照政策与制度要求组织复试、调剂和录取工作，落实监督检查与应急保障，确保公平、公正、公开。做好 2020 年度研究生招生先进评选和奖励发放。

2. 做好 2020 级新生入学报到

做好 2020 级新生录取通知书发放、入学手续办理和报到注册工作。做好新生报到数据统计，掌握每一名新生入学情况。

3. 启动 2021 年研究生招生宣传

充分利用新媒体手段，通过公众号、互联网等多渠道、多途径开展宣传，走访周边地区进行有针对性的招生宣传，与合作企业开展相关宣传活动。继续开展以生招生、以师招生政策，调动指导教师与在校研究生积极性，鼓励各二级学院开展招生宣传。支持鼓励各学院积极发动生源，力争报名人数继续上升。

4. 做好 2021 年招生考试工作

做好 2021 级考生报名与现场确认工作，及时上报相关数据。严格执行相关保密制度，做好各项保密保管工作。严格按照规定完成自命题、组考、阅卷等各项工作，做好命题人员、考务人员及评卷人员培训与管理，确保研招考试顺利完成。

5. 做好学籍管理与服务工作

按照时间节点，做好新生、在校生、毕业生学籍注册与学历注册事项，及时更新休学、复学、退学等学籍变动信息，做好各项数据统计。根据学籍库预警学制期限即将期满人员，及时反馈学院并通知相关学生。

（四）思政与综合事务管理

1. 建设好意识形态阵地——尚农大讲堂

改革研究生"尚农大讲堂"管理机制，弘扬社会主义核心价值观，加强理想信念教育，提升研究生社会责任感、创新精神和实践能力。支持各相关学院开展具有专业特色的学术论坛、学术讲座、技能竞赛等，繁荣研究生学术文化。

2. 深化研究生"三全育人"工作

做好 2020 年研究生新生开学典礼、新生引航工程、毕业典礼、毕业季管理。加强意识形态工作，强化课堂、讲座、论坛、社团等管理。

3. 提升研究生综合素质

继续做好研究生思想状况动态调查，坚持开展研究生心理健康教育工作。以研究生社会实践为重点，完善相关工作机制，创新研究生培养机制，提升研究生综合素质。

4. 做好 2020 年度研究生奖勤助贷事务管理

完成 2020 年研究生奖助学金的评定和发放工作。做好研究生奖助贷困难帮扶等工作，不断完善与研究生培养制度改革相适应的奖助体系。组织开展研究生"三助一辅"招聘、培训及考核工作。

5. 做好研究生就业创业指导服务

提高研究生就业创业精准化指导与服务水平，推进针对性就业服务。进一步引导毕业生到基层就业。继续保持研究生毕业生就业率不低于 96%。加强和改进研究生就业指导与服务工作，适应上级就业统计政策调整，做好 2020 届毕业生的就业推进与统计工作。

6. 做好研究生安全稳定工作

加强研究生宿舍、实验室等安全教育，加强宿舍安全检查。做好少数民族学生安全稳定教育和相关工作。做好重要节、会、敏感节点维稳及各类节假日安全教育管理工作。落实各项安全稳定工作预案，预防并妥善处理群体事件和突发事件。

（五）政治建设与党风廉政建设

1. 深入学习贯彻习近平新时代中国特色社会主义思想

深入学习贯彻习近平新时代中国特色社会主义思想和十九届四中全会精神，推进"不忘初心、牢记使命"主题教育成果落地生根。坚持用马克思主义中国化最新成果武装头脑、凝心聚魄，增强"四个意识"，坚定"四个自信"，做到"两个维护"。继续落实全国教育大会、北京市教育大会精神，围绕"培养什么样的人、如何培养人以及为谁培养人"，坚持立德树人中心环节，把思想政治工作贯穿教育教育教学全过程，不断完善"三全育人"体系，为党育人，为国育才。

2. 进一步加强党风廉政与安全稳定工作

加强党风廉政理论与业务学习。从严治党，责任层层落实，压力递次传导，做好研究生招生、学位授予、成绩审核、奖助学金发放等廉政风险防控。严格落实安全稳定责任制，坚持做好形势研判、工作部署、检查督导和应急管理等各项工作。

3. 完善内部制度、文化建设

加强"北京农学院研究生招生办公室""尚农研工"微信公众号和处网站的维护，丰富发布信息，提升管理实效。坚持处例会、研究生秘书例会、研究生辅导员例会制度。继续做好研究生教育管理论文集的编辑和出版，"研究生教育质量报告""学科建设质量报告""研究生思想政治教育工作总结""研究生招生质量分析报告""研究生就业质量报告"的撰写，"学科与研究生教育纪事""处文件汇编""处例会纪要汇编""尚农大讲堂""学位与研究生教育管理文件选编""研究生手册"的汇编工作。

4. 进一步加强自身建设管理

提高团队协作能力与创新精神，提升管理人员的教育管理水平。支持、鼓励研究生管理人员开展工作调研、学习培训和业务交流。进一步探索推进研究生管理队伍专业化和职业化建设的有效途径。

北京农学院 2019 年学科建设质量分析报告

学科建设是一所高校可持续发展的重要抓手，是提升研究生教育内涵的关键要素，是实现高等教育内涵发展的核心，也是北京农学院当前事业发展的任务所在。北京农学院学科发展始终贯彻学科建设为导向的主旨思想，认真学习落实习近平总书记给全国涉农高校书记校长和专家代表的回信精神，落实"新农科"建设宣言。在中华人民共和国成立 70 周年之际，回忆新中国强盛历程，展望新时代复兴梦想，北京农学院坚持以习近平新时代中国特色社会主义思想为指导，全面贯彻党的十九大和十九届四中全会精神，以立德树人为根本，以强农兴农为己任，以改革创新为抓手，勇担乡村振兴重担，始终坚持立足首都、面向京津冀、辐射全国的历史重任。

回首 2019 年，北京农学院研究生处围绕折子工程目标任务，全面推进博士点申报工作，突出学科方向特色，优化学科人才队伍，改善学科发展条件，增强学科竞争优势，创新学科管理机制，提高学科建设水平，推动学科管理体制机制改革，统筹谋划学科发展与北京高精尖学科建设，增强学科竞争力、提升办学水平、为实现北京农学院内涵式发展奠定了更加坚实的基础。

一、学校学科建设概况

北京农学院是北京市一所以农科为特色，兼有理、工、经、管、法、文等学科的高等农林院校。学校紧密围绕首都乡村振兴战略和都市型现代农业发展需求，积极开展农林科技创新和科学研究，努力打造和完善都市型现代农林高级人才的培养，全面建成高水平应用型大学。

学校以农为特色，农、工、管为主要学科门类，园艺学、林学、作物学、兽医学、畜牧学、植物保护、生物工程、食品科学与工程、风景园林学、农林经济管理、工商管理 11 个一级学科为支撑，形成了都市型现代农林学科布局。构成植物科学学科群、畜牧兽医学科群、农林经济管理与文法学科群、生物技术与食品工程学科群、生态环境建设与城镇规划学科群，服务首都区域发展。

2003 年，学校获得硕士学位授予权。目前学校共有 11 个一级学科硕士学位授权点（见表1），其中有 5 个北京市重点建设学科（见表2）、7 类专业学位授权点（见表3），分布在农、工、管 3 个学科门类中，实现了 24 个硕士学科、专业、领域的招生。截至目前，学校共有硕士研究生 1249 人，其中全日制硕士研究生 1014 名，非全日制攻读硕士学位研究生 235 名，分布在生物与资源环境学院、植物科学技术学院、动物科学技术学院、经济管理学院、园林学院、食品科学与工程学院、计算机与信息工程学院、文法与城乡发展学院 8 个二级学院。

表 1 　　　　　　　　　　一级学科硕士学位授权点

学位类型	一级学科名称	所在学科门类	批准时间	批准部门
学术学位	作物学	农学	2011 年 3 月	国务院学位委员会
	园艺学			
	兽医学			
	林学			
	植物保护		2018 年 3 月	
	畜牧学		2018 年 3 月	
	食品科学与工程	工学	2011 年 3 月	
	风景园林学		2011 年 8 月	
	生物工程		2018 年 3 月	
	农林经济管理	管理学	2011 年 3 月	
	工商管理		2018 年 3 月	

表 2 　　　　　　　　　　市级重点建设学科

二级学科名称	所在门类	批准时间	批准单位	备注
果树学	农学	2008 年	北京市教委委员会	第二轮建设
临床兽医学				第二轮建设
园林植物与观赏园艺		2010 年		
农产品加工及贮藏工程	工学	2008 年		
农业经济管理	管理学			

表 3 专业学位硕士研究生招生类别及领域

学位类型	专业学位类别	招生领域
专业学位	农业*	农艺与种业
		资源利用与植物保护
		畜牧
		农业管理
		农村发展
		农业工程与信息技术
		食品加工与安全
	兽医	兽医
	风景园林	风景园林
	工程	生物工程
	国际商务	国际商务
	林业	林业
	社会工作	社会工作

＊：农业硕士类别

注：（1）根据 2014 年 12 月 11 日国务院学位委员会下发的《关于将"农业推广（暂用名）硕士"定名为"农业硕士"的通知》（学位〔2014〕46 号），原农业推广硕士定名为农业硕士。

（2）根据 2016 年 10 月 16 日全国农业专业学位研究生教育指导委员会下发的《关于农业硕士专业学位领域设置调整的通知》（农业教指委〔2016〕3 号），农业硕士专业学位由现有的 15 个培养领域调整为 8 个领域，从 2018 年开始统一按照调整后的 8 个领域开始招生和培养工作。

二、2019 年开展的主要工作

（一）学科建设工作

1. 博士点申报学科建设情况

2018 年 2 月 28 日，北京市学位委员会发布了《关于开展新增博士、硕士学位授予单位建设规划的通知》（京学位〔2018〕1 号），北京农学院正式启动部署申博各项工作。

2018 年 3—5 月，根据国务院学位委员会《学位授权审核申请基本条件（试行）》文件相关要求，研究生处积极参与申报博士学位授予立项工作，积极组织各学科查缺补漏，在各方努力和通力配合下，经梳理总结，北京农学院申报博士单位基本条件全部达标。同时，结合教育部第 4 轮学科评估情况，推荐园艺学、农林经济管理、兽医学 3 个一级学科申报博士学位授权点。在王校长的亲自带领下，研究生处牵头申报学科所属学院和支撑学科所属学院多次开会协商、积极讨论、反复斟酌申报内容。申报项目于同年 5 月市教委答辩中通过。

2018 年 7 月 3 日，北京市学位委员会正式发布《关于博士硕士学位授予立项建设单位的通知》（京学位〔2018〕7 号），北京农学院正式获批北京市博士学位授予立项建设单位。

2018 年 7 月至 12 月，研究生处牵头组织各学科梳理检查博士单位指标建设情况，并逐条比对相关要求及数据，根据要求形成折子工程，并于 2019 年 3 月 15 日正式出台《北京农学院博士建设单位工作实施方案》（北农校发〔2019〕20 号）。根据该文件要求，为保障申博工作顺利推进，学校成立"博士学位授予立项建设单位工作领导小组"，由校长、书记任组长，分管副校长任副组长，成员由研究生处、人事处、科技处、计财处、国资处等部门负责人组成。

2019 年 4 月，根据《北京农学院博士建设单位工作实施方案》（北农校发〔2019〕20 号）文件精神，研究生处梳理出 2019 年度申博工作时间安排表，并组织各申博学科所在学院成立了北京农学院申博工作小组。

2019 年 5 月，研究生处根据 2019 年度申博工作时间安排表，邀请了浙江农林大学学科建设办副主任魏玲玲老师来校辅导申博工作。魏玲玲老师以"以学科建设为主线，推进学校快速发展"为主题做了大会交流报告，结合自身学科建设及申博工作经验针对北京农学院学科特点提出了宝贵建议。何忠伟处长介绍了目前北京农学院学科现状及申博工作进展情况，并要求各申报学科多走出去学习相关高校本学科建设经验，多邀请相关学科领域专家来校指导。同时，会上还要求各学院根据《博士学位授权审核申请基本条件》要求，认真逐条对比基本条件，抓住本学科申博工作重点，梳理出本学科在申博方面的特色和优势，认真做好申博文本材料撰写工作，为下年的博士单位申报工作奠定良好基础。

2019 年 6 月起，园艺学、兽医学、农林经济管理 3 个学科根据 2019 年度申博工作时间安排表，分别组织各学科的材料撰写与专家论证。截至目前，园艺学、兽医学、农林经济管理已经完成 3 轮简况表撰写工作。于此同时，研究生处一方面，协调各职能部门再次核对申博数据，撰写单位申博报告，目前已经牵头完成 6 轮的材料撰写；另一方面，针对全国涉农高校申博形势进行研判，认真总结梳理全国涉农高校博士授予单位情况。

2019 年 7 月至今，植科学院、动科学院、经管学院分别组织召开了申博工作汇报会，就各申报学科当前的问题进行了梳理和总结。2019 年 7 月 21 日，经管学院组织召开了申博汇报会，副校长段留生教授参加，学科带头人何忠伟教授就当前情况进行了汇报，农林经济管理学科当前基础数据方面基本符合申请条件。根据会议要求，下一步文本完善方面要紧密结合"新农科"发展要求，进一步梳理相关成果及支撑材料，进一步凝练学科内涵与特色，继续完善申博文本并及时把握申博动态、聘请领域相关专家进行指导，力争夯实申博支撑条件。同时，段留生副校长要求，一是强调申博工作的重要性。要求大家从学校、研究生处及学院三个层面加强对申博工作的重视，要把握机遇、提升办学层次。二是要求下一步工作要紧抓进度，并融合乡村振兴、国际贸易、绿色发展等新时代学科建设发展理念把都市型农经学科特色体现在文本上，同时，要进一步梳理支撑材料、对标检查、做好专家咨询工作。三是要求农经学科作为北京农学院优势发展学科，一定要结合学校"不忘初心、牢记使命"主题教育，认真谋划发展布局，建立长远发展目标，找到学科发展潜力及新的生长点，从而进一步提升北京农学院的社会影响力及贡献力。

2019 年 9 月 7 日，植科学院组织召开申博汇报会，何忠伟处长就当前北京农学院申博工作的整体情况进行了介绍，并要求园艺学科抓住历史机遇守住申博初心，在申博材料撰写论证中不断地找差距、补短板，把工作细化分解、明确任务落实到人，扎实推进申博各项工作。

姚允聪教授根据《教育部学位授权审核基本条件》就当前的园艺学科申博指标进行对标检查汇报，并提出了园艺学科当前申博的关键节点及问题所在，通过对照条件进行逐条分析，并提出了整改方案。

段留生教授强调了申博工作对于学校、学院和教师发展的重要性，要求园艺学科对标基本条件进一步梳理，尽快落实支撑材料，制订园艺博士点培养方案，定期召开专家自评会，指定学科申博工作人员，做好全方位保障工作，为申博工作打好基础。

2019 年 10 月 25 日，动科学院组织召开申博汇报会。兽医学科目前申博形势较为严峻，从内部情况来看，主要涉及学科队伍教师严重不足问题。段留生教授在专题调研会中指出博士教育是国民教育的最高端，兽医学博士点建设是学院当前工作的重中之重，要求学院班子成员召开专题研讨会及全院大会，凝心聚力挖掘内部潜力，查漏补缺提出解决方案。学院根据专题调研会会议要求，积极梳理整合内外部资源，并提出了方案，调整校内具有兽医背景教师进入学科队伍后基本能满足申博人员数量要求。目前各项工作正在积极沟通、推进中。同时，2019年 11 月 14 日，兽医学科召开了专家论证会，邀请中国农业大学等相关领域专家学者为申博"把脉"，专家充分肯定了北京农学院兽医学科的申博优势，符合首都发展定位及当前社会进步的需要，肯定了北京农学院兽医学科在人才培养、科学研究、社会服务等方面的贡献力以及在服务首都社会发展过程中的不可替代性，同时，希望学科进一步挖掘自身优势，充分展示自身在服务首都过程中的影响力及重要性。下一步将根据专家论证意见进一步修改完善相关材料，继续扎实推进申博各项工作。

目前，全校申博工作正在稳步推进中，以本次博士点申报为契机，在校党委和行政的领导下，我们将继续以首都发展需求为导向，坚持内涵、特色、差异化发展道路，保优势、补短板、强弱项，通过 2018—2020 三年建设期，使学校成为博士学位授予单位、2～3 个学科获得博士学位授予权点，全面提升学校的办学层次和办学水平。

2. 高精尖学科建设情况

自开展共建以来，在中国农业大学和北京农学院党委与行政的领导和相关职能部门的支持下，两校园艺学科共建工作顺利开展，农学院园艺学科取得了一些进展，现报告如下：

（1）引进人才。2019 年，在学校人事处的大力支持下，共引进 6 名博士后，其中果树方向 2 人、蔬菜方向 2 人、观赏园艺方向 2 人。从校内协调 4 名实验系列教师，转入园艺系，均具有博士学位。

2019 年 11 月拟从美国康奈尔大学和荷兰瓦赫宁根大学各引进 1 名海聚人才，目前已初步达成意向。

（2）承担的科研项目。一是国家科技重大专项。经济作物优质高产与产业提质增效科技创新：重要花卉种质资源精准评价与基因发掘、特色经济林生态经济型品种筛选及配套栽培技术（田佶子课题负责人，28 万元）；化学肥料与农药减施增效综合技术开发：苹果化肥农药减施增效技术集成研究与示范（张杰，课题负责人，118 万元）3 个项目的合作研究。二是 2019 年共获批 3 项国家自然基金等项目。

此外，科研项目还包括：促分裂原活化蛋白激酶 MAPK4 调控叶用莴苣高温抽薹的作用机制研究（范双喜，面上项目）；MdPDK1 介导的 MAPK 信号通路调控苹果果皮花色苷合成的分子机理研究（胡玉净，青年科学基金项目）；番茄 JRG1 基因负调控茉莉素介导的抗性反应的分子机制研究（黄煌，青年科学基金项目）；林木分子设计辅助育种高精尖中心建设项目，包括苹果砧木选育及果实品质形成机理（姚允聪等）；北京市果树良种繁育工程技术研究中心建设，共同开展果树良种繁育平台建设、资源评价与创新、新品种选育及推广，2019 年获教育部果树良种繁育工程技术研究中心批文；牵头联合国内优势高校、科研院所、龙头企业（山西省农科院果树所、南京林业大学山东农业大学、北京市植物园、北京胖龙农业科技有限公司等单位），2019 年组建海棠产学研联盟。

（3）科研平台建设。完成了科研实验平台的采购，按照项目的要求和预算，当时申请了 3 个实验平台的建设内容，经国资处招标，于 2019 年 5～6 月已全部完成，目前仪器均已到位并安装调试完毕投入使用。

（4）学生培养及科研成果。与中国农业大学联合培养博士生、硕士生计划项目，已经确定 4 名二级教授作为中国农业大学博士生导师，确定了招生计划和录取名单。同时，2019 年发表论文 18 篇、获得专利 4 项、科研奖励 3 项。

（5）国际合作与交流。

2019 年 4 月：荷兰瓦大的 Ton 院士到北京农学院高精尖实验室进行为期 1 个

月的合作交流；在此期间，与平谷签订了合作协议，并建立了首个外国教授工作站。

2019年9月：王绍辉教授带4名研究生到以色列国耶路撒冷城市参加了第十六届茄科大会——营养与产量，并在大会进行了Poster展示，"LOXD is involved in the stress of root knot nematodes to tomato"，引起了来自法国、日本及德国的专家的关注，利用大会提供的APP，与几位专家进行了提前交谈的预约，并相互进行了学生交流及科研合作的初步交流。同时，也与希伯来大学的合作者ORi NOMI教授和德国莱布尼兹生化研究所的Bette教授，就目前的科研合作进行了下一步的探讨。

韩莹琰教授的4名研究生张明月等参加了"世界植物基因组与育种"大会，并做了大会主题发言。

2019年10月：姚允聪教授、卢艳芬副教授带1名研究生到美国康奈尔大学进行短期的访问交流。

（6）示范基地建设。联合组建了国家农业综合示范基地2个——苹果良种繁育、苹果矮密高效栽培技术示范基地；院士工作站2个——平谷农业科技创新示范基地、山东聊城绿泽园林科技有限公司观赏海棠基地。

（二）经费预算

根据学校2019年经费预算要求和计划财务处下达的经费指标，按照研究生处工作任务的总体安排，制订经费分配方案，已全部完成校内经费分配工作，支持领域涉及2020博士点单位申报学科建设、14个自评估学位授权点建设、新增7个学位授权点建设、学位与研究生教育改革与发展项目、研究生创新与创业能力建设、三助一辅、研究生学业奖学金7个方面。

2019年度研究生处归口管理市级专项，涉及高精尖学科建设、研究生学业奖学金、基本科研经费3项。根据统一安排，高精尖学科经费全部下拨至植物科学技术学院统筹管理，学科带头人为项目负责人，基本科研经费根据学位分布情况下拨至研究生招生所在8个二级学院。学业奖学金根据相关文件规定，拨付至相关在校全日制研究生。

（三）项目管理

2019年3月19日，根据《北京农学院学位与研究生教育改革与发展项目管理办法（试行）的通知》文件规定，经前期个人申报、单位推荐、专家评审、研究生处审核等相关程序，已经组织完成学位与研究生教育改革与发展项目立项工作，批准"国际商务专业学位培养模式研究"等89个项目立项。项目整体情况对比，第一类项目学位授权点与人才培养模式创新同比有所下降，其他项目基本稳定在原有水平（见图1）。

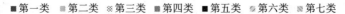

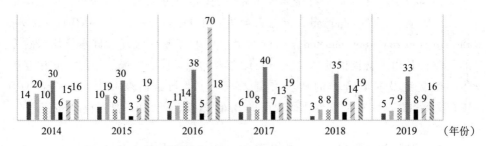

图1 2014—2019年学位与研究生教育改革与发展项目立项情况

在市级专项工作方面，根据计财处相关通知安排，完成2019年度基本科研经费分配，完成了高精尖学科经费和学业奖学金下拨工作。完成了2020年度市级专项的组织申报、事前评估、专家评审等工作。及时跟进各预算的支出情况，完成了2019年度市级专项每月项目执行情况定报工作。

学位点及其他工作项目方面，组织完成了相关项目的申报及审核工作，完成了2018年度147个项目结题工作。其中教师项目中，1个项目申请延期结题，1个项目因个人原因取消。研究生项目中，5个项目结题不通过。

下一步计划加强项目结题的结果运用，督促项目负责人提高经费使用意识。

（四）学位授予与优秀论文评选

组织完成2019年夏季与冬季硕士学位申请、论文查重、论文评阅、论文答辩和学位授予工作。夏季学位委员会于6月19日召开，决定授予硕士学位416人，其中学术学位81人，全日制专业学位243人，非全日制专业学位92人；冬季学位委员会于12月25日召开，决定授予硕士学位26人，其中学术学位4人，全日制专业学位7人，非全日制专业学位15人。具体数据如表4、表5所示。

表4 2019年夏季学位授予情况信息表

	授予类型	授予人数（人）
学术型（81人）	工学	19
	农学	53
	管理学	9
专业型（335人）	农业硕士专业学位	245
	工程硕士专业学位	19
	兽医硕士专业学位	55
	风景园林硕士专业学位	16
合计		416

表 5　　　　　　　　　　　　**2019 年冬季学位授予情况信息表**

	授予类型	授予人数（人）
学术型（4 人）	工学	0
	农学	4
	管理学	0
专业型（22 人）	农业硕士专业学位	17
	工程硕士专业学位	0
	兽医硕士专业学位	4
	风景园林硕士专业学位	1
合计		26

研究生学位授予工作下一步计划是继续完善学位信息报送制度，通过研究生新系统来完成学位信息报送工作。

按照《北京农学院硕士研究生优秀学位论文评选办法》（北农校发〔2014〕51 号），经各论文答辩委员会、学院分学位委员会推荐，研究生处审核，2019 年夏季评选出优秀学位论文 36 篇，其中生资学院 2 篇、植科学院 10 篇、动科学院 9 篇、经管学院 5 篇、园林学院 4 篇、食品学院 3 篇、计信学院 1 篇、文发学院 2 篇（见表 6）。

（五）导师管理

为进一步落实教育部立德树人相关文件精神，明确导师是研究生培养的第一责任人，规范导师岗位管理，明确导师岗位职责和考核要求，强化研究生培养过程中的导师责任制，研究生处积极开展导师管理相关工作。

在导师遴选方面，2019 年度新增硕士生导师工作已顺利完成，经 2019 年 9 月 25 日通过校学位委员会，本年度新增导师一共 85 人，其中校内导师 17 人、校外导师 68 人，本年校外导师主要以农林科学院导师为主。

导师考核方面，完成了 2018—2019 年度导师考核工作，本年度应参加考核硕士生导师数为 240 人，实际参加考核人数为 234 人，未参加考核 6 人，其中 3 人退休、2 人调离、1 人延迟参加考核，其余 234 人均考核合格，合格率达 97.5%。

导师培训方面，本年度为使北京农学院研究生导师更熟悉学校有关研究生教育的政策法规和规章制度，清楚研究生培养过程的各个环节，以及明确导师的岗位职责，研究生处组织导师学习了导师管理的相关制度，采用在线填写问卷调查的方式，进行了覆盖全部导师的在线培训。导师经过最终问卷填写合格后方可通过，极大地加强了导师在管理文件方面的学习。

表6

北京农学院 2019 年硕士研究生优秀学位论文名单

序号	学号	姓名	性别	学院	类别	学科、专业、领域	指导教师	学位论文题目	学位类别
1	20163021107	单云鹏	男	植科	学硕	作物遗传育种	李奕松	小豆种质资源抗旱性筛选及相关基因关联分析	农学硕士
2	20163021203	陈国松	男	植科	学硕	果树学	秦岭	板栗花发育相关 miRNAs 的鉴定及 SPL 基因的表达分析	农学硕士
3	20163021001	王璐	女	植科	学硕	蔬菜学	范双喜	叶用莴苣 LsSTPK 和 LsMAPK4 基因的克隆与 LsSTPK 基因在抽薹中的功能分析	农学硕士
4	20163031201	王俊丽	女	动科	学硕	临床兽医学	高建明	小檗碱通过 miRNA-18b 调控猪体外受精胚胎发育的分子机制	农学硕士
5	20163031005	邹闻书	女	动科	学硕	基础兽医学	刘凤华	a-倒捻子素抑制 TAK1/NF-kB 信号通路缓解 LPS 诱导的 IEC-6 细胞炎性损伤	农学硕士
6	20164011001	王娜	女	经管	学硕	农业经济管理	刘芳	京津冀一体化乳制品质量安全双链管理机制研究	管理学硕士
7	20163051003	井超	男	园林	学硕	风景园林学	马晓燕	北京市热岛效应现状及绿地对缓解热岛效应影响因子研究	工学硕士
8	20163061203	李开鑫	女	食品	学硕	农产品加工及贮藏工程	王芳	酶解豆乳对混合乳 Cheddar 干酪品质的影响及机制探究	工学硕士
9	20173012119	徐鑫	男	生资	专硕	生物工程	张国庆	槐耳漆酶的分离纯化及其介体系统对活性染料降解研究	工程硕士
10	20173012113	马伯宁	男	生资	专硕	生物工程	杨明峰	利用融合基因 4CL-3a-STS 和 CRISPR/Cas9 技术改良草莓品质的探究	工程硕士
11	20173022124	王浩然	男	植科	专硕	园艺	范双喜	外源硒对高温胁迫下叶用莴苣抽薹特性的影响	农业硕士
12	20173022104	郝帅	女	植科	专硕	园艺	王顺利	利用蚯蚓粪和菇渣开发绿菜育苗基质的研究	农业硕士
13	20173022502	王焕雪	女	植科	专硕	种业	李润枝	小麦穗发芽抗性基因组关联分析及等位变异发掘	农业硕士
14	20173022503	赵阳佳	女	植科	专硕	种业	李润枝	北京地区种植绿肥对土壤肥力及温室气体排放的影响	农业硕士
15	20173021409	卢蝶	女	植科	专硕	植物保护	尚巧霞	北京地区生菜病害调查及防治药剂筛选	农业硕士
16	20173022307	陈玉艳	女	植科	专硕	农业资源利用	刘云	北京市典型区域主要树种调节空气质量生态功能效应	农业硕士
17	20173032106	栗明月	女	动科	专硕	养殖	郭玉琴	竹叶提取物对奶牛瘤胃发酵、泌乳性能、抗氧化物酶及炎性因子的影响	农业硕士

续表

序号	学号	姓名	性别	学院	类别	学科、专业、领域	指导教师	学位论文题目	学位类别
18	20173032222104	冯烁	女	动科	专硕	兽医	孙英健	赤芍对 MRSA ST－59 菌株抗生素敏感性及致病性的影响	兽医硕士
19	20173032222111	李可	女	动科	专硕	兽医	沈红	蚯蚓多肽的提取纯化及其免疫调节作用的研究	兽医硕士
20	20173032222107	侯佳佳	女	动科	专硕	兽医	张永红	丹参提取液对小鼠免疫活性的调控及抗大肠杆菌感染机制	兽医硕士
21	20173042211102	班慧苑	女	经管	专硕	农村与区域发展	刘芳	北京市农业社会化服务研究	农业硕士
22	20173042211118	王时雨	男	经管	专硕	农村与区域发展	肖红波	生猪养殖农户疫病防控行为及影响因素研究	农业硕士
23	20173042211124	许泽	女	经管	专硕	农村与区域发展	赵海燕	北京现代农业产业园绩效评价研究	农业硕士
24	20173042211131	张丽鑫	女	经管	专硕	农村与区域发展	刘瑞涵	北京鲜食甘薯生产的技术效率分析	农业硕士
25	20173052524106	韩潇	男	园林学院	专硕	风景园林	冯丽	北京市浅山区社区级绿道规划设计研究——以北京市怀柔区雁栖镇为例	风景园林硕士
26	20173052211105	李程	女	园林学院	专硕	林业	张克中	牡丹功能基因内 SSR 标记的开发及分子身份证的构建	农业硕士
27	20173052211111	杨云尧	女	园林学院	专硕	林业	冷平生	紫丁香 EST－SSR 分子标记开发及遗传多样性评价	农业硕士
28	20173062211101	陈思佳	女	园林	专硕	食品加工与安全	綦菁华	板栗壳色素的提取工艺优化及稳定性研究	农业硕士
29	20173062211116	马洁	女	园林	专硕	食品加工与安全	吕莹	热处理过程中鸭蛋腥味形成规律的研究及调控	农业硕士
30	20173072211114	赵思萌	女	计信	专硕	农业信息化	徐践	基于物联网的智能型人工气候箱的设计与实现	农业硕士
31	20173082211105	韩芳菲	女	文发	专硕	农业科技组织与服务	胡勇	政府购买服务背景下社会工作介入农村精准扶贫研究	农业硕士
32	20173082211110	刘茜	女	文发	专硕	农业科技组织与服务	韩宝平	京郊农户电子商务意愿及影响因素研究	农业硕士
33	20163023231202	金艳杰	女	植科	非全	园艺	谷建田	半基质栽培模式下中微量元素肥料对草莓生长的影响	农业硕士
34	20163033232106	王舒波	女	动科	非全	兽医	姚华	恒河猴 PS1 和 PS2 基因突变筛查的初步研究	兽医硕士
35	20163033232111	张腾	男	动科	非全	兽医	倪和民	利用 CRISPR/Cas9 系统构建致死基因全身性敲除小鼠模型	兽医硕士
36	20153033232123	李海生	男	动科	非全	兽医	李焕荣	超滤系制备鸡传染性支气管炎 HI 抗原效果探究与应用	兽医硕士

295

在新一年度工作中要加强导师管理，加强对导师的培训、考核等工作。在开展的 2019 年导师问卷调查基础上，继续做好导师培训计划，强化立德树人观念，把研究生培养过程中导师第一责任人的职责落在实处，继续加强导师考核的结果运用，对不合格导师进行停招处理。

（六）论文抽检工作

论文质量是衡量学科发展的关键，学位论文质量是北京农学院重点关注的方面，结合入学教育、素质课堂、论文抽检等形式，反复加强研究生学术道德和诚信教育，规范了学术道德管理。

2019 年 12 月，北京市教委评估与检测处反馈了上一年度的学位论文抽检结果，根据反馈结果，北京农学院没有不通过的现象（见表 7）。虽然本年度论文抽检结果良好，但在学位管理环节，还应加大论文抽检管理力度，要求由导师负责提交研究生抽检论文、试行问题论文约谈制度等，严把论文质量关。

表 7　　　　　　　　　　　2019 年论文抽检反馈结果

学生	导师	学科	论文题目	结果 1	结果 2	结果 3
李嘉懿	刘慧	食品科学与工程	微生态制剂及其发酵中药对鸡白痢沙门氏菌抑菌作用的研究	良好	优秀	优秀
张羽灵	蔡菁华	食品科学与工程	砂炒板栗非酶促褐变底物变化的研究	一般	良好	良好
毕鹏伟	韩丽莉	风景园林学	低影响开发理念下北方地区高校雨水花园体系构建	一般	一般	良好
孙仁玮	赵昌平	作物学	小麦抗旱、产量杂种优势相关 ARF 和 HMT 基因家族的鉴定及功能研究	优秀	良好	良好
康岩慧	姬谦龙	园艺学	McmiR399d 介导组蛋白去乙酰化酶 HDAC6 调控观赏海棠叶片花色苷的合成	优秀	优秀	一般
周婉	秦岭	园艺学	农杆菌介导的板栗体细胞胚遗传转化体系的建立	良好	良好	良好
李婷	师光禄	园艺学	营养期杀虫蛋白 Vip3Aa10 与果树鳞翅目害虫 BBMVs 的结合特性	良好	优秀	良好
丛心宇	丛心宇	兽医学	椎间盘退变模型大鼠金属蛋白酶及其抑制因子的变化与电针效应研究	良好	良好	良好
朱雯宇	穆祥	兽医学	调理 MVECs 激活中性粒细胞杀菌功能中药的筛选	良好	优秀	良好
刘红	张克	林学	细叶百合 miR396a 和 miR396f 表达载体构建及百合遗传转化体系初探	良好	一般	良好
陈吉铭	刘芳	农林经济管理	京津冀乳制品冷链物流系统优化研究	良好	良好	良好

另外，根据北京市教委评估与检测处关于做好 2019 年硕士学位论文抽检工作的通知，北京农学院提交了 12 篇 2018 年 9 月 1 日至 2019 年 8 月 31 日期间取得学位的学术型硕士论文，分布在现有的 7 个一级学科。

三、存在的问题与不足

一年来，经过全校上下的努力，学校的学科建设取得了一些成绩和进步。但是，与北京市经济社会需求和学校的发展要求相比，与其他兄弟院校相比，还存在一些不足，需要在今后努力改进。

（一）补足博士点申报短板

1. 单位基本条件方面

对照 2017 年发布的《学位授权审核基本条件（试行）》文件要求，学校基本条件已经达到博士单位要求，在生均经费、科研经费、硕士授予时间等条件方面远超出授权审核要求条件，但在生师比方面，但仍需要人事处协助进一步把控好教师指标数量，做好本年度高基报表填报工作。

2. 人员队伍建设方面

学校重组了部分学院，学科队伍有所调整。对照基本条件，农林经济管理学科已符合申博条件。园艺学科通过植科学院内部实验人员转岗、新进教师等调整，已符合人数条件。兽医学当前根据动科学院提供摸底材料，当前校内兽医人员问题已基本解决。

3. 学科特色方面

根据前期专家论证情况，肯定了北京农学院申博学科特色鲜明，符合当前"新农科"建设及首都定位要求，在人才培养、科学研究、社会服务等方面有很大的贡献力，以及在服务首都社会发展过程中具有不可替代性。但仍需进一步凝心聚力挖掘内部潜力与自身优势，充分展示自身在服务首都过程中的影响力及重要性，进一步凝练学科内涵与特色，并将其体现在申博文本上，不断完善申博文本并及时把握申博动态，聘请领域相关专家进行指导，力争夯实申博支撑条件。

4. 数据统计方面

学位办申博正式通知预计 2020 年中上旬出台，申报要求有可能微调，同时，申博基础数据截至日期应为 2019 年 12 月底，所有数据应和各归口部门提交上级数据一致。

博士点申报基本条件如表 8 所示。

表 8　　　　　　　　　　　新增博士学位授予单位申请基本条件的变化

新增博士学位授予单位申请基本条件	是否符合	现状
（1）已列入省级学位委员会新增博士学位授予单位立项建设的普通高等学校	是	
（2）原则上应已获得硕士学位授予 8 年以上。拥有国家重大科研平台、承担国家重大科研任务、具有国际一流高水平师资队伍的普通高校，可不受年限限制直接申请	是	16 年
（3）坚持社会主义办学方向，全面落实立德树人根本任务，办学定位清晰、目标明确、特色鲜明，党建好思想政治工作落实到位。拟开展博士生教育的学科专业，必须是服务本地区和国家经济社会发展需要的学科专业	是	
（4）应有师德高尚、业务精湛的高水平师资队伍，专任教师中具有博士学位教师比例不低于 45%，年龄结构合理，全日制在校生人数与专任教师的比例不超过 16:1，部分教师担任过博士生导师	是	46%；15:1；15 名兼职博导
（5）现有本科生和硕士研究生培养质量高，社会声誉好。近 5 年内一般应获得多项省部级及以上教学奖励，无重大学术不端事件。已制定科学完整的博士研究生培养方案，能够按方案开设高水平博士生课程	是	
（6）应有较好的科学研究基础，目前承担多项国家级、省部级横向科研项目，师均科研经费充足。近 5 年，师均年科研经费不低于 10 万元（农医类不低于 6 万元，文科单科性高校和艺术体育类高校不低于 2 万元）。一般应获得多项省部级及以上科研奖励，取得若干高水平学术成果。有多项研究成果应用转化或被政府采纳，取得较好的经济社会效益	是	20 万元左右
（7）应具有较好的学科基础，学科设置合理；具有支撑博士研究生培养所必须的省部级以上实验室、基地、智库等科研平台；拥有充足的教学科研仪器设备、图书文献资料；国内外学术交流与合作活跃，有实质性成果；学校生均经费收入不低于 4 万元（艺术体育类高校不低于 7 万元）	是	8 万元左右
（8）学校研究生教育管理机构健全，专职管理人员配置合理，规章制度完善，执行情况较好。有完善的研究生奖助体系，公共服务体系完备	是	

（二）学科的整体结构有待优化，实力有待提高

学校在加强重点学科建设、积极建设博士点的同时学科体系与结构得到较大程度的完善，但是目前学校的学科发展存在学科力量不集中、层次结构不够合理、高峰和高原学科缺乏、学科研究方向凝练不够、服务北京重大需求不够、特色不够明显、优势不突出等问题。学科顶层规划和统筹管理工作比较薄弱，尤其在新兴学科和交叉学科建设中，学校规划协调工作有待于进一步加强；学科发展定位需要进一步明晰；学校在学科内涵发展管理机制方面还需进一步解放思想，

改革创新。

在学科团队建设上，一些重点学科缺乏领军人物和拔尖创新骨干；在学科创新平台建设上开放共享有待进一步提升，国家级科研基地需要突破。重点学科建设虽然取得了较为显著的效果，但学科特色不够突出，与国际一流大学相比存在一定差距，尚未形成高峰和高原学科群；优势学科尚未对学校的学科体系形成坚强支撑，学科实力有待进一步扩展；特色学科群在国内同类高校中的综合学术影响力有待进一步提高。

根据第四轮学科评估结果，评估首次采用"分档"方式公布评估结果，根据"学科整体水平得分"的位次百分位，将前70%的学科分为9档公布：前2%（或前2名）为A+，2%～5%为A（不含2%，下同），5%～10%为A-，10%～20%为B+，20%～30%为B，30%～40%为B-，40%～50%为C+，50%～60%为C，60%～70%为C-。

北京农学院园艺学、农林经济管理、兽医学3个学科相较于第三轮学科评估虽然有一定进步，但总体来看除园艺学科外其他学科总排名均在50%之后。另外，尚有4个一级学科未进入学科评估前70%，在学科发展的道路上任重道远，学科竞争优势还不突出，学科整体实力不强（见表9）。

表9 北京农学院学科评估对比表

学科	第三轮（2012年）	第四轮（2017年）
园艺学 0902	参评高校 22 位次 16 位次排名 72.7%	本一级学科中，全国具有"博士授权"的高校共21所，本次参评21所；部分具有"硕士授权"的高校也参加了评估；参评高校共计36所（注：评估结果相同的高校排序不分先后，按学校代码排列）北京农学院园艺学排位C+，15～18位，位次排名41.7%～50%
农林经济管理 1203	参评高校 29 位次 24 位次排名 82.8%	本一级学科中，全国具有"博士授权"的高校共24所，本次参评22所；部分具有"硕士授权"的高校也参加了评估；参评高校共计39所（注：评估结果相同的高校排序不分先后，按学校代码排列）北京农学院农林经济管理排位C，20～23位，位次排名51.3%～59%
兽医学 0906	参评高校 23 位次 17 位次排名 73.9%	本一级学科中，全国具有"博士授权"的高校共20所，本次参评20所；部分具有"硕士授权"的高校也参加了评估；参评高校共计41所（注：评估结果相同的高校排序不分先后，按学校代码排列）北京农学院，兽医学排位C-，25～28位，位次排名60.9%～68.3%

续表

学科	第三轮（2012 年）	第四轮（2017 年）
食品科学与工程 0832	参评高校 51 位次 39 位次排名 76.5%	未进入前 70%
风景园林学 0834	参评高校 38 位次 23 位次排名 60.5%	未进入前 70%
林学 0907	参评高校 22 位次 18 位次排名 81.8%	未进入前 70%

目前已有的北京市高精尖学科冲击一流学科的实力不足，主持国家层面的大项目及高水平有显示度的标志性学术成果少，发表高影响因子、高被引数的论文篇数较少。学科竞争优势不明显，缺少在国内外具有重要影响力的龙头一级学科。学科特色不够突出，重点表现在部分学科研究方向缺乏特色，不能与北京区域经济建设需求很好地结合。对解决国家和北京市经济建设与社会发展中遇到的重大问题的贡献度不够。原创性研究成果和能够带来较高经济效益和社会效益的重大应用研究成果不突出。

按照"做强农科、做大工科、做好管科"的思路，完善学校学科管理规章制度，推进学科资源整合和结构优化，突出各相关学科在现代农业、生态环境建设、食品安全、都市农林业发展理论等方向的优势和特色。当前应继续做好教育部学位中心第四轮学科评估后续工作，进一步创新学科组织模式，凝练学科发展方向，根据评估结果分析学科发展不足，积极改进。

（三）师资队伍竞争力有待提高，缺乏领军及高层次人才

全面提升师资队伍综合竞争力是学校各项工作的重中之重，建设一支具有国际竞争力的人才队伍是建设研究型大学的前提。从服务国家和首都需求层面来看，目前学校人才队伍的参与度和贡献度仍明显不足；从学校自身的建设目标来看，学校的人才队伍数量、结构、质量与国内一流大学相比还存在一定差距。

目前全校专任教师 500 余人，在同级别地方高校和教育部属农林类高校中处于较低位置。全职来校工作的高水平领军人才仍然不足，缺乏具有国际视野的高水平学者，缺乏能够破解制约首都社会发展中关键问题的顶级专家，缺乏能够引领学科发展的战略科学家。学校人才队伍数量、结构、质量与建设国际知名、有特色、高水平研究型大学的要求还存在一定差距，专任教师、管理人员与服务人员的结构还不尽合理，高层次人才聚集度较低，中青年拔尖人才相对匮乏，新老

衔接问题日渐凸显,学缘结构需要进一步改善,部分教师的发展目标和培养规划尚不明确,吸引高层次人才的政策、有利于青年教师脱颖而出的机制还未真正建立。学科发展明显不平衡,学术梯队断层严重等问题在未来一段时期内将影响学校的进一步发展。

北京农学院的学科发展在各领域缺乏领军人物。领军人物站在行业科技前沿、具有国际视野,有国内外同行专家公认的重要成就和创新成果,掌握行业科学研究动态,引领行业国际学术前沿,把握战略思维和学术方向,在国内外有较强影响力和号召力。指引着学科的发展和未来,是高校学科人才体系的主导力量,是学校整体学科建设的引导者、设计者,是学科建设的指路人、领航人。

此外,学校缺乏青年拔尖人才。青年才俊有较好的科研潜质,有年轻人的冲劲与干劲,对教学、科研工作有饱满的热情,是最有朝气、最富活力、最具创造性的群体,是高校学科人才体系的后备力量,最具有发展潜力,是实现学科可持续发展的基础。

(四) 国家级科研平台缺乏,学科运行机制尚待完善

与一流学科建设的目标相比,学科基地和共享平台整体建设尚不完善,与一流学科建设的需求相比,北京农学院重点实验室、实验场站、教学设施等支撑条件方面依然比较薄弱;尚不具备充足的做大做强学科的高水平、高级别研究基地和共享平台。

学校和各院系的学科顶层规划和统筹管理工作还存在许多薄弱环节,尤其在推动学科平台基地建设以及跨学院交叉学科建设中,学校规划协调工作有待于进一步加强。国家级创新群体数量少、人数少,不利于高峰和高原学科群的形成,学校在创新群体建设方面尚缺乏国际一流的管理体制和管理制度。

学校高效务实的学科建设运行机制还未真正建立起来。学科顶层规划和统筹管理工作比较薄弱,尤其在新兴学科和交叉学科建设中,学校规划协调工作有待于进一步加强,学科发展定位需要进一步明晰,学校在学科内涵发展管理机制方面还需进一步解放思想并改革创新。对优势学科倾斜政策不多,大团队、大平台、大项目、大成果的支持和培育力度明显不够,学科团队考核机制,人才引进、培养评价考核与激励机制有待改进。

(五) 学科经费投入有待提高

自研究生处成立以来,校党委、行政给予了大力支持,学科与研究生教育投入保持发展状态(见表10),有利地保障了学科建设和研究教育各项工作的开展。学校经费投入整合成两部分:一是学科建设与研究生教育质量提高,用于一级学科建设和研究生教育运行,按照各学院的学科数、学位点、教学任务等进行

分配，目前改为市教委专项管理，经费来源是原来的科研质量提高费，研究生处占35%。二是设立学位与研究生教育改革与发展项目，经费来源包括学校研究生教育经费、重点建设学科经费和学生创新与创业经费，实施项目管理，采取公开招标（80%）和委托管理（20%）办法，重点支持优秀课程、校外实习基地、研究生创新基金、研究生创业实践等。如2014年立项118项，立项金额234.3万元；2015年立项106项，立项金额194.2万元；2016年立项207项，立项金额185.5万元；2017年立项研究生改革与发展项目111项，立项总经费177.4万元；2018年立项研究生改革与发展项目95项，立项总经费135.2万元；2019年立项研究生改革与发展项目89项，立项总经费129万元。

表10　　　　　　　2014—2019年学科与研究生教育经费投入情况统计　　　（单位：万元）

年份	学科建设与研究生教育质量提高经费	学位与研究生教育改革发展项目经费					合计
		研究生内涵	重点建设学科	研究生创新创业	博士点申报	学位点建设	
2014	280	90	90	70			530
2015	234.03	92.59	90	80			496.62
2016	235.79	108.01	90	100			533.8
2017	276.5	130.2	90	95			591.7
2018	221.62	130.2	90	40	100	375	956.82
2019	290.5	175.6	90	100	100	375	1131.1
合计	1538.44	726.6	540	485	200	750	4240.04

随着国家"双一流"建设和研究生教育内涵发展的要求，学校学科建设规模与研究生招生规模都有很大增长，挑战与任务也更为艰巨。为了迎接2020博士点单位申报和2019年学位点合格评估，更加需要提升学科竞争力和研究生教育质量，比如博士点拟建学科（园艺学、农林经济管理、兽医学）、食品安全与环境工程类学科的提升、生态与林业类学科的提升、学术型研究生培养质量提升、研究生青年导师指导水平提升、研究生工作站建设、专业研究生培养模式改革等都需要大力推进，需要学校加大经费投入。

四、学科建设面临的形势

（一）新时代新使命对"新农科"建设的必然要求

没有农业农村现代化，就没有整个国家现代化。新时代对高等农林教育提出了前所未有的重要使命。打赢脱贫攻坚战，高等农林教育责无旁贷；实施乡村振兴战略，高等农林教育重任在肩；推进生态文明建设，高等农林教育义不容辞；打造美丽幸福中国，高等农林教育大有作为。面对农业全面升级、农村全面进步、农民全面发展的新要求，面对全球科技革命和产业变革奔腾而至的新浪潮，面对农林教育发展的深层次问题与严峻挑战，迫切需要中国高等农林教育以时不我待的使命感、紧迫感锐意改革，加快建设"新农科"，为更加有效保障粮食安全，更加有效服务乡村治理和乡村文化建设，更加有效保证人民群众营养健康，更加有效促进人与自然的和谐共生，着力培养农业现代化的领跑者、乡村振兴的引领者、美丽中国的建设者，为打造天蓝山青水净、食品安全、生活恬静的美丽幸福中国做出历史性的新贡献。

不忘初心、牢记使命，扎根中国大地办好高等农林教育，倾心倾力服务中国农业农村现代化和中华民族伟大复兴事业，是新时代中国高等教育肩负的庄严神圣使命，更是北京农学院研究生教育发展之根基。国家坚持农业农村优先发展、实施乡村振兴战略，通过加快农业现代化步伐，推进农业绿色发展，实现"产业兴旺、生态宜居、乡风文明、治理有效、生活富裕"的总体要求。对学校研究生教育及学科建设提出了新的要求。

在"新农科"背景下，北京农学院学科建设应紧跟农林教育新格局，走融合发展之路，打破固有学科边界，破除原有专业壁垒，实现以农林为特色优势的多科性协调协同发展。创多元发展之路，服务国家粮食安全、农业绿色生产、生态可持续发展，以需求的多元化推进发展的差异化特色化，构建灵活的教育体系和科学的评价体系，推进人才培养从同构化向多样化转变，实现多类型多层次发展。

（二）全国教育大会的新使命

研究生教育是教育事业的重要组成部分，是国民教育最高层次。改革开放以来，我国研究生教育体系不断完善，规模持续扩大，结构不断优化，质量稳步提升，累计为国家培养输送了超过800万人的高层次人才。结合学习习近平总书记重要讲话和全国教育大会精神，北京农学院应在新的时代立足8个方面把握新形势。

一是聚焦立德树人根本任务，着力培养中国特色社会主义事业高端人才。全面加强党对研究生教育的领导，以"凝聚人心"为首要目标，加强理想信念教育和世情、党情、国情、民情教育，着力构建符合研究生教育规律的思想政治工作机制，把社会主义核心价值体系融入研究生培养全过程。

二是强化服务需求导向，完善学科动态调整机制。在已批准20所高校开展学位授权自主审核的基础上，进一步扩大自主审核单位范围。放权更多高水平大学自主设置一级学科，鼓励根据经济社会发展需求自主设置新兴交叉学科，促进学科交叉融合，激发高校基层办学活力。进一步完善既符合学科规律又满足经济社会发展需要的学科设置及管理机制，推进学位授权点动态调整。

三是着眼优化结构，积极稳妥地完善学位点布局。促进区域行业之间学位授权点协调发展，满足不同地区、不同行业发展需求。在坚持质量标准的前提下，分类施策，对西部地区高校特别是涉及民族团结稳定大局的边疆民族地区高校倾斜支持，对思想政治建设等重点领域和经济社会发展急需行业，加大学位授权点布局力度。

四是推进重点突破，大力发展博士专业学位教育。将进一步明确博士专业学位的定位，加强顶层设计，统筹类别设置，完善博士专业学位研究生培养体系，创新中国特色人才培养模式，实现我国博士层次应用型人才与学术型人才培养协调发展。

五是以提高质量为核心持续深化研究生培养机制改革，着力培养创新型、复合型、应用型高端人才。一方面，完善以提高创新能力为目标的学术学位研究生培养模式，统筹安排硕士和博士培养阶段，促进课程学习和科学研究的有机结合，重视对研究生进行系统科研训练，以高水平科研支撑高水平培养；另一方面，推动建立以提升职业能力为导向的专业学位研究生培养模式，加强联合培养基地建设，强化产学结合和双师指导，大力推动专业学位与职业资格的有机衔接。

六是创新经费保障，完善研究生教育多元投入机制。健全以政府投入为主、受教育者合理分担培养成本、培养单位多渠道筹集经费的研究生教育投入机制，鼓励重大科研项目经费与博士研究生招生培养有机衔接，引导和鼓励行业企业全方位参与人才培养，以多元投入增强研究生教育活力，促进研究生教育高质量持续发展。

七是强化导师引领，切实加强研究生导师队伍建设。抓实抓好《教育部关于全面落实研究生导师立德树人职责的意见》的执行工作，落实导师是研究生培养第一责任人的要求，狠抓师德师风建设，把立德树人作为导师的首要职责和遴选导师的首要条件，并实行"师德一票否决制"。

八是研究完善"双一流"建设科学评价机制，着力医治顽瘴痼疾，坚决扭转唯论文、唯文凭、唯帽子、唯学位点、唯经费等功利化导向。坚持以习近平新时代中国特色社会主义思想为指导，坚持以全面提升人才培养能力为核心，聚焦人才培养、创新能力、服务贡献和影响力等核心要素，施行多元评价、综合评价和个性化评价，引导高校分类发展、特色发展、高质量发展。

（三）"双一流"建设背景下的地方农林高校发展机遇

"双一流"建设是一个长期过程，初期看基础、看投入，但最终还要看战略眼光、看发展策略。地方高校"双一流"建设要"回归常识、回归本分、回归初心、回归梦想",立足内涵建设,充分把握机遇,正确面对挑战,从长期发展着眼,从短期建设着手,保持定力、坚持不懈,终将会在高等教育激烈竞争生态中走出一条地方高水平大学建设的卓越之路。

学科建设事关学校生存和发展,是学校建设和发展的核心,在"双一流"建设的背景下,立足于地方高校,要进一步突出学科建设龙头作用,并着力做好三方面工作:一是思想认识要充分到位,全校上下要凝聚共识,进一步树立大局观,明确责任,将具体要求真正落到实处。二是要真抓实干,务实高效。要在攻坚克难上狠下功夫,领导班子要勇于担当,主动作为,夯实责任,一抓到底,抓出成效。三是要尽心竭力,力争上游。学校要坚持内涵式发展,要有决心、有信心,充分发挥整体力量,发动师生资源、群策群力,实现学科建设工作新突破。

(四)京津冀区域经济社会发展的新需求

京津冀协同发展是重大国家战略,战略的核心是有序疏解北京非首都功能,调整经济结构和空间结构,促进区域协调发展,形成新增长极。京津冀区域幅员辽阔,经济发展不平衡由来已久,要实现协同发展、协调迈进,必须推进产业升级转移,加快市场一体化进程;同时必须秉持"民众福祉改善"导向,保障京津冀三地群众能共享区域经济发展成果,要以看得见、摸得着的惠民实效,增强群众对京津冀协同发展的获得感和认同感。

北京农学院在新的历史时期不仅要服务北京市建设,更要服务京津冀协同发展,从纵向分析,我国首都城市群的发展离不开京津冀区域协同。各城市的功能、分工协作、产业布局离不开京津冀各方的共同支持,困扰这一区域的雾霾、水资源与环境等问题,也迫切需要城市群周边地区协同解决。

京津冀协同发展和建设国际一流的和谐宜居之都的奋斗目标,需要发展城市功能导向型产业和都市型现代农业,需要三次产业融合的现代农业,需要大力拓展农业的生态功能,需要探索推广集循环农业、创意农业、观光休闲、农事体验于一体的田园综合体模式和新型业态,需要大力挖掘浅山区和乡村的发展潜力和空间,从而满足居民日益增长的多元化高质量的农产品需求和休闲环境需求。首都城市的特殊地位和京津冀城市圈协同发展的背景下,对北京农学院人才培养提出了新的挑战,"和谐宜居"需要"三农"提供更宽更大的服务贡献,"国际一流"需要更高层次的人才支撑,也造就了首都农科高校的特色服务面向和义不容辞的责任。

京津冀农林高校协同创新联盟由中国农业大学、北京林业大学、北京农学院、河北农业大学、北京农业职业学院、天津农学院、河北工程大学、河北科技师范学院、河北北方学院9所高校组成,其服务面向和人才培养定位不同,形成了典型的差异化发展。北京农学院是地方院校，立足首都发展，农学院着重培养应用型复合型本科以上层次人才。北京农学院责无旁贷地承担着首都新时代"三农"发展所需高层次人才培养的重任。应对首都城市发展对"三农"的需求，北京农学院已经形成了都市型现代农林特色的办学体系，以园艺和兽医学为代表的硬学科和以农林经济管理为代表的软学科都为首都"三农"发展做出了实质性的贡献，得到了市农委等主管部门的充分肯定。对照博士授权单位的申报条件，学校已经具备相关要求，在学科和专业设置以及科研支撑等方面具有较好的基础，但是个别学科在师资队伍及高水平科研等方面还有一定差距，需要进一步加强建设。

（五）学校自身发展面临的严峻挑战

研究生教育是培养和吸引全球优秀人才的重要途径，是实现创新驱动发展和促进经济提质增效升级的重要支撑，是学校人才培养、科学研究、社会服务和文化传承功能的核心体现。目前学校学科建设水平总体不高，核心竞争力不强，研究生教育基础比较薄弱，与学校建设都市型现代农林大学的要求还存在着一定的差距，与首都经济社会发展对应用型创新人才需求还不适应，规范管理机制还有待于进一步健全。

另外，高等教育"双一流"战略的实施和内涵发展改革的推进，对北京农学院这样的地方性院校意味着前所未有的机遇和挑战。机遇是基于其打破身份壁垒、鼓励公平竞争的动态调整模式，为学校跨越发展提供了机会。挑战来源于其资源配置与建设类别层级的挂钩方式，高校分类分层及时空定位，使我们的生存空间不断受到挤压。从全国范围来看，大部分高校"十五"至"十二五"期间，充分利用高等教育扩招和扩张的机遇，学科建设基本完成了从增量布局到结构调整的发展历程，实现了从外延扩展到内涵发展的过渡。

而北京农学院学科建设与这一战略机遇期交集不多，致使我们当前面临学科点增量布局和内涵建设的双重任务。从发展条件来看，学科点总量不足和建设资源短缺的矛盾，是当前学科建设中的主要矛盾，而且将在很长一段时间内制约学校的内涵发展。在学科质量和结构方面，还存在优势特色学科不热门、热门学科无优势，学科交叉融合度不够，学科发展不均衡等结构、质量和效益方面的问题。

五、2020 年学科建设的主要思路和重点内容

（一）主要思路

1. 精心谋划，实现突破

贯彻实施国家"双一流"发展战略，制定好学校学科建设方案。以学科授

权点申报基本条件为依据，以博士点申报为目标，确定今后学科发展重点。做好北京农学院所有学位授权点合格评估预评估工作，查找学科问题，凝练学科方向，明确学科建设目标，细化学科建设措施，扩大学科影响。强化一级学科管理理念，实施一级学科招生制度。

2. 突出重点，分类建设

学校应加突出重点统筹资源分类建设，才能实现学科的跨越性提升。在学科建设中，应将学科建设按优势、重点、培育三个层次长远布局，确定发展目标并配置学科资源。结合《第四轮学科评估指标体系》《博士硕士学位授权点申请基本条件》等文件，划分优势学科、重点学科和培育学科的建设实施方案，凝练各学科的建设方向，从师资队伍建设、人才培养、科学研究与社会服务、学科影响力和国际合作与交流等方面明确各学科"十三五"乃至更长一段时间建设目标，并将学科建设任务进行了分解，与学院、学科、相关职能部门签订了目标任务书。

3. 人才为先，稳定队伍

应继续完善学科发展与人才引进工作体系，应明确学科带头人（学科领军人才）、方向负责人、学科骨干及其职责权限、任职条件、选聘办法等，实施基于目标任务的学科管考核与动态管理方式，建立学科负责人与学科带头人责权利相结合的管理体制，实现引进与培养优秀创新人才的目的。

坚持正面激励，强化负面清单，注重合格评估，严格年度审核，优化考核程序，鼓励拔尖人才，坚持凝练学科方向，维持学科队伍稳定，建立学科方向相对稳定的约束机制。

4. 机制创新，优化服务

建议成立学校学科建设领导小组，充分发挥学科建设领导小组的决策作用、学位委员会与学术委员会的咨询作用，优化增强学科发展团队服务意识，完善跨学科建设联动机制；突出学院在学科建设中的实施主体作用，实行学院院长和学科带头人共同负责制和责任追究制，其中，院长负组织和服务责任，学科带头人负主导和实施责任；坚持权责利统一，提高学科带头人的岗位津贴，强化学科带头人的资源统筹权、相关人员聘任的提名权、学科建设的组织实施权，明确学科带头人的聘期目标，强化学科带头人的聘期考核。

5. 加大投入，强化绩效

切实重视学科引领作用，整合学校有限财力资源，通过科技立项、技术转让、人才培养、共建实验室、专项建设等多种途径，加大学科建设经费、人才建设经费、科研平台建设经费等的统筹使用。学科建设专项经费和上级支持经费，经费统筹核算分配到一级学科。

强化绩效管理，实行学科建设项目负责人制度，进一步明确学科负责人责权利，制定相应的激励政策，定期进行责任考核。

（二）重点内容

1. 全力冲刺，以申促建博士点学科

北京农学院要通过此次博士授予单位申报，以申促建，积极展现北京农学院的优势、进步与成长。博士点的申报过程同时也是学校一流学科建设的过程，我们要努力补齐短板，发挥自身特色优势，促进学校学科可持续发展。

2020年，博士授予单位申报工作的前期准备，督促相关学科不断完善申博文本的撰写与专家论证工作，校对申博单位基本数据，通过努力争取使学校成为博士学位授予单位，2～3个学科获得博士学位授予权点，全面提升学校的办学层次和办学水平。

借助博士点建设，相关学科围绕北京城市总体规划对农林产业、生态环境和乡村振兴的布局，对照《学位授权审核申请基本条件（试行）》（2017年）和《学位授予和人才培养一级学科简介》（2013年），进一步优化园艺学、兽医学、农林经济管理等学科方向，强化学科内涵和团队建设，大力提升研究生培养质量。

加大校内公共体系建设，特别对申报授权学科建设的人财物等办学条件建设实行倾斜政策。目前，兽医学科借助学校政策优势，在教师队伍方面分批次补充教师队伍，已达到申报条件。在本年度，应进一步做好三个学科的教师职业发展规划和人才项目，培养一批学科领军人物及具有创新精神的中青年学术骨干。加大经费投入力度，对三个申报博士点的一级学科建设每年投入300万元。

2. 立足新农科建设，加强学科融合

"新农科"建设要服务社会需求，提升农科毕业生竞争力。"新农科"背景下的研究生培养应从偏重服务产业经济向促进学生全面发展转变。立德树人是研究生培养的立身之本。中国高等农科教育大多还停留在基于经济建设需要和特定岗位需求来培养专业化人才的层面上，一旦社会经济发展带来行业与岗位的变革，农科毕业生将遭遇更加复杂的形势。因此，农林院校不仅要培养在专业方面训练有素的学生，更要培养具有广阔知识和视野、综合才能，以及对未来有良好适应力的学生。

"新农科"建设要从单学科独立发展向多学科交叉融合发展转变。当前北京农学院学科虽然在规模上已具备多样性和综合性的特征，但是学科专业发展仍然很不平衡，学科专业结构无法满足建设现代农业需要的复合型人才培养要求。因此，农林院校的学科建设需要统筹各类目标，加快培育新兴交叉学科，丰富交叉学科课程资源，推动学生的跨学科或交叉学科学习。

3. 深化立德树人，加强导师队伍建设

为进一步贯彻落实全国高校思想政治工作会议和《教育部关于全面落实研究

生导师立德树人职责的意见》精神，强化导师是研究生培养第一责任人职责，坚持把立德树人作为研究生教育的中心环节，把思想政治工作贯穿教育教学全过程，实现全程育人、全方位育人。以立德树人职责落实情况为重点，以对研究生思想政治教育为首要职责，加强导师日常管理体系建设。

积极引导硕士研究生导师参与学校组织的培训，增强立德树人素养与业务素质能力，导师培训是深化研究生教育改革，强化导师管理、健全导师责权机制的重要举措。

积极开展立德树人与学术道德讲座，将导师与研究生学术道德教育贯穿于研究培养的全过程和各个环节，充分把握研究生的思想动态状况。为提升研究生综合素质与道德素养，定期开展研究生素质课堂，请优秀研究生导师与社会精英进行讲座。

4. 完善学科管理制度，整合资源及结构

全面整合科学研究和教师资源，统筹学科和教师教育的发展工作。通过制度建设，加强学科专业建设的规范管理，保证建设质量逐年提高。要构建各专业拥有共同目标、产生内在动力、可以直接沟通的形式多样的协同发展制度，建立起教师团队建设、学科资源共享、产学研项目开展等机制，制定学科专业建设评估指标体系，加强学科专业建设的质量监控。定期召开学科专业建设工作会议，研讨学科专业建设与发展的思路和方向，突出特色与优势，分析存在的问题，进而出台加强学科专业建设的政策措施，推动学科专业建设再上新台阶。按照"做强农科、做大工科、做好管科"的思路，完善学校学科管理规章制度，推进学科资源整合和结构优化，突出各相关学科在现代种业、生态环境建设、食品安全、都市农林业发展理论等方向的优势和特色。

5. 加强京津冀校级交流合作

继续落实"京津冀农林高校协同创新联盟研究生合作协议"，探索三地农林高校学科建设、学术交流、资源共享等互动平台模式，进一步加强学生培养交流合作。加快创新协同中心建设，紧紧围绕京津冀经济社会发展中的重大问题，大力推进协同创新，推动校际科研合作，提高研究解决京津冀经济社会发展中重大问题的能力。立足京津冀，新农科建设为高等农业院校的发展提供了难得的发展机遇，同时也提出了新的挑战，加大联盟成员之间的认识，在人才队伍建设、本科教育教学合作、科学研究等方面加强交流，相互借鉴，合力服务京津冀协同发展。

北京农学院 2019 年研究生教育质量分析报告

一、研究生教育概况

（一）学校概况

北京农学院是北京市属的以农科为特色，兼有理、工、经、管、法、文等学科的高等农林院校。学校紧密围绕首都乡村振兴战略和都市型现代农业发展需求，积极开展农林科技创新和科学研究，努力打造和完善都市型现代农林高级人才的培养，全面建成高水平应用型大学。

自 2003 年获得硕士学位授予权后，独立开展研究生教育已经走过十余个年头。目前学校共有园艺学、兽医学、作物学、林学、风景园林学、食品科学与工程、农林经济管理、生物工程、植物保护、工商管理、畜牧学 11 个一级学科硕士学位授权点，形成了都市型现代农林学科布局。有农业硕士、兽医硕士、风景园林硕士、工程硕士、社会工作硕士、国际商务硕士、林业硕士 7 个专业学位类别 13 个招生领域。构成植物科学学科群、畜牧兽医学科群、农林经济管理与文法学科群、生物技术与食品工程学科群、生态环境建设与城镇规划学科群，服务首都区域发展。

学校拥有一支年龄结构合理、学术水平较高的硕士生导师队伍。现有硕士研究生导师 475 人，其中校内导师 287 人，校外导师 188 人（外籍导师 5 人）。兼职博士生导师 15 人。教师中享受国务院特殊津贴 4 人，教育部教学指导委员会委员 4 人，教育部新世纪优秀人才 1 人，长城学者培养计划入选人员 8 人，现代农业产业体系北京市创新团队岗位专家 20 人，北京市教学名师 8 人，北京市优秀教师 8 人，150 余人次入选北京市科技新星计划、北京青年拔尖人才培育计划等各类省部级人才项目。学校推行研究生培养机制改革，实行新制奖助学金政策，2019 年学校按照国家规定收取学费，研究生入学即可享受较高的奖助学金；学校提供相当比例助研、助管、助教岗位，每年每生可获得奖助学金 19600 ~ 23600 元不等（包括学校学业奖学金、国家助学金、学校助学金、助研津贴等）。

此外，学校每年还评选一定数额的优秀研究生、优秀研究生干部、优秀研究生毕业生、研究生优秀学位论文等，并给予一定的奖励。

在长期的办学实践中，学校形成了"厚德笃行，博学尚农"的校训精神，秉承"艰苦奋斗、勤于实践、崇尚科学、面向基层"的优良传统，形成"以农为本、唯实求新"的办学理念和"立足首都、服务三农、辐射全国"的办学定位。着眼"四个全面"国家战略布局，践行"创新、协调、绿色、开放、共享"五大发展理念，聚焦京津冀协同发展的现实需求，建设特色鲜明的高水平都市型现代农林大学。

（二）培养目标

学校研究生教育紧紧围绕学校"全面建成高水平应用型大学"的发展定位，遵循教育发展和高水平大学建设的内在规律，把"立德树人"作为研究生教育的根本任务，坚定不移地走"服务需求、提高质量、内涵发展"之路。以推进分类培养模式改革、构建质量保障体系为着力点，重视创新精神和实践能力培养，重视科教结合和产学结合，为都市型农业建设发展提供人才支撑。

围绕产学研特色，发挥服务功能。充分发挥学校与行业"协同育人、协同办学、协同创新"办学模式和人才培养模式的特色和长处。建立学校与企业科技人才的合作交流，探索符合市场经济规律的产学研有效对接机制，拓宽地方院校培养高层次创新人才的途径和为经济建设服务的渠道，加快知识创新和成果转化。

（三）基本条件

学校现有果树学、临床兽医学、农业经济管理、农产品加工及贮藏工程、园林植物与观赏园艺5个北京市重点（建设）学科；有一个博士后科研工作站；有农业部华北都市农业北方重点实验室、农业应用新技术北京市重点实验室、兽医学（中医药）北京市重点实验室、北京市乡村景观规划设计工程技术研究中心、北京新农村建设研究基地、首都农产品安全产业技术研究院、北京都市农业研究院、北京市大学科技园等20个省部级科研机构和成果转化基地。

坚持"以人为本"，提升创新和实践能力。努力贯彻国家提出的"以人为本"的发展理念。在研究生教育发展过程中，"以研究生为本"，为研究生提供良好的学习、科研环境，营造良好的学术氛围，并通过学习和实践过程，提升研究生为社会服务的能力。同时，为导师提供良好的教学科研环境，充分发挥导师的作用，使研究生的能力得到全面的提升。

二、学科建设情况

（一）博士点申报学科建设情况

2018年7月3日，北京农学院正式获批北京市博士学位授予立项建设单位。2019年初，申博工作列入学校折子工程，并于3月15日出台了《北京农学院博士建设单位工作实施方案》，学校成立"博士学位授予立项建设单位工作领导小组"，由校长、书记任组长，分管副校长任副组长，成员有研究生处、人事处、科技处、计财处、国资处等部门负责人组成。同时，研究生处根据各申博学科建设情况进展，牵头各申报博士点学院成立了北京农学院申博工作小组，并制定了2019年度申博工作时间安排表。

各学院成立申博领导小组和材料撰写小组，对学院师生进行多次动员，凝聚共识，营造全力申博氛围。各学院组织材料撰写小组，对标对表申博基本条件，梳理学科队伍，整理学科简况表并邀请相关领域专家进行论证。目前，已完成三轮申报材料的撰写与专家论证工作。

研究生处组织申博辅导会，对各申博学科及所属学院负责人进行了统一辅导，并对申博过程中可能存在的问题进行指导与解答。

研究生处组织召开单位申博报告材料撰写小组讨论会，对申请报告进行研讨，目前已完成六轮的撰写与修改。同时，针对全国涉农高校申博形势进行研判，认真总结梳理全国涉农高校博士授予单位情况。

各申博学科分别召开申博工作汇报会，就各申报学科当前的问题进行了梳理和总结。同时，动科学院及经管学院组织召开专家现场论证会，邀请相关领域专家为学科申博把脉，下一步植科学院也将召开专家论证会。

下一步将根据学校申博工作实施方案及申博时间进度安排表要求，相关职能部门尽快落实相应工作，全力配合申博学科补齐申博条件。各学科抓紧材料修改，继续完善申博简况表。召开学科骨干成员会议，凝聚共识，讨论具体优化方案。加强与学科评议组、学位办和相关学校博士点建设专家加强经验交流，邀请其为申博工作指导把脉。加强申博宣传力度，凝心聚力，全力营造申博良好氛围。争取在2020年获批博士学位授予单位，2~3个学科获批博士学位授权点。

（二）高精尖学科建设情况

北京农学院园艺学与中国农大园艺结对共建自开展以来，学校园艺学科发展迅速，主要成果如下：

1. 人才引进

2019年，共引进6名博士后，其中果树方向2人，蔬菜方向2人，观赏园艺方向 2 人。从校内协调 4 名实验系列教师，转入园艺系，均具有博士学位。

2019 年 11 月拟从美国康奈尔大学和荷兰瓦赫宁根大学各引进一名海聚人才，目前已初步达成意向。

2. 承担的科研项目

（1）获得国家科技重大专项。包括经济作物优质高产与产业提质增效科技创新：重要花卉种质资源精准评价与基因发掘、特色经济林生态经济型品种筛选及配套栽培技术（子课题负责人田佶，28 万）；化学肥料与农药减施增效综合技术开发：苹果化肥农药减施增效技术集成研究与示范（课题负责人张杰，118 万元）3 个项目的合作研究。

（2）获批三项国家自然基金及试验中心建设项目。三项国家自然基金分别是：促分裂原活化蛋白激酶 MAPK4 调控叶用莴苣高温抽薹的作用机制研究（范双喜，面上项目）；MdPDK1 介导的 MAPK 信号通路调控苹果果皮花色苷合成的分子机理研究（胡玉净，青年科学基金项目）；番茄 JRG1 基因负调控茉莉素介导的抗性反应的分子机制研究（黄煌，青年科学基金项目）。

试验中心建设项目包括林木分子设计辅助育种高精尖中心建设项目；北京市果树良种繁育工程技术研究中心建设，共同开展果树良种繁育平台建设、资源评价与创新、新品种选育及推广，2019 年获教育部果树良种繁育工程技术研究中心批文；牵头联合国内优势高校、科研院所、龙头企业（山西省农科院果树所、南京林业大学山东农业大学、北京市植物园、北京胖龙农业科技有限公司等单位）组建海棠产学研联盟。

3. 科研平台建设

完成了科研实验平台的采购，按照片项目的要求和预算，当时申请了三个实验平台的建市内容，经国资处招标，于 5~6 月已全部完成，目前仪器均已到位并安装调试完毕投入使用。

4. 学生培养及科研成果

与中国农业大学联合培养博士生、硕士生计划项目，已经确定 4 名二级教授作为中国农业大学博士生导师，确定了招生计划和录取名单。同时，2019 年发表论文 18 篇，获得专利 4 项、科研奖励 3 项。

5. 国际合作与交流

2019 年 4 月，荷兰瓦大的 Ton 院士到北京农学院高精尖实验室进行为期 1 个月的合作交流；在此期间，与平谷签订了合作协议，并建立了首个外国教授工作站。

2019 年 9 月，王绍辉教授与 4 名研究生到以色列国耶路撒冷市参加了第十六届茄科大会—营养与产量，并在大会进行了 Poster 展示，"LOXD is involved in the stress of root knot nematodes to tomato" 引起了来自法国、日本及德国的专家的关注，利用大会提供 APP，与几位专家进行了提前交谈的预约，并相互进行了学生交流及科研合作的初步交流。同时也与希伯来大学的合作者 ORi NOMI 教授和德国莱布尼兹生化研究所的 Bette 教授，就目前的科研合作进行了下一步的探讨。

韩莹琰教授的 4 名研究生参加了"世界植物基因组与育种"大会，并进行了大会主题发言。

2019 年 10 月，姚允聪教授、卢艳芬副教授与 1 名研究生到美国康奈尔大学进行短期的访问交流。

6. 示范基地建设

联合组建了国家农业综合示范基地 2 个——苹果良种繁育、苹果矮密高效栽培技术示范基地；院士工作站 2 个——平谷农业科技创新示范基地、山东聊城绿泽园林科技有限公司观赏海棠基地。

三、研究生招生及规模状况

（一）全日制研究生招生

2019 年研究生处深入贯彻落实教育部和北京市关于做好研究生招生工作的指示精神，与各相关学院共同努力，做了大量卓有成效的工作。全年共招收了 578 名硕士研究生，其中全日制研究生 486 名，非全日制研究生 92 名。

全日制研究生中，应届本科毕业生共 343 人，占总人数的 70.58%，非应届人员 143 人，占总人数的 29.42%；一志愿生源为 304 人，占总录取人数的 62.55%；考生共来自 26 个省市，来源最多的是北京考生，共 294 名，占 60.49%，其他考生来源比较多的地区是山东省、河北省、山西省、河南省等；本科毕业于北京农学院的考生共 271 人，占总人数的 55.76%，外校生源人数为 215 人，占总人数的 44.24%，其中来自 985、211 院校的考生共 13 人，占总人数的 2.67%；男生 150 名，占 30.86%；女生 336 名，占 69.14%。

（二）非全日制研究生招生

非全日制研究生中，应届本科毕业生共 30 人，占总人数的 32.61%，非应届生 62 人，占总人数的 67.39%；88 人通过普通全日制学习完成本科学历，占总人数的 95.62%，研究生学历 1 人，占总人数的 1.09%，同等学历考生 3 人，占总人数的 3.26%；考生共来自 16 个省市，来源最多的是北京考生，共 48 名，占 52.17%，其次考生来源比较多的地区是河北省、山西省、山东省；外校生源是非全日制研究生的主要来源，占到 70.65%。本科毕业于北京农学院的考生共 27 人，占总人数的 29.35%；男生 37 名，占 40.22%；女生 55 名，占 59.78%。

四、研究生培养过程

（一）完成新增学位点课程大纲编写工作

在研究生培养工作中，深入推进研究生教育综合改革，结合研究生教育规律、硕士学位标准和学校办学定位，建立和完善了适应都市型农林高校的研究生培养机制。自独立招收研究生以来，本着优化学科结构、突出学科特色、提高研究生培养质量的原则，先后形成 2004 年版、2007 年版、2010 年版、2016 年版、2018 年版硕士研究生培养方案。

2018 年 9 月，在形成新增学位点培养方案的基础上，于 2018 年 10 月，发布了《关于制订 2018 年新增学位点硕士研究生课程教学大纲的通知》（研处字〔2018〕29 号），启动新增硕士研究生学位点课程教学大纲制订工作。2019 年 3 月完成编写工作。新增课程大纲共有研究生课程 59 门，其中学位公共课 4 门，学位专业课 13 门，学位领域主干课 9 门，选修课 33 门。

（二）研究生课程建设情况

研究生课程体系紧密围绕学校的人才培养目标，坚持"复合型、应用型、创新型"的培养机制定位，应用型与学术型人才培养并重的理念。从培养方案的内容、课程体系的设置到课程开设结构均体现了学校的培养特色。

2019 年共开设全日制研究生课程 201 门次，其中春季开设课程 41 门次、秋季开设课程 160 门次。为保证教学运行正常进行，严格执行调停课手续。安排各相关学院、督导组于第 9～10 周进行研究生教学和培养工作期中检查。根据各学院期中检查工作情况，提出问题与整改建议。

为丰富学生的学习资源，扩大学习视野，学校组织完成了工程伦理、研究生的压力应对与健康心理等 5 门网络课程的选修。

（三）研究生培养类项目管理情况

为进一步提高研究生人才培养质量，推进研究生教育教学改革和人才培养模式创新，切实提高研究生服务和管理水平，研究生处从 2014 年开始，开展"学位与研究生教育改革发展项目建设项目"。

1. 研究生校外实践基地管理

实践教学是研究生培养的重要组成部分，是研究生提升理论运用水平、提高专业技能不可或缺的重要环节。实践基地建设直接关系到研究生的培养质量，对于培养提高研究生的实践能力和创新能力十分重要。

为了适应国家研究生教育改革和发展需要，提高研究生教育水平和培养质量，增强研究生实践动手和科研创新能力，搭建学校服务地方经济建设和社会发展平台，创新高层次专业人才培养模式，建设高层次人才培养基地，促进"产学研"联盟的形成，加大联合研究生培养力度。于 2016 年发布了校发文《北京农学院研究生联合培养实践基地建设与管理办法》。

为建设和完善以提高创新能力和实践能力为目标的研究生培养模式，全面提高研究生的实践能力，研究生处重视研究生实践教学工作，尤其是专业学位硕士研究生的实践教学工作，研究生处从 2014 年开始筹建研究生校外实践基地，目前已建成研究生工作站 29 个，研究生校外实践基地 63 个。

2. 研究生优秀课程建设项目

从 2014 年开始，北京农学院重点建设一批优秀研究生课程。到目前为止，共有优秀课程建设项目 66 项。2019 年学位与研究生改革发展项目中，共有研究生优秀课程建设项目 7 项（见表 1）。

表 1   2019 年北京农学院研究生优秀课程建设项目一览表

序号	学院	项目名称	项目负责人
1	生资学院	生物高新技术企业家 Semianr	刘京国
2	生资学院	生物反应工程	常明明
3	动科学院	现代兽医药理学	沈红
4	植科学院	数量遗传学	史利玉
5	经管学院	中级宏观经济学	蒲应燕
6	经管学院	乡村旅游经营与管理	马亮
7	文发学院	困难人群社会服务	范冬敏

3. 研究生"课程思政"示范课程项目管理

为进一步强化专业课程育人导向，突出价值引领，使各类课程与思想政治理论课同向同行，形成协同效应。学校在 2019 年底组织实施"研究生'课程思政'示范课程建设项目"，组织召开研究生"课程思政"建设研讨会，发布《关于组织申报 2020 年北京农学院研究生"课程思政"示范课程建设项目的通知》，组织 2020 年研究生"课程思政"示范课程项目的申报和项目立项。经个人申报、学院审核、专家评审，最终拟立项项目数为 8 项。

（四）动态信息公开、信息化建设工作

为使广大师生及时了解学校研究生教育相关工作动态，将研究生处一段时间内具有代表性工作进行汇总整理，于 2017 年 5 月开始，不定期发布研工简报，累计发布研工简报 42 期。其中，2019 年发布研工简报 19 期，内容涉及到研究生校外实践基地建设、尚农大讲堂、博士硕士学位点申报等多方面；编制印刷《2019年北京农学院硕士研究生手册》。加强研究生教务管理系统建设，学位点培养方案、课程大纲的系统录入全部完成；利用新系统完成2019级研究生选课、培养计划填写、授课计划填写、课程成绩录入及2020年春季排课等。

五、学位授予及研究生就业情况

（一）研究生学位授予情况

学校非常重视研究生的学位授予质量。从2004年开始招收硕士研究生时，即研究制定了硕士学位授予工作细则等相关文件。在实施过程中，根据国家研究生教育的发展形势和学校实际情况，于2008年、2013年又进行了相关文件的修订。目前，使用的研究生学位管理文件为2013年修订的《北京农学院硕士学位授予工作实施细则》（北农校发〔2013〕2号）。经过多年的管理实践，学校已经初步形成研究生学位管理的规章制度体系，有力地保障了硕士学位授予质量。

学校组织完成2019年夏季与冬季硕士学位申请、论文查重、论文评阅、论文答辩和学位授予工作。2019年夏季共授予硕士学位416人，其中学术学位81人，全日制专业学位243人，在职硕士92人。截至目前，2019年冬季答辩人数为28人，其中学术学位5人，全日制专业学位7人，非全日制16人。2019年夏季共审核通过优秀学位论文36篇。

根据北京市学位办要求，完成北京农学院硕士学位论文抽检相关材料汇总上报工作，针对2019年抽检反馈被抽检论文无不通过现象。同时，修订了论文查重相关管理规定，进一步加强对学位论文出口管理工作。

（二）毕业生就业情况

2019届研究生毕业生共有330人，学校研究生毕业生的专业以农口专业为主，就业形势相对严峻，经过不懈努力，截至2019年10月30日，学校研究生毕业生已就业人数为325人，实际就业率达到98.48%，签约率达到88.48%。研究生就业单位性质分布情况见图1。考取博士生、出国14人，占毕业生总数的4.24%，到高等教育和研究院所就业45人，占毕业生总数的13.64%；到机关事业单位就业64人，占毕业生总数的19.39%；到涉农企业单位就业103人，占毕业生总数的31.21%；到其他企业单位就业99人，占毕业生总数的30.00%（见图1）。

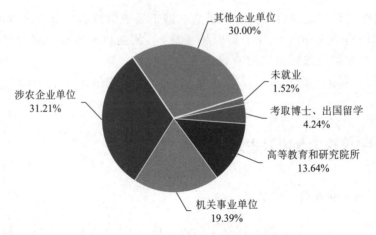

其他企业单位
30.00%

未就业
1.52%

考取博士、出国留学
4.24%

高等教育和研究院所
13.64%

涉农企业单位
31.21%

机关事业单位
19.39%

图 1　2019 届毕业研究生就业单位性质流向

六、研究生教育质量保障体系建设及成效

研究生教育是培养高层次人才的主要途径，是国家创新体系的重要组成部分。考察研究生教育的发展历史，现有的研究生培养模式是适应工业化大生产的需要，在原有"学徒式"培养方式基础上发展而来的，具有"专业式"大规模培养的特点。与这种培养方式相适应，研究生教育管理发展成为一种系统工程，需要构建复杂的培养和管理体系。北京农学院在研究生培养模式探索和改革中，经过十余年的实践，现已建立起招生、培养、学位、导师、服务"五位一体"的都市型农林高校研究生教育质量保障体系。

（一）经费保障

制定学科与研究生教育经费预算分配方案，涉及博士点单位申报学科建设、学位授权点建设、新增 7 个学位授权点建设、学位与研究生教育改革与发展项目、研究生创新与创业能力建设、三助一辅、研究生学业奖学金、研究生日常管理等 8 个方面。完成 2019 年度市级专项预算，经费总额 1631.5 万，其中高精尖学科（园艺学）1000 万元，研究生学业奖学金 341 万元，基本科研经费 290.5 万元，高精尖学科经费由学院统筹管理、学科带头人负责实施，基本科研经费下拨 8 个二级学院实施，学业奖学金根据相关文件规定进行评选，直拨在校全日制研究生。

（二）师资保障

为使研究生任课教师更好地明确在承担教学任务中的职责，促进研究生教学管理工作的规范化，稳定研究生教学秩序，提高教学质量，结合研究生处关于《研究生任课教师职责》的有关规定，研究生课程新任课教师必须提交《北京农学院新任研究生课程教师资格审查表》。

　　北京农学院现有研究生课程任课教师 259 人，其中教授 85 人，占任课教师的 33%，副教授 124 人，占任课教师的 48%，讲师 50 人，占任课教师的 19%（见图 2）。

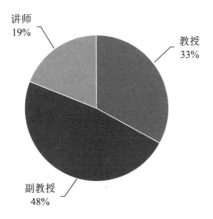

图 2　研究生导师职称分布

　　研究生课程任课教师中博士 192 人，占任课教师的 74%，硕士 60 人，占任课教师的 23%，学士 7 人，占任课教师的 3%（见图 3）。

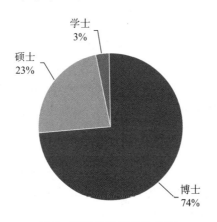

图 3　研究生导师学位分布

　　学校拥有一支年龄结构合理、学术水平较高的硕士生导师队伍。现有硕士研究生导师 475 人，其中校内导师 287 人，校外导师 188 人（外籍导师 5 人）。校内导师中，教授 84 名；副教授 140 名；讲师 63 名。博士 221 名；硕士 57 名；学士 9 名。

（三）学位授权学科质量保障

1. 完善学科评估档案，顺利通过抽查考核

按照"以评促建、以评促改、评建结合"的原则，逐步完善17个学位授权点评估档案，实施规范化、系统化、程序化管理。2019年作物学、农林经济管理被市学位办抽查参与考核评估，并顺利通过。

2019年12月13日下午，市教委组织专家到校督查，对学校学位与研究生教育工作进行全面检查，专家组一致认为，北京农学院研究生教育工作制度健全、管理规范、运行有效、质量很好。

2. 校学位办及导师管理工作

2019年组织召开3次校学位委员会会议，分别主要就学士学位授予、硕士学位授予、新增导师遴选等议题进行审核。在信息报送方面，目前已完成了夏季以及秋季学位授予信息报送工作，待冬季学位委员会召开后报送冬季学位信息工作。在导师遴选方面，2019年度新增硕士生导师工作已顺利完成，本年度新增导师一共85人，其中校内导师17人，校外导师68人，本年校外导师主要以农林科学院导师为主。

完成了2018—2019年度导师考核工作，本年度应参加考核硕士生导师数为240人，实际参加考核人数为234人，未参加考核6人。其中3人退休、2人调离、1人延迟参加考核，其余234人均考核合格，合格率达97.5%。

通过导师考核，保证了研究生导师队伍素质不断提升，进而提升指导研究生能力，保障研究生培养质量。

3. 发挥督导监督作用，加强督导监督力度

按期召开督导例会，研讨督导听课、教学运行检查、中期检查、开题、答辩巡查等情况，结合督导工作开展期中教学检查；本年度听课检查覆盖98门课程，覆盖面为52%；期中检查期间参加研究生、导师座谈会，全面听取师生意见。

4. 设立学位与研究生改革发展项目

为进一步提高研究生人才培养质量，推进研究生教育教学改革和人才培养模式创新，切实提高研究生服务和管理水平，研究生处从2014年开始，开展"学位与研究生教育改革发展项目建设项目"。

2019年3月19日，根据《北京农学院学位与研究生教育改革与发展项目管理办法（试行）的通知》文件规定，经前期个人申报、单位推荐、专家评审、研究生处审核等相关程序，已经组织完成学位与研究生教育改革与发展项目立项工作，批准"国际商务专业学位培养模式研究"等89个项目立项。项目整体情况对比，第一类项目学位授权点与人才培养模式创新同比有所下降，其他项目基本稳定在原有水平。

在市级专项工作方面，根据计财处相关通知安排，完成 2019 年度基本科研经费分配，完成了高精尖学科经费和学业奖学金下拨工作。完成了 2020 年度市级专项的组织申报、事前评估、专家评审等工作。及时跟进各预算的支出情况，完成了 2019 年度市级专项每月项目执行情况定报工作。

学位点及其他工作项目方面，组织完成了相关项目的申报及审核工作，完成了 2018 年度 147 个项目结题工作。其中教师项目中，1 个项目申请延期结题，1 个项目因个人原因取消。研究生项目中，5 个项目结题不通过。

5. 深入推进京津冀农林高校协同创新联盟合作

2019 年夏季北京农学院加强京津冀合作，聘请了来自中国农业大学、北京林业大学、天津农学院、河北农业大学、河北科技师范学院等京津冀高校副高级以上专家 45 人，评审研究生论文 159 篇次，当前研究生处专家信息库中共有京津冀农林高校专家 372 位，他们在历年研究生毕业生学位论文评审与答辩环节中给予大力支持。

2019 年硕士研究生招生中，京津冀协同创新联盟成员院校相互宣传、相互合作推荐，曾前往河北科技师范学院、河北农业大学进行招生宣传。截止报名结束，共收到来自河北农业大学、河北科技师范学院、天津农学院等生源 70 余人。

同时，与京津冀各联盟高校在联合开展博士单位建设申报、高精尖学科共建及联合招收培养博士、培养方案修订、尚农大讲堂讲座等方面开展积极交流。

（四）深入落实研究生思政与管理

1. 注重思想政治教育和意识形态领域管控

完成本年度在校研究生思想动态调研，充分把握研究生思想动态状况，牢牢把控意识形态阵地，参与调查研究生人数共计 4200 余人；积极举办"尚农大讲堂"，共开设讲座 16 次，邀请农业农村部，中国科学院、清华大学、中国人民大学、中国农业大学、中国传媒大学等长江学者、杰出青年，市委百姓宣讲团、残奥会冠军等知名人士 20 人。截至目前，"尚农大讲堂"邀请校外专家共计 62 人，涉及 22 所高校及科研院，主讲内容涉及心理健康、科研学习、传统文化、职业发展、金融知识、国家形势与政策、学术道德等专题领域；组织 210 名研究生集中收看了 2019 年全国科学道德和学风建设专题报告会直播。

多措并举牢固管控研究生意识形态领域动态。在研究生入学、节假日、毕业离校等关键环节，开展针对性的教育引导工作。举办 2019 级研究生开展新生入学教育 6 次，内容涉及入学与学籍教育、健康教育、图书资源与利用、安全教育、化学品安全管理培训、创新创业教育等方面。围绕纪念"五四"运动 100 周年、新中国成立 70 周年等重大节日，对所有在校生进行安全教育与意识形态教育；组织 2019 届毕业生安全有序离校，完成 2019 年毕业典礼，为 330 名毕业生发放了《习近平在正定》等毕业纪念材料。评选出北京市优秀毕业生 19 人，校级优秀毕业生 33 人。

发挥"尚农研工""北农校研会"微信公众号功能，积极传播先进文化，积极宣传学校研究生国家奖学金获得者等模范，共报道各项活动 19 篇，定期推送相关信息，开展"五法"知识竞赛答题活动，对研究生开展思想引领、信息服务等。

2. 加强党组织、团学组织建设工作

加强研究生自我管理、自我教育、自我服务和自我监督，完善了研究生会校院二级组织，加强研究生党支部建设。协同各学院、校研究生会组织研究生认真学习贯彻习近平总书记系列重要讲话，围绕"不忘初心、牢记使命"主题，以自学、集体学习等形式定期组织学习研讨；开展研究生党支部红色"1 + 1"实践活动，组织开展"青春与祖国同行"社会实践行动，组织研究生党员骨干参加北京高校研究生党员骨干专题培训班。组织开展研究生"博物馆红色探索之旅"研究生党支部主题党日活动，有 16 个研究生党支部共计 229 名党员和积极分子参加了活动。

3. 加强学风建设，鼓励开展项目研究

鼓励研究生参与党建和社会实践项目研究，完成 2018 年研究生党建、创新科研、社会实践项目结题 54 项；完成 2019 年研究生党建项目立项 8 项、研究生创新科研项目 35 项、社会实践项目立项 10 项；完成 2020 年研究生创新科研、党建和社会实践项目立项评审工作，其中研究生创新科研项目 35 项、党建项目 6 项、社会实践项目 10 项。组织开展 2019 年项目管理和经费使用工作培训。

4. 加强研究生奖助工作管理

完成 2019 年度研究生"三助一辅"岗位设立，共有 229 名研究生从事"三助一辅"工作。关注困难研究生，开展特困资助，2019 年秋季共有 27 名研究生新生通过学校绿色通道办理了入学手续，对有特殊困难的研究生给予困难补助，共为 13 名经济困难学生发放了求职创业补贴 5200 元，1 名学生发放临时困难补贴 3000 元，共计发放补助 8200 元。

完成研究生学业奖学金评定，并对研究生学业奖学金评选满意度进行了测评，通过填写调查问卷的方式，共有 431 人提交了问卷，各年级研究生均有参加，覆盖了全部研究生培养单位，经统计，对学业奖学金评选制度总体满意度为 95.83%；评选出国家奖学金 18 人；学术创新奖 20 人；优秀研究生干部 21 人；优秀研究生 39 人；百伯瑞科研奖学金 25 人；按照科研奖励办法共进行了四个季度研究生科研奖励，在校研究生共发表论文 112 篇，其中 SCI 发表 12 篇，核心期刊发表 44 篇，一般期刊 56 篇，软件著作权 3 项，专利 5 项，学术科技竞赛获奖作品 3 项，学术质量有所提升。

5. 加强心理健康教育工作

开展研究生春、秋季心理问题排查工作，针对不同年级研究生可能出现的问题进行心理排查，参与研究生共计853人，邀请学校心理健康中心老师开展心理指导。组织了2019年研究生招生复试心理健康状况筛查，共筛查718人；发挥各学院积极主动性，继续依托各学院优势举办了研究生心理沙龙，2019年各学院共计举办研究生心理沙龙9期。

6. 开展职业规划与就业创业指导

开展一对一的就业指导、政策咨询服务，积极引导研究生京外就业。2019届研究生毕业生共有330人，分布在8个学院，25个专业、领域，就业率达到了98.48%，签约率达到88.48%，达到预期目标。

积极谋划2020年就业工作。2020年研究生毕业生共计508人。其中，全日制毕业生440人，非全日制68人；学术学位硕士102人，专业学位硕士406人；分布在8个学院，19个学科或类别（领域）。积极开展就业服务与就业指导，组织研究生参加村官（选调生）、事业单位招聘等就业相关政策宣讲，定期通过研究生处网站和"尚农研工微信"公众号发布就业信息、就业政策、双选会信息及就业技巧等内容，为毕业生提供毕业信息的服务，已达499条。

七、研究生教育国际化情况

北京农学院研究生教育国际化、社会化不断深入。目前学校与英国、波兰、日本有关学校加强合作，与英国哈珀亚当斯大学开展"1＋1"研究生合作项目，与日本麻布大学、波兰波兹南大学开展了研究生交流学习项目，并聘请多名外籍导师。

（一）联合培养项目

2019年12月3日，国际合作与交流处与研究生工作部（处）联合召开了英国哈珀·亚当斯大学联合培养研究生项目介绍会。英国哈珀·亚当斯大学 Keith Walley 教授向同学们介绍了学校的基本情况，包括学校的地理位置、校园环境、学校设施、教学条件、硕士研究生专业、学习费用等内容，同学们也就自己感兴趣的问题与校方进行了交流。共有5名研究生参加了介绍会。

（二）境外交流学习

2019年，共有15名研究生出国交流学习。其中，赴荷兰瓦赫宁根大学公派留学1人，日本札幌学院大学交流学习2人，日本麻布大学交流学习4人，日本兽医神经专科医院交流学习1人，赴新西兰、以色列、英国、美国进行科研交流、参加会议、进行联合培养共 7 人（见表2）。

表 2   2019 年赴境外交流学习研究生名单

序号	姓名	学院	所在专业	国别	境外接收单位	学习时间
1	张荣	动科	临床兽医学	日本	兽医神经专科医院	2018. 12. 1—2019. 1. 20
2	宋静颐	食品	食品科学	荷兰	瓦赫宁根	2019. 8—2023. 8
3	刘丹奇	文法	农村发展	日本	札幌学院大学	2019. 3. 25—2019. 8. 31
4	黄英典	文法	农村发展	日本	札幌学院大学	2019. 3. 25—2019. 8. 31
5	霍艳颖	动科	兽医硕士	日本	麻布大学	2019. 6. 15—2019. 6. 29
6	张艳萍	动科	兽医硕士	日本	麻布大学	2019. 6. 15—2019. 6. 29
7	崔利鑫	动科	兽医硕士	日本	麻布大学	2019. 6. 15—2019. 6. 29
8	韩磊	动科	兽医学	日本	麻布大学	2019. 6. 15—2019. 6. 29
9	王美玲	植科	蔬菜学	新西兰	参加会议	2019. 8. 12—2019. 8. 17
10	孟宇航	植科	农艺与种业	新西兰	参加会议	2019. 8. 12—2019. 8. 17
11	郝娟	植科	园艺学	以色列	参加会议	2019. 9. 15—2019. 9. 21
12	魏婧薇	植科	蔬菜学	以色列	参加会议	2019. 9. 15—2019. 9. 21
13	张榕珍	动科	兽医学	英国	联合培养	2019. 9. 11—2020. 9. 20
14	韩明政	植科	果树学	美国康奈尔大学	科研交流	2019. 10. 23—2019. 10. 29
15	杨拓	植科	果树学	美国康奈尔大学	科研交流	2019. 10. 23—2019. 10. 29

八、研究生教育进一步改革与发展的思路

过去的一年中，学校研究生教育事业取得较大进展，但仍存在不少问题。学校研究生科研创新能力等的培养尚有较大提升空间。研究生培养亟待与学科建设相结合，分类培养方案和学位审核标准尚需在实践中进一步完善，国际化培养水平有待进一步提升，质量评价机制有待不断完善。

（一）研究生教学管理

1. 做好研究生培养日常管理

进一步跟进 2018 版研究生培养方案实施情况与新增学位点培养方案落实情况。做好 2019—2020—2 学期全日制研究生排课工作。督促 2020 年基地建设项目、课程建设项目、研究生"课程思政"示范课程建设项目实施进展。继续落实"工程伦理""如何写好科研论文""科研伦理与学术规范"等研究生慕课资源利用。

2. 完善管理制度，提高培养质量

强化培养过程管理，重点关注开题报告、期中检查、预答辩等关键环节，发

挥督导作用，完善研究生教务管理系统教学培养各项功能，保障研究生教学有序运行。

3. 加强课程思政建设

做好"课程思政"示范课程建设，积极配合"课程思政"示范课程项目建设，确保项目绩效顺利完成，以期形成可复制、可推广的研究生"课程思政"教学改革经验。

（二）研究生招生与学籍

1. 做好 2020 年研究生复试和录取工作

做好 2020 年招生复试方案。继续在复试期间开展考生心理测试，做到100%覆盖。严格按照政策与制度要求组织复试、调剂和录取工作，落实监督检查与应急保障，确保公平、公正、公开。做好 2020 年度研究生招生先进评选和奖励发放。

2. 做好 2020 级新生入学报到

做好 2020 级新生录取通知书发放、入学手续办理和报到注册工作。做好新生报到数据统计，掌握每一名新生入学情况。

3. 启动 2021 年研究生招生宣传

充分利用新媒体手段，通过公众号、互联网等多渠道、多途径开展宣传，走访周边地区进行有针对性的招生宣传，与合作企业开展相关宣传活动。继续开展以生招生、以师招生政策，调动指导教师与在校研究生积极性，鼓励各二级学院开展招生宣传。支持鼓励各学院积极发动生源，力争报名人数继续上升。

4. 做好 2021 年招生考试工作

做好 2021 级考生报名与现场确认工作，及时上报相关数据。严格执行相关保密制度，做好各项保密保管工作。严格按照规定完成自命题、组考、阅卷等各项工作，做好命题人员、考务人员及评卷人员培训与管理，确保研招考试顺利完成。

5. 做好学籍管理与服务工作

按照时间节点，做好新生、在校生、毕业生学籍注册与学历注册事项，及时更新休学、复学、退学等学籍变动信息，做好各项数据统计。根据学籍库预警学制期限即将期满人员，及时反馈学院并通知相关学生。

（三）学科建设与学位管理

1. 学科建设

做好 2020 年博士授予单位申报工作的前期准备，督促相关学科不断完善申博文本的撰写与专家论证工作，校对申博单位基本数据，通过努力争取使学校成为博士学位授予单位、2－3个学科获得博士学位授予权点，全面提升学校办学层次和办学水平。继续加强对高精尖学科的管理工作，跟进高精尖学科的日常建设工作，做好高精尖学科的成果统计、建设情况汇报、考核等相关工作。

2. 学位管理

做好2020年硕士学位授予工作；组织校学位委员会会议，审核国际学院毕业生学士学位授予、成人高等教育学士学位授予、导师资格遴选等相关工作；做好学位授予信息报送工作。

3. 导师管理

做好2020年新增硕士生导师资格遴选工作；完善导师管理相关制度。出台导师培训工作方案，把导师培训工作纳入日常导师管理，加强校外导师的联系与管理。加强导师培训考核的结果运用，做好导师考核工作。

4. 经费和项目管理

根据2020年经费预算与实施方案，对2020年学位与研究生教育发展与改革项目、学位点建设项目、博士点建设项目、研究生教学保障项目等校内项目进行建卡，对高精尖学科、基本科研经费、学业奖学金等市级项目进行建卡，并督促项目负责人完成月报工作。

（四）思政与综合事务管理

1. 建设好意识形态阵地——"尚农大讲堂"

改革研究生"尚农大讲堂"管理机制，弘扬社会主义核心价值观，加强理想信念教育，提升研究生社会责任感、创新精神和实践能力。支持各相关学院开展具有专业特色的学术论坛、学术讲座、技能竞赛等，繁荣研究生学术文化。

2. 深化研究生"三全育人"工作

做好2020年研究生新生开学典礼、新生引航工程、毕业典礼、毕业季管理。加强意识形态工作，强化课堂、讲座、论坛、社团等管理。

3. 提升研究生综合素质

继续做好研究生思想状况动态调查，坚持开展研究生心理健康教育工作。以研究生社会实践为重点，完善相关工作机制，创新研究生培养机制，提升研究生综合素质。

4. 做好2020年度研究生奖勤助贷事务管理

完成2020年研究生奖助学金的评定和发放工作。做好研究生奖助贷困难帮扶等工作，不断完善与研究生培养制度改革相适应的奖助体系。组织开展研究生"三助一辅"招聘、培训及考核工作。

5. 做好研究生就业创业指导服务

提高研究生就业创业精准化指导与服务水平，推进针对性就业服务。进一步引导毕业生到基层就业。继续保持研究生毕业生就业率不低于96%。加强和改进研究生就业指导与服务工作，适应上级就业统计政策调整，做好2020届毕业生的就业推进与统计工作。

6. 做好研究生安全稳定工作

加强研究生宿舍、实验室等安全教育，加强宿舍安全检查。做好少数民族学生安全稳定教育和相关工作。做好重要节、会、敏感节点维稳及各类节假日安全教育管理工作。落实各项安全稳定工作预案，预防并妥善处理群体事件和突发事件。

北京农学院 2019 年研究生招生质量分析报告

一、招生情况

（一）学院与学科分布

1. 全日制研究生

2019 年度研究生招生学科专业共 24 个（其中学术型 11 个，专业型 13 个），实际招生人数 486 人，比 2018 年增加 62 个招生指标，增长 14.62%，其中学术型硕士和专业型硕士分别占招生总人数的 26.34% 和 73.66%。

近三年学校整体招生情况良好，各学院录取人数稳步提升（见图 1），呈现了一个良好的发展态势。但一志愿生源所占比例较低（见表 1），尤其是学术型专业，生源严重紧缺，部分专业全部依靠调剂生源。

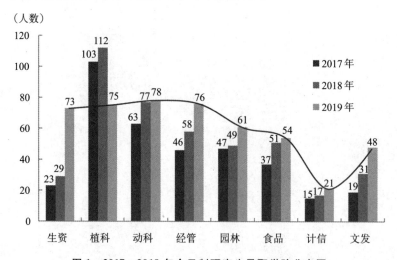

图 1　2017—2019 年全日制研究生录取学院分布图

表1　近3年全日制硕士研究生录取统计表

学院	学位类别	专业		2019年			2018年			2017年		
				一志愿上线人数	录取人数	一志愿录取率	一志愿上线人数	录取人数	一志愿录取率	一志愿上线人数	录取人数	一志愿录取率
生资	学术型	生物工程		0	7	0.00%						
生资	学术型	植物保护		2	6	33.33%						
生资	专业型	生物工程		22	32	68.75%	27	29	93.10%	28	23	121.74%
生资	专业型	农业资源利用	资源利用与植物保护	25	28	89.29%	33	31	106.45%	12	14	85.71%
植科	学术型	作物学	作物遗传育种	1	6	16.67%	1	8	12.50%	4	8	50.00%
植科	学术型	园艺学	果树学	5	28	17.86%	2	28	7.14%	1	9	11.11%
植科	学术型	园艺学	蔬菜学							2	19	10.53%
植科	专业型	农艺与种业	作物	25	41	60.98%	45	45	100.00%	0	7	0.00%
植科	专业型	农艺与种业	园艺							4	10	40.00%
植科	专业型	农艺与种业	种业							25	28	89.29%
动科	学术型	兽医学	基础兽医学	15	23	65.22%	5	20	25.00%	4	8	50.00%
动科	学术型	兽医学	临床兽医学							4	9	44.44%
动科	学术型	畜牧	畜牧学	1	6	16.67%				13	9	144.44%
动科	专业型	养殖		13	19	68.42%	16	18	88.89%	15	15	100.00%
动科	专业型	兽医		23	30	76.67%	39	39	100.00%	33	30	110.00%
经管	学术型	农林经济管理		2	13	15.38%	0	9	0.00%	0	8	0.00%
经管	专业型	工商管理		0	6	0.00%						
经管	专业型	农业管理	农村区域与发展	41	40	102.50%	60	49	122.45%	41	38	107.89%
经管	专业型	农业管理	国际商务	0	17	0.00%						

续表

学院	学位类别	专业	2019年 一志愿上线人数	2019年 录取人数	2019年 一志愿录取率	2018年 一志愿上线人数	2018年 录取人数	2018年 一志愿录取率	2017年 一志愿上线人数	2017年 录取人数	2017年 一志愿录取率
园林	学术型	风景园林学	0	7	0.00%	4	5	80.00%	3	6	50.00%
园林	学术型	林学（园林植物与观赏园艺）	6	9	66.67%	10	10	100.00%	1	7	14.29%
园林	学术型	林学（森林培育）	24	26	92.31%				0	3	0.00%
园林	专业型	风景园林	5	19	26.32%	23	34	67.65%	21	18	116.67%
园林	专业型	林业	6	17	35.29%	4	18	22.22%	1	8	12.50%
食品	学术型	食品科学与工程（农产品加工及贮藏工程）	39	37	105.41%	33	33	100.00%	2	8	25.00%
食品	专业型	食品加工与安全（食品科学）	11	21	52.38%	13	17	76.47%	20	21	95.24%
计信	专业型	农业工程与信息技术（农业信息化）	32	28	114.29%	30	31	96.77%	15	15	100.00%
文发	专业型	农村发展（农业科技组织与服务）	20	20	100.00%				19	19	100.00%
文发		社会工作	20	20							
		合计	318	486	65.43%	345	424	81.37%	268	340	76.77%

2. 非全日制研究生

2019 年非全日制硕士研究生招生指标为 92 人，实际录取人数为 92 人，与 2018 年相比指标保持不变，但仍然存在部分专业招生人数过少，增加了培养的成本，不利于研究生教学正常运行，具体情况见图 2、表 2。

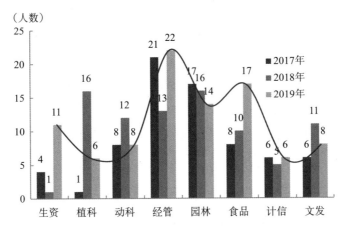

图 2　近 3 年非全日制研究生录取各学院分布图

表 2　　　　　　　　　近 3 年非全日制硕士研究生录取统计表

学院	专业领域		2019 年	2018 年	2017 年
生资	生物工程		6	1	4
	植物保护	资源利用与植物保护	6	10	—
	农业资源利用				—
植科	作物	农艺与种业	5	6	—
	园艺				1
动科	兽医		8	12	8
经管	农村区域与发展	农业管理	22	13	21
园林	风景园林		14	16	17
食品	食品加工与安全		17	10	8
计信	农业信息化	农业工程与信息技术	6	5	6
文发	农业科技组织与服务	农村发展	8	11	6
合计			92	84	71

（二）考生来源成分分析

1. 全日制研究生

2019 年在考生来源方面，应届本科毕业生共 343 人，占总人数的 70.58%；

非应届人员 143 人，占总人数的 29.42%；474 人通过普通全日制学习完成本科学历，占总人数的 97.53%，同等学力的考生有 12 人，占总人数的 2.47%（见表3、表4）。

表 3　　　　近 3 年全日制硕士研究生录取统计表（考生生源成分）

类　型	2019 年	2018 年	2017 年
应届本科毕业生	343	345	303
高等教育教师	1	0	0
科学研究人员	1	1	0
其他在职人员	22	17	13
其他人员	119	61	37
合　计	486	424	353

表 4　　近 3 年全日制硕士研究生录取统计表（取得最后学历的学习形式）

类　型	2019 年	2018 年	2017 年
普通全日制	482	423	351
成人教育	2	0	0
自学考试	2	1	2
合　计	486	424	353

2019 年录取的全日制研究生中一志愿生源为 304 人，占总录取人数的 62.55%；其中学术型研究生一志愿生源 36 人，占学术型招生总数的 28.13%；专业型研究生一志愿生源 268 人，占专业型招生总数的 74.86%。一志愿录取率较去年有所下降（见表5）。

表 5　　　　近 3 年全日制硕士研究生一志愿生录取率

年　份	录取率（%）
2019	62.55
2018	74.53
2017	71.10

2. 非全日制研究生

2019 年共录取了 92 名非全日制硕士研究生，其中 6 人为定向就业。在考生来源方面，应届本科毕业生共 29 人，占总人数的 31.52%；在职人员共 46 人，占总人数的 50%；其他人员共 14 人，占总数的 15.22%（见表 6）。

表 6 **2019 年非全日制硕士研究生录取统计表**
（考生生源成分）

类　型	2019 年
应届本科毕业生	29
应届成人本科毕业生	1
科学研究人员	2
其他在职人员	46
其他人员	14
合计	92

在录取的考生中，84 人通过普通全日制学习完成本科学历，占总人数的 91.30%；研究生学历 1 人，占总人数的 1.09%；同等学历考生 3 人，占总人数的 3.26%（见表 7）。

表 7 **2019 年非全日制硕士研究生录取统计表**
（取得最后学历的学习形式）

类　型	2019 年
普通全日制	84
成人教育	4
网络教育	2
自学考试	2
合计	92

（三）考生来源地区分布

1. 全日制研究生

从考生来源地区来看，2019 年录取的 486 名全日制硕士研究生考生中，共来自 26 个省市，来源最多的是北京考生，共 294 名，占 60.49%；其他考生来源比较多的地区是河北省、山东省、河南省、山西省（见图 3）。

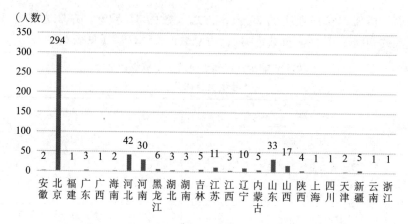

图3 2019年全日制研究生录取来源地区分布图

2. 非全日制研究生

从考生来源地区来看，2019 年录取的 92 名非全日制硕士研究生考生中，共来自 16 个省市，来源最多的是北京考生，共 48 名，占 52.17%；其次考生来源比较多的地区是河北省、山东省、山西省，其他省份考生来源较少（见图4）。

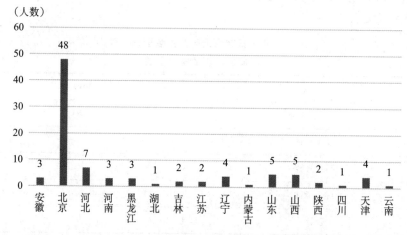

图4 2019年非全日制研究生录取来源地区分布图

（四）考生来源院校分布

1. 全日制研究生

2019 年录取的全日制硕士研究生考生从来源院校分布来看，本科毕业于北京农学院的考生共 271 人，占总人数的 55.76%，相比去年下降 7.49%；外校生源人数为 215 人，占总人数的 44.24%，其中来自"985""211"院校的考生共 13 人，占总人数的 2.67%（见表8）。

表 8 近 3 年全日制硕士研究生院校分布

院校分布	2019 年		2018 年		2017 年	
	人数	比例	人数	比例	人数	比例
北京农学院	271	55.76%	271	63.92%	232	65.72%
"985" "211" 院校	13	2.67%	15	3.54%	10	2.83%

2. 非全日制研究生

2019 年录取的非全日制硕士研究生考生从来源院校分布来看，本科毕业于北京农学院的考生共 27 人，占总人数的 29.35%，外校生源是非全日制研究生的主要来源，占到 70.65%，其中来自 "985" "211" 院校的考生共 13 人，占总人数的 14.13%（见表 9）。

表 9 2019 年非全日制硕士研究生院校分布

院校分布	人数	比例
北京农学院	27	29.35%
"985" "211" 院校	13	14.13%

（五）考生性别比例

1. 全日制研究生

2019 年录取的全日制研究生中，男生 150 名，占 30.86%；女生 336 名，占 69.14%。近三年所录取的考生中，男女所占比例失调且基本保持不变（见图 5）。

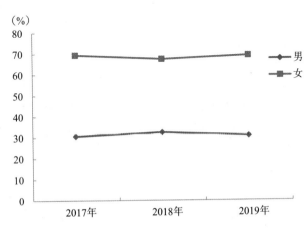

图 5 近三年全日制研究生男女生录取比例

2. 非全日制研究生

相比于全日制研究生，近3年非全日制研究生录取男女比例基本持平（见表10），本年度略微向女生倾斜。

表10   近3年非全日制研究生录取考生性别比例

性别	2019 年	2018 年	2017 年
男	40.22%	40.48%	45.07%
女	59.78%	59.52%	54.93%

（六）以生招生政策成效显著

2019年继续实行"以生招生"政策，利用在校研究生宣传研究生招生相关政策，发动在校考生推荐师弟、师妹、同学等报考学校研究生，从而吸引考生报考，可以很好地提高一志愿报考率，并在提高生源质量上起到了一定的作用。

二、存在问题

1. 一志愿生源需要改善

2019年一志愿报考人数、上线人数和录取人数显著增加。据教育部公布的数据，2019年研究生报名人数与2018年相比继续上升，但一志愿录取率仍有待提高，学术型与非全日制第一志愿生源不足，本年度学术型指标128个，但上线人数仅有38人，剩余生源需要依靠调剂；非全日制指标92个，上线人数仅有31人，也需要大量调剂。

2. 性别比例不均衡

研究生考生男女比例持续失衡，目前全国高校普遍存在这一问题。在以后的研究生招生宣传和就业过程中，应采取积极的措施，避免产生就业难等问题。

3. 生源质量有待提高

2019年全日制硕士研究生虽然数量有所上升，但来自"985""211"高校的考生仅占到3.98%，所占比例较低；在以后的研究生招生宣传中，需进一步发掘"985"高校、"211"高校以及研究生院高校等综合类院校的高质量生源，加大对推免生相关工作的宣传力度，提高研究生生源质量。

4. 考场建设需进一步加大投入

目前共有标准化考场23个，在本年度招生考试已全部投入使用，为应对未来发展趋势，本年度需要结合学校实际情况，争取经费支持，努力将标准化考场建设完备。

三、工作建议

1. 严格执行研究生招生工作各项制度，做好顶层设计与保密工作，加强工作培训、监督与管理，规范各项档案，为考生创造公平、公正、公开的环境。

2. 进一步发挥各二级学院、各学科、专业的主动性与积极性，让学院、学科主动地参与到研究生招生的过程中来。

3. 继续推广"以生招生"政策，积极发动在校学生推荐师弟、师妹、同学以及校外考生等报考研究生。

4. 加大宣传力度，精确投放宣传资料，重点针对学术型与非全日制进行宣传；规范非全日制招生宣传和正确引导，加强学籍管理，强化培养过程管理及质量保障体系建设，确保非全日制研究生培养质量。

5. 继续发挥微信、微博、手机网站等新媒体作用，通过老师、学生等微信圈、朋友圈，让考生能够更好地了解研究生招生政策。

6. 加强对外交流，鼓励各学院、学科与兄弟院校加强联系，及时获得调剂生信息，组织生源尽早进行复试。在京津冀协同发展的大形势下，农林高校之间可以在推免生生源互推、调剂生源互荐等方面加强合作，构建一个资源共享的招生大平台，促进优质生源的良性流动。

7. 扩建标准化考场，目前共有 23 个标准化考场，在 2019 年招生考试中已全部投入使用，为应对未来发展趋势，需要增加标准化考场数量以满足生源需求。

2019 年度学校研究生招生工作已经落幕，通过总结经验，完善制度，使招生工作思路更加清晰。将再接再厉，齐心协力，认真做好生源工程，为学校研究生质量把好第一关，为学校建设高水平都市型农林大学贡献力量！

北京农学院 2019 年研究生思想政治教育工作总结

2019 年，北京农学院研工部在校党委的正确领导下，在各部门的大力支持和部门全体工作人员的共同努力下，深入学习宣传习近平新时代中国特色社会主义思想，贯彻落实党的十九大和十九届三中、四中全会精神，紧紧围绕学校的发展目标，进一步加强和改进研究生思想政治教育与管理服务工作，不断完善全员育人、全方位育人、全过程育人的工作体系，为培养研究生拔尖创新人才，不断提高研究生培养质量提供强有力的思想保证。现将 2019 年研究生思想政治教育工作总结如下，并提出新一年工作要点。

一、深入开展研究生思想理论教育和价值引领工作

（一）开展研究生思想状况调研，加强思政管理队伍建设

在秋季和春季学期开学初，分别开展在校研究生思想动态调研，对研究生思想状况进行摸底，充分把握研究生的思想动态状况。研究生在开学后的整体思想状况平稳，世界观、人生观、价值观务实进取、积极向上。

加强学校研究生思政管理队伍建设，参加全国思政工作会议，到内蒙古农业大学参加调研，在交流的过程中，探讨了研究生思想政治教育等方面的工作和特色活动，推动了研究生日常管理等方面工作的有序开展。

（二）组织开展学习宣传各类思想政治教育活动

围绕纪念"五四"运动 100 周年、新中国成立 70 周年，组织所有在校生进行安全教育及敏感时期思想教育。依托各学院开展形式多样的学习活动，如组织学生观看《决胜时刻》等爱国主义电影，参观新中国成立 70 周年成就展，参观香山革命纪念地等。生资学院认真开展具有专业特色、具有专业优势的党建活动，动科学院引导学生深入学习习近平总书记系列重要讲话精神，通过组织专家报告、主题活动、党建知识竞赛、参观、座谈会、集中学习等方式学习党在新时

代的新思想。文发学院组织研究生参观"庆祝新中国成立 70 周年大型成就展"、焦庄户地道战遗址、北京香山革命纪念馆等,弘扬爱国主义精神。推荐农村发展专业研究生徐振鹏全程参加大型活动,被评选为"最美北农人"。

做好新时期的宣传工作,不仅使广大青年学生能迅速了解党的有关路线、方针和政策,而且为社会各界了解青年思想的新变化开辟了新渠道,从而使思想教育工作的开展达到事半功倍的效果。

(三) 关注研究生培养过程重要环节,开展有针对性的教育引导

研究生思想政治教育贯穿研究生培养全过程,对重点环节的把握可对研究生思政教育起到推进与促进的作用。在研究生入学、节假日、毕业离校等关键环节,精心组织,进行有针对性的教育引导工作。对 2019 级研究生开展新生入学教育,共举办 6 次专题教育活动,内容涉及入学引导与学籍教育、健康教育、图书资源与利用、安全教育、化学品安全管理培训、创新创业教育等方面。围绕纪念"五四"运动 100 周年、新中国成立 70 周年等重大节日,针对所有在校生进行安全教育及敏感时期思想教育。在研究生假期、毕业离校等关键环节,进行有针对性的教育引导,组织 2019 届毕业生安全有序离校,完成 2019 年毕业典礼,为 330 名毕业生发放了《习近平在正定》书籍等毕业纪念材料。评选出北京市优秀毕业生 19 人,校级优秀毕业生 33 人。

(四) 建设"尚农大讲堂"教育平台,提高研究生综合素质

为提升研究生综合素质,建立"尚农大讲堂",目前已经发展成为一个研究生综合素质特色教育的平台。本年度共开设讲座 16 次,邀请农业农村部领导、中国农业科学院、清华大学、中国人民大学、中国农业大学、中国传媒大学等长江学者、杰出青年、北京回龙观医院医护人员、市委百姓宣讲团、残奥会冠军等知名人士 20 人。截至目前,"尚农大讲堂"邀请校外专家共计 62 人,涉及 22 所高校及科研院所,主讲内容涉及心理健康、科研学习、传统文化、职业发展、金融知识、国家形势与政策、学术道德等专题领域,受到研究生的好评。组织 210 名研究生集中收看了 2019 年全国科学道德和学风建设专题报告会直播,进一步强化了研究生学术规范意识。

(五) 加强党建宣传引领,完善组织建设,扎实开展各项日常工作

加强研究生自我管理、自我教育、自我服务和自我监督,完善了研究生会校院二级组织,所有学院均成立了研究生党支部,所有在校研究生均纳入班团管理。协同各学院、校研究生会组织研究生认真学习贯彻习近平总书记系列重要讲话,围绕"不忘初心、牢记使命"主题,以自学、集体学习等形式定期组织学

习研讨；开展研究生党支部红色"1+1"活动，植科学院园艺研究生党支部入围北京市高校红色"1+1"示范活动评选；组织开展研究生"青春与祖国同行"专项社会实践行动，学校7名导师和研究生奔赴广西防城港市、北京房山区、内蒙古巴彦淖尔市磴口县等地开展科技服务、实习实践、挂职锻炼等实践活动；组织2名研究生党员骨干参加北京高校研究生党员骨干专题培训班；组织开展研究生"博物馆红色探索之旅"研究生党支部主题党日活动，有16个研究生党支部共计229名党员和积极分子参加了活动，受到思想的洗礼。

二、鼓励先进，落实研究生奖助制度，提升研究生创新实践能力

（一）结合实际继续开展研究生"三助一辅"工作

始终坚持"以研究生为本"，继续推进研究生培养机制改革工作，科学合理地设置研究生"三助一辅"岗位，有效调动研究生参与学校教育、管理、科研工作的积极性，帮助其顺利地完成研究生学业。2019年度共有229名研究生从事"三助一辅"工作，提高了研究生的实践能力。

（二）关注困难研究生，开展特困资助

结合学校实际，继续依照《北京农学院研究生困难补助管理办法》，对有特殊困难的研究生给予困难补助，今年秋季共有27名研究生新生通过学校绿色通道办理了入学手续，为研究生的顺利入学提供了保障。同时共为13名经济困难学生发放了求职创业补贴5200元，1名学生发放临时困难补贴3000元，共计发放补助8200元，支持他们顺利完成学业。本年度没有因经济困难原因无法毕业的研究生。

（三）奖助学金评定工作

2019年，继续根据学校相关规定及实际需求，深入开展资助育人工作，落实研究生奖助学金、评奖评优等各项规定，公平、公正、公开地完成了与研究生切身利益相关的奖学金评审、表彰等工作，树立了榜样群体。本年度完成了998名研究生学业奖学金评定工作，覆盖率达100%；评选出国家奖学金18人、学术创新奖20人、优秀研究生干部21人、优秀研究生39人、百伯瑞科研奖学金25人。为表彰先进，树立榜样，更好地发挥示范群体的带动和引领作用，组织校研究生会新媒体中心对2019年研究生国家奖学金获奖者进行了系列专访，对国家奖学金获得者进行了风采展示专题宣传活动，并举办了研究生国家奖学金、"百伯瑞科研奖学金"颁奖仪式，邀请学校、企业领导出席，进一步激发了研究生努

力学习、超越自我的动力。

2019 年，按照《科研奖励办法》共进行了四个季度研究生科研奖励，在校研究生共发表论文 112 篇，其中 SCI 发表 12 篇、核心期刊发表 44 篇、一般期刊 56 篇、软件著作权 3 项、专利 5 项、学术科技竞赛获奖作品 3 项。

（四）鼓励研究生开展党建和社会实践项目研究

2019 年，着手将研究生党建与科研创新相结合，提升研究生党员思想素质和专业素质。继续鼓励研究生将专业知识与社会实践相结合，动员广大研究生积极参与党建和社会实践项目申报。完成了 2018 年研究生党建、创新科研、社会实践项目结题 54 项；完成 2019 年研究生党建项目立项 8 项、研究生创新科研项目立项 35 项、社会实践项目立项 10 项；完成 2020 年研究生创新科研、党建和社会实践项目立项评审工作，其中研究生创新科研项目 35 项，党建项目 6 项，社会实践项目 10 项。通过党建和社会实践项目，推进研究生党建工作的实践创新、理论创新和制度创新，积极引导研究生将自身的学术科研方向与国家的经济社会发展相结合，将报效祖国的壮志情怀与刻苦钻研的科学精神相结合，努力培育研究生的事业心与责任心、诚信意识与开拓意识。

三、实施多措并举，服务研究生心理及就业指导

（一）开展研究生心理预防工作

为加强研究生自我教育和自我心理调节，结合当前研究生心理健康状况实际情况，针对招生工作组织了 2019 年招生心理健康状况筛查，共筛查 718 人；开展研究生春、秋季心理健康排查，参与研究生共计 853 人，邀请学校心理健康中心老师开展心理指导。分析研究生出现心理健康问题的内外在原因，及时把握在校生心理动态，及时发现问题并解决。继续开展研究生"阅读悦心"计划，继续依托各学院举办了研究生心理沙龙活动，发挥各学院积极主动性，继续依托各学院优势举办了研究生心理沙龙，2019 年各学院共计举办研究生心理沙龙 9 期。

（二）针对毕业生特点，开展一对一就业指导服务

针对毕业生特点，开展一对一就业指导服务。2019 届研究生毕业生共有 330 人，分布在 8 个学院，25 个专业、领域。经过研工部与各学院积极配合和不懈努力，截至 2019 年 10 月 31 日，2019 届研究生毕业生就业率达到了 98.48%，签约率达到 88.48%，实现了学校折子工程目标。

2019 年是 2020 届研究生毕业启动之年，2020 届研究生毕业生共计 508 人。

其中，全日制毕业生 440 人，非全日制 68 人；学术学位硕士 102 人，专业学位硕士 406 人；分布在 8 个学院，19 个学科或类别（领域）。积极开展就业服务及就业指导，组织研究生参加村官（选调生）、事业单位招聘等就业相关政策宣讲，定期通过研究生处网站和"尚农研工"微信公众号发布就业信息、就业政策、双选会信息及就业技巧等内容，为毕业生提供毕业信息的服务，累计达 499 条。

四、重视校园安全稳定和意识形态工作，积极建设平安校园

（一）举办各类安全稳定相关主题讲座

充分利用讲座进行安全稳定教育，涉及金融安全防范、非法校园贷、非法集资、网络诈骗、电信诈骗、保护个人隐私等。9 月开展 2019 级研究生新生的校园安全防范教育讲座，讲解如何预防电信诈骗、盗窃、扒窃、人身侵害、消防安全、校园贷等各项安全隐患；讲解实验室化学品安全的相关注意事项，要求研究生新生细心研究相关条例，注意实验室安全，发现问题及时反映及时处理。加强少数民族学生思想动态工作，贯彻中央和北京市关于加强大学生思想政治教育的精神和部署，建立新疆籍少数民族研究生台账，及时掌握少数民族研究生的情况。

（二）做好网络思想政治教育工作

发挥"尚农研工""北农校研会"微信公众号功能，积极传播先进文化，积极宣传学校研究生国家奖学金获得者等模范，共报道各项活动 19 篇，定期推送相关信息，开展"五法"知识竞赛答题活动，对研究生开展思想引领、信息服务等。

五、2020 年工作要点

1. 深入贯彻落实习近平新时代中国特色社会主义思想和党的十九大、十九届三中、四中会议精神，坚持新发展理念与问题导向，服务学校发展大局，落实学校党委《北京农学院落实〈北京高校教师思想政治工作规划（2018—2022年）〉实施方案》重要举措。

2. 深入开展"不忘初心 牢记使命"主题教育活动，贯彻落实学校"立德树人"根本任务，聚焦"三全育人"建设完善路径探索，努力构建全员全过程全方位育人格局。

3. 努力构建三全育人体系，进一步完善研究生思想政治教育工作机制。统筹推进课程思政建设，探索加强科研育人，深入推进文化育人，创新推动网络育人，积极促进心理育人，扎实开展资助育人，切实强化管理育人、服务育人，积极优化组织育人等十大育人机制，加快推进"三全育人"落地生根。

4. 将思想政治教育工作融入人才培养各环节，推动价值塑造、知识教育与能力培养"三位一体"有机结合。厚植实践育人内容，以研究生社会实践为重点，推进"课程思政"与"实践思政"一体化建设。完善相关工作机制，提高研究生的思想理论水平，与研究生党建与社会实践活动项目相结合，丰富红色"1+1"活动内涵，提升研究生综合素质。

5. 继续开展"尚农大讲堂"，打造北京农学院研究生素质教育特色品牌，支持各相关学院开展具有专业特色的学术论坛、学术讲座、技能竞赛等，繁荣研究生学术文化。

6. 加强研究生奖助育人成效。继续完善与研究生培养制度改革相适应的奖助体系，通过奖助提升研究生立德树人目的。

7. 继续加强和改进研究生就业指导和服务工作。开展针对性就业服务，做好2020届毕业生就业工作，推进思想育人取得实效。

北京农学院 2019 年研究生就业工作质量报告

在学校党委的高度重视下，研工部、二级学院、研究生导师共同努力，针对当前复杂的就业形势，克服了各种困难，完成了学校 2019 届研究生毕业生就业工作，达到了学校预期目标。

一、研究生就业基本情况

（一）毕业生基本情况

2019 届研究生毕业生共有 330 人，分布在 25 个学科或类别（领域），其中学术学位硕士 83 人，专业学位硕士 247 人；男生 101 人，女生 229 人；北京生源 132 人，京外生源 198（见表 1）。本届毕业生来自全国 25 个省、自治区、直辖市，9 个民族，其中汉族 309 人，占总数 93.63%，满族 11 人，回族 3 人，土家族 2 人，白族、蒙古族、傈僳族、苗族、仡佬族各 1 人。

表 1　　　　　　　　　2019 届毕业研究生基本情况一览表

院系名称	学科/类别（领域）	人数	生源地（人数）		女生数	男生数
			北京生源	京外生源		
生资学院	生物工程	19	11	8	6	13
	植物保护	14	7	7	13	1
	农业资源与利用	8	2	6	7	1
	小计	41	20	21	26	15
植科学院	作物遗传育种	6	0	6	4	2
	果树学	16	2	14	9	7
	蔬菜学	8	0	8	7	1
	园艺	25	10	15	20	5
	作物	10	3	7	10	0
	种业	6	2	4	4	2

续表

院系名称	学科/类别（领域）	人数	生源地（人数）		女生数	男生数
			北京生源	京外生源		
	小计	71	17	54	54	17
动科学院	基础兽医学	5	1	4	5	0
	临床兽医学	10	0	10	6	4
	养殖	15	6	9	11	4
	兽医	29	20	9	19	10
	小计	59	27	32	41	18
经管学院	农业经济管理	9	0	9	8	1
	农村与区域发展	38	21	17	22	16
	小计	47	21	26	30	17
园林学院	风景园林学	8	3	5	7	1
	园林植物与观赏园艺	5	3	2	3	2
	森林培育	3	0	3	1	2
	林业	12	2	10	10	2
	风景园林	17	10	7	14	3
	小计	45	18	27	35	10
食品学院	农产品加工及贮藏工程	6	2	4	5	1
	食品科学	7	1	6	6	1
	食品加工与安全	20	11	9	12	8
	小计	33	14	19	23	10
计信学院	农业信息化	15	6	9	6	9
	小计	15	6	9	6	9
文发学院	农业科技组织与服务	19	9	10	14	5
	小计	19	9	10	14	5
	学术型硕士合计	83	12	71	61	22
	专业型硕士合计	247	120	127	168	79
	总计	330	132	198	229	101

（二）毕业生就业率和签约率

学校研究生毕业生的专业以农口专业为主，就业形势相对严峻，经过不懈努力，截至2019年10月30日，学校研究生毕业生已就业人数为325人，实际就业率达到98.48%，签约率达到88.48%（见表2）。

签约率=（签订协议＋签订劳动合同＋升学）/总数；

就业率 = （签订协议 + 签订劳动合同 + 升学 + 工作证明 + 创业）/总数。

表2　　　　　　　　　　　　　2019届毕业研究生就业情况

学院	专业	就业人数	签约率	就业率
生资学院	生物工程	18	89.47%	94.74%
	植物保护	14	92.86%	100.00%
	农业资源与利用	8	100.00%	100.00%
	小计	40	92.68%	97.56%
植科学院	作物遗传育种	6	100.00%	100.00%
	果树学	16	100.00%	100.00%
	蔬菜学	8	100.00%	100.00%
	园艺	24	96.00%	96.00%
	作物	9	90.00%	90.00%
	种业	6	100.00%	100.00%
	小计	69	97.18%	97.18%
动科学院	基础兽医学	5	60.00%	100.00%
	临床兽医学	10	90.00%	100.00%
	养殖	15	86.67%	100.00%
	兽医	29	100.00%	100.00%
	小计	59	91.53%	100.00%
经管学院	农业经济管理	8	66.67%	88.89%
	农村区域与发展	38	84.21%	100.00%
	小计	46	80.85%	97.87%
园林学院	风景园林学	8	87.50%	100.00%
	园林植物与观赏园艺	5	80.00%	100.00%
	森林培育	3	100.00%	100.00%
	林业	12	58.33%	100.00%
	风景园林	17	82.35%	100.00%
	小计	45	77.78%	100.00%
食品学院	农产品加工及贮藏工程	6	83.33%	100.00%
	食品科学	6	71.43%	85.71%
	食品加工与安全	20	90.00%	100.00%
	小计	32	84.85%	96.97%
计信学院	农业信息化	15	86.67%	100.00%
	小计	15	86.67%	100.00%
文发学院	农业科技组织与服务	19	89.47%	100.00%
	小计	19	89.47%	100.00%

续表

学院	专业	就业人数	签约率	就业率
学术型硕士合计		81	86.75%	97.59%
专业型硕士合计		244	89.07%	98.79%
合计		325	88.48%	98.48%

（三）毕业生就业流向

1. 按就业单位性质划分

由表3和图1可见，考取博士生、出国14人，占毕业生总数的4.24%；到高等教育和研究院所就业45人，占毕业生总数的13.64%；到机关事业单位就业64人，占毕业生总数的19.39%；到涉农企业单位就业103人，占毕业生总数的31.21%；到其他企业单位就业99人，占毕业生总数的30.00%。

表3　　　　　　　　　　　**2019届毕业研究生就业单位性质流向**

单位性质	考取博士、出国留学	高等教育和研究院所	机关事业单位	涉农企业单位	其他企业单位	未就业	合计
人数	14	45	64	103	99	5	330
比例	4.24%	13.64%	19.39%	31.21%	30.00%	1.52%	100.00%

2. 按就业形式划分

由表4和图2可见，按就业形式来看，14人继续深造，占毕业生总数4.24%；126人签订了就业协议，占毕业生总数38.18%；150人签订劳动合同，占毕业生总数45.45%；23人出具用人单位证明，占毕业生总数6.97%；12人自主创业或自由职业，占毕业生总数3.64%。

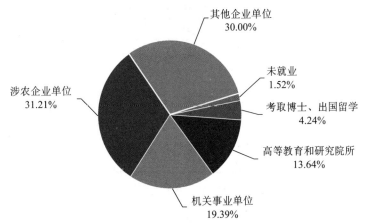

图1　2019届毕业研究生就业单位性质流向

表4   2019届毕业研究生就业形式流向

就业形式	升学	签就业协议	签劳动合同	单位用人证明	自主创业	未就业	合计
人数	14	126	150	23	12	5	330
比例	4.24%	38.18%	45.45%	6.97%	3.64%	1.52%	100.00%

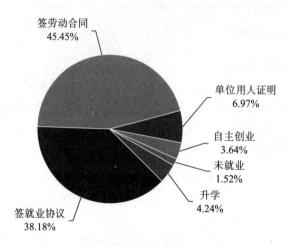

图2   2019届毕业研究生就业形式流向

3. 按专业匹配程度划分

由表5和图3可见，除去考取博士、出国留学的14人外，学校2019届毕业研究生有311人已经就业。按照所学专业与就业单位所属行业性质匹配度统计情况，2019年学校毕业研究生专业与就业对口人数共计261人，专业与就业不对口人数共计50人，专业与就业匹配比例为83.92%。

表5   2019届毕业研究生各学院专业与就业匹配程度

学院	就业人数	专业对口	专业不对口	匹配比例
生资	40	28	12	70.00%
植科	64	54	10	84.38%
动科	56	47	9	83.93%
经管	44	38	6	86.36%
园林	43	38	5	88.37%
食品	30	25	5	83.33%
计信	15	15		100.00%
文发	19	16	3	84.21%
合计	311	261	50	83.92%

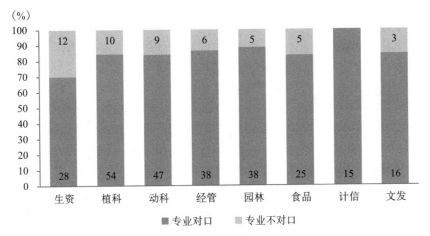

图 3　2019 届毕业研究生各学院专业与就业匹配程度

二、研究生近五年就业情况分析

（一）毕业生就业率、签约率分析

表 6 和图 4 数据显示，近五年研究生毕业人数呈现逐年上升的趋势。学校研究生毕业生中女生、京外生源占比较大，留京就业人员较多，在京签约压力较大。从 2013 年开始，在就业形势日趋严峻，毕业生人数不断增加的情况下，毕业研究生就业率与签约率依然保持较高水平，就业率一直保持在 96% 以上。

表 6　　　　　　　2015—2019 届毕业研究生就业率、签约率对比

项目	2015 年	2016 年	2017 年	2018 年	2019 年
毕业生人数	205	220	261	290	330
就业率	100.00%	99.55%	100.00%	98.62%	98.48%
签约率	96.59%	93.18%	95.02%	91.38%	88.48%

（二）毕业生考博情况分析

由表 7 和图 5 可见，2019 年有 14 名研究生考取了博士，其中学术学位硕士毕业生考博 10 人，专业学位硕士毕业生考博 4 人。

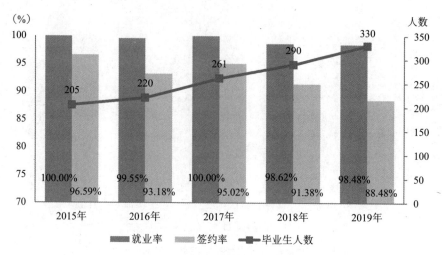

图 4　2015—2019 届毕业研究生就业率、签约率对比

表 7　　　　　　　　　　2015—2019 届毕业研究生考博情况对比

项目	2015 年	2016 年	2017 年	2018 年	2019 年
学硕考博人数	10	6	12	17	10
学硕总人数	92	89	85	89	81
比例	10.87%	6.74%	14.12%	19.10%	12.35%

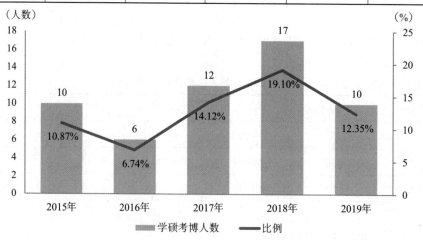

图 5　2015—2019 届毕业研究生考博情况对比

（三）毕业生就业单位性质分析

根据北京市有关就业政策，结合学校服务社会的定位和人才培养的目标，我

们从四个方面来考察研究生毕业生的就业质量，一是继续深造（考博）的人数；二是到高校、科研院所工作的人数；三是到机关事业单位工作的人数；四是到涉农企业单位工作的人数。

为便于与往年就业单位流向进行对比，将 2019 年到机关事业单位工作的毕业生，按照往年（2017 年之前，不含 2017 年）的统计分类重新归类，具体见表 8。

表 8　　　　　　　　2019 届毕业研究生就业单位性质流向

单位性质	考取博士、出国留学	高等教育和研究院所	涉农企事业单位	其他企事业单位	合计
人数	14	45	134	132	325
比例	4.24%	13.64%	40.61%	40.00%	98.48%

表 9 和图 6 显示，2019 年继续深造（考博）的人数比例比 2018 年略有下降；到高校、科研院所工作的人数比例比 2018 年显著上升；到涉农企事业单位工作的人数比 2018 年有所上升；到其他企事业单位工作的人数比 2018 年略有下降。

表 9　　　　　　　　2015—2019 届毕业研究生就业流向对比

项目	考取博士、出国留学（%）	高等教育和研究院所（%）	涉农企事业单位（%）	其他企事业单位（%）
2015 年	5.37	3.90	74.63	16.10
2016 年	4.55	2.73	75.00	17.27
2017 年	8.05	10.34	39.08	42.53
2018 年	7.24	8.97	39.31	43.10
2019 年	4.24	13.64	40.61	40.00

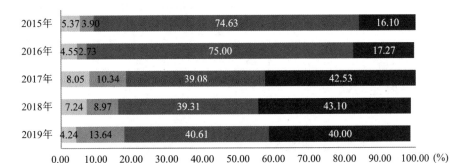

图 6　2015—2019 届毕业研究生就业流向对比

按照往年的就业单位流向性质统计，在前三个领域就业的毕业生比例为58.48%，与2018年前三个领域就业的人数对比上升了2.97%。毕业生到涉农企事业单位就业的比例略有回升。

（四）就业统计时点调整对比分析

随着教育部、北京市最新的就业创业政策相继出台，学校在推进研究生毕业生就业创业工作也会相应调整。根据就业统计时点调整，通过对2019届研究生毕业生8月1日前后的就业时间进行对比，研究生毕业生在8月1日前的整体就业率在46.06%；8月1日至10月30日完成就业的毕业生人数占总毕业生数的52.42%。具体见表10。

表10　　　　2019届毕业研究生8月1日前后完成就业情况表

学院	总人数	8月1日前		8月1日后		最终就业率（%）
		就业人数	就业率（%）	就业人数	就业率（%）	
生资学院	41	21	51.22	19	46.34	97.56
植科学院	71	24	33.80	45	63.38	97.18
动科学院	59	29	49.15	30	50.85	100.00
经管学院	47	24	51.06	22	46.81	97.87
园林学院	45	17	37.78	28	62.22	100.00
食品学院	33	17	51.52	15	45.45	96.97
计信学院	15	11	73.33	4	26.67	100.00
文发学院	19	9	47.37	10	52.63	100.00
合计	330	152	46.06	173	52.42	98.48

图7显示，在2019年8月1日前，研究生毕业生就业率超过50%的学院有4个，分别是生资学院、经管学院、食品学院、计信学院。有4个二级学院的就业率未达到50%，学院的就业工作相对滞后，需要及早做好就业启动工作，加强对毕业生的就业政策宣传，督促毕业年级研究生办理就业相关手续。

三、主要经验做法

（一）领导高度重视，加强就业引导

校领导对研究生就业工作高度重视，各二级学院党政负责人亲力亲为，学校划拨专门经费确保研究生就业工作顺利开展。校主要领导和主管领导多次到基层调研，听取学院、毕业生和在校研究生的意见，并给予实际指导。研究生就业

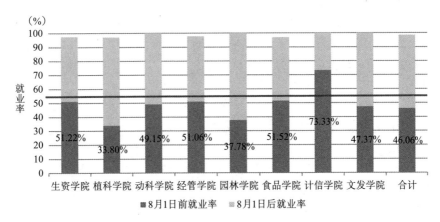

图 7　2019 届毕业研究生 8 月 1 日前后就业情况对比

工作与招生工作联动，为实现全员就业的学院相应扣减下一年研究生招生指标。各二级学院把研究生就业工作作为一项重要工作做早、做细、做实，定期安排研究生就业进展通报会。配备专职的研究生辅导员，做好研究生就业服务与指导。从 2019 年第二学期开学开始，研工部与各二级学院进行就业情况周报沟通制度，及时准确的掌握毕业生就业动向。

（二）积极宣传就业政策

随着学校研究生教育工作的逐渐完善，教育管理机制全程化，研究生培养质量有了长足的提升。在"尚农大讲堂"中邀请校友、企业人力资源部门等进行经验介绍、就业政策及形势解读、就业技能与技巧相关教育与培训。

（三）导师主动参与

坚持充分发挥导师在研究生培养中第一责任人的作用，在学校关部门和学院相关工作人员的协助下，开展研究生就业"一对一"指导与服务，积极引导研究生顺利、高质量的就业。研究生毕业生中，大部分工作单位都是通过导师直接或间接的推荐而落实的，效果明显。

（四）就业信息互通

充分利用网络资源，发掘各种就业信息。开辟、建立包括就业信息专栏、公共邮箱、校内网、微信公众号等网络平台在内的多渠道发布信息途径，通过新媒体平台，2019 年研工部共计推送就业信息 466 条，及时将招聘信息传达到每一位毕业生，做到信息畅通无阻，互通有无。

（五）精准帮扶就业

注重学生的专业化教育，培养学生对专业的认同感和对专业就业前景的了解。针对毕业班学生进行就业意向摸底，实施合理的分类指导，通过分析每位学生的实际情况，细化指导方案，结合本人的就业意向开展辅导工作。定时反馈未就业毕业生情况，对重点人群逐个分析未就业原因，利用学院资源及时帮扶，点对点解决。

四、研究生就业工作存在的问题

通过分析 2019 年研究生就业情况，目前在研究生的就业工作中存在以下三个方面的问题，需要着力解决。

一是非京生源人数占比较大，留京工作手续办理流程较长，一定程度上影响就业进度。

二是国际国内形势，如中美贸易摩擦、国内经济下行压力、非首都功能疏解等现实情况，对研究生就业工作产生不利影响。

三是研究生到基层工作的积极性不高，研究生考取选调生、乡村助理、"三支一扶"等专项基层人数偏低。

五、加强研究生就业工作的措施

在十九大报告中，突出强调了就业创业的内容，要"提供全方位公共就业服务，促进高校毕业生等青年群体、农民工多渠道就业创业"，同时"实行更加积极、更加开放、更加有效的人才政策"，作为首都高等院校，要认真学习中央、北京市有关就业政策文件，落实好、解决好毕业研究生的就业工作。重点从以下几个方面开展工作：

一是进一步加强研究生培养，提高研究生创业与就业能力。

二是树立全程就业服务理念，构建就业指导长效机制。

三是进一步加强对毕业研究生就业技能和择业心态的教育和培训，提高毕业研究生专业与就业岗位匹配程度。

四是进一步加强对毕业研究生就业观念正确引导。组织专场就业指导会，让毕业研究生认识到目前就业形势的严峻及社会对农业人才的需求，积极动员、组织毕业研究生深入到基层工作。

五是进一步加强就业政策宣传，为毕业生择业定位打好基础，放弃观望态度，以免错失良机。

六是研工部与二级学院畅通联系，进一步调动导师对研究生就业工作的广泛参与和指导，拓展研究生在专业相关领域内就业的渠道。